21世纪高职高专规划教材系列

C语言程序设计

第2版

主编　李敏

参编　刘婷　陈双　等

机械工业出版社

本书从实用的角度出发，深入浅出地介绍了C语言程序设计的基本概念和方法。编写中把《全国计算机等级考试二级考试大纲》的内容要求及考点融合到本书中。书中提供了大量解析透彻的实例、题型丰富的课后习题和上机练习等内容。

全书共分11章。前10章主要介绍程序设计与C语言概述、数据类型、运算符与表达式、3种基本结构的程序设计方法、数组、函数、指针、结构体与共用体、动态存储、编译预处理、位运算和文件等内容，第11章提供了一个综合应用实例。

本书可作为高等职业院校计算机及相关专业的教材，也可以作为“全国计算机等级考试二级C语言程序设计”的辅导教材，或作为自学C语言的参考用书。

图书在版编目(CIP)数据

C语言程序设计/李敏主编. —2版. —北京：机械工业出版社，2009.1（2013.7重印）

（21世纪高职高专规划教材系列）

ISBN 978-7-111-20742-9

Ⅰ. C… Ⅱ. 李… Ⅲ. C语言—程序设计—高等学校：技术学校—教材
Ⅳ. TP312

中国版本图书馆CIP数据核字（2009）第001943号

机械工业出版社（北京市百万庄大街22号 邮政编码100037）

责任编辑：鹿 征

责任印制：张 楠

唐山丰电印务有限公司印刷

2013年7月·第2版第4次印刷

184mm×260mm·17.75印张·438千字

13001—16000册

标准书号：ISBN 978-7-111-20742-9

定价：29.00元

凡购本书，如有缺页、倒页、脱页，由本社发行部调换

电话服务

社服务中心：(010)88361066

销售一部：(010)68326294

销售二部：(010)88379649

读者购书热线：(010)88379203

网络服务

门户网：http://www.cmpbook.com

教材网：http://www.cmpedu.com

封面无防伪标均为盗版

前 言

程序设计人员在设计程序时，除了考虑数据结构和算法这两个因素外，还应当考虑使用一种合适的程序设计语言。C 语言是一种应用十分广泛的计算机语言，其功能丰富、表达能力强、使用灵活方便、应用面广、目标程序效率高、可移植性好，既具有高级语言的优势，又具有低级语言的许多特点，已经成为计算机类本科生、高职高专生及中专生的必修课程。

本书符合教学大纲的基本要求，在编写过程中把《全国计算机等级考试二级考试大纲》中的内容要求及考点融合到本书中。在内容上突出以实践技能为核心，倡导以学生为本的教育理念，注重全面提高学生的职业实践能力和素养；并力求内容准确精要、层次清晰、通俗易懂。

全书共分 11 章。前 10 章主要介绍程序设计与 C 语言概述、数据类型、运算符与表达式、3 种基本结构的程序设计方法、数组、函数、指针、结构体与共用体、动态存储、编译预处理、位运算和文件等内容，第 11 章提供了一个综合应用实例，以便提高读者的综合编程能力和完成复杂应用型程序的设计能力。每章之后提供的习题和实训内容，突出了“全国计算机等级考试二级 C 语言程序设计”的知识要点和重难点的强化训练，并强调理论与实践相结合。

本书不仅可以作为高职院校计算机及相关专业的教材，而且可以作为“全国计算机等级考试二级 C 语言程序设计”的辅导教材，或作为自学 C 语言的参考用书。

本书由李敏主编。全书各章节的编写分工如下：第 1 章的 1.1～1.2 节和 1.4 节、第 3 章、第 5 章、第 6 章由李敏编写；第 1 章的 1.3 节和 1.5～1.6 节、第 2 章由陈双编写；第 4 章、第 7 章、第 8 章由刘婷编写；第 9 章、第 10 章由金梅编写；第 11 章由刘建超编写。

由于编者水平有限，书中难免存在不足之处，请读者批评指正。

本书配套资源包括电子教案、课后习题答案和 C 语言编程常见错误分析等内容，读者可到 www.cmpedu.com 免费下载。

编 者

目　录

前言
第 1 章　程序设计与 C 语言概述 …… 1
1.1　程序与程序设计 …… 1
1.1.1　程序 …… 1
1.1.2　算法 …… 1
1.1.3　程序设计方法和风格 …… 7
1.2　程序设计语言 …… 8
1.3　C 语言简介 …… 8
1.3.1　C 语言的发展过程 …… 8
1.3.2　C 语言的特点 …… 10
1.4　C 程序开发环境与程序调试 …… 11
1.4.1　Turbo C++ 3.0 集成开发环境 …… 11
1.4.2　Microsoft Visual C++ 6.0 集成开发环境 …… 14
1.5　实训 …… 20
1.6　习题 …… 20
第 2 章　数据类型、运算符与表达式 …… 23
2.1　C 语言的数据类型 …… 23
2.2　常量、变量和标识符 …… 23
2.2.1　常量和符号常量 …… 24
2.2.2　变量 …… 24
2.2.3　标识符 …… 25
2.3　基本数据类型 …… 26
2.3.1　整型数据 …… 26
2.3.2　实型数据 …… 29
2.3.3　字符型数据 …… 30
2.4　不同类型数据间的转换 …… 33
2.5　运算符与表达式 …… 34
2.5.1　算术运算符与算术表达式 …… 34
2.5.2　赋值运算符与赋值表达式 …… 36
2.5.3　逗号运算符与逗号表达式 …… 37
2.6　实训 …… 38
2.7　习题 …… 39
第 3 章　C 程序设计的 3 种基本结构 …… 43
3.1　顺序结构程序设计 …… 43
3.1.1　C 语句 …… 43

3.1.2 字符数据的输入与输出 …… 45
3.1.3 格式输入与输出 …… 47
3.1.4 顺序结构程序设计应用举例 …… 54
3.2 选择结构程序设计 …… 55
3.2.1 关系运算符与关系表达式 …… 55
3.2.2 逻辑运算符与逻辑表达式 …… 56
3.2.3 if 语句的 3 种形式 …… 57
3.2.4 if 语句的嵌套 …… 60
3.2.5 条件运算 …… 62
3.2.6 switch 语句 …… 63
3.2.7 选择结构程序设计举例 …… 65
3.3 循环结构程序设计 …… 66
3.3.1 while 语句 …… 67
3.3.2 do…while 语句 …… 67
3.3.3 for 语句 …… 68
3.3.4 循环的嵌套 …… 70
3.3.5 break 语句和 continue 语句 …… 71
3.3.6 循环结构程序设计举例 …… 73
3.4 实训 …… 76
3.5 习题 …… 81
第 4 章 数组 …… 93
4.1 一维数组 …… 93
4.1.1 一维数组的定义 …… 93
4.1.2 一维数组元素的引用 …… 94
4.1.3 一维数组的初始化 …… 95
4.1.4 一维数组应用举例 …… 96
4.2 二维数组 …… 98
4.2.1 二维数组的定义 …… 98
4.2.2 二维数组元素的引用 …… 99
4.2.3 二维数组的初始化 …… 99
4.2.4 二维数组应用举例 …… 101
4.3 字符数组与字符串 …… 103
4.3.1 字符数组的定义、引用及初始化 …… 103
4.3.2 字符串 …… 105
4.3.3 常用的字符串处理函数 …… 106
4.3.4 字符数组应用举例 …… 111
4.4 实训 …… 113
4.5 习题 …… 115
第 5 章 函数 …… 120

5.1 函数概述 …… 120
5.2 函数的定义 …… 121
5.3 函数的调用与返回值 …… 124
5.3.1 函数的调用 …… 124
5.3.2 被调函数的声明 …… 126
5.3.3 函数的返回值 …… 128
5.4 函数的参数 …… 129
5.5 函数的嵌套调用 …… 130
5.6 函数的递归调用 …… 132
5.7 数组作为函数参数 …… 133
5.7.1 数组元素作为函数参数 …… 133
5.7.2 数组名作为函数的参数 …… 134
5.8 变量的作用域和存储类别 …… 136
5.8.1 变量的作用域 …… 136
5.8.2 变量的存储类别 …… 138
5.9 内部函数和外部函数 …… 142
5.9.1 内部函数 …… 142
5.9.2 外部函数 …… 142
5.10 函数应用举例 …… 142
5.11 实训 …… 144
5.12 习题 …… 148
第6章 指针 …… 155
6.1 指针的概念 …… 155
6.2 指针变量的定义和引用 …… 156
6.2.1 指针变量的定义 …… 156
6.2.2 指针变量的引用 …… 157
6.2.3 指针变量应用举例 …… 159
6.3 指针与数组 …… 161
6.3.1 指向一维数组的指针变量 …… 161
6.3.2 指向多维数组的指针变量 …… 163
6.3.3 指针与数组应用举例 …… 165
6.4 指针与字符串 …… 167
6.5 指针与函数 …… 170
6.5.1 指针变量作为函数的参数 …… 170
6.5.2 返回指针值的函数 …… 172
6.5.3 指向函数的指针变量 …… 173
6.5.4 指针与函数应用举例 …… 175
6.6 指针数组 …… 177
6.7 实训 …… 178

6.8 习题 …… 183
第 7 章 结构体与共用体 …… 190
7.1 结构体类型及定义 …… 190
7.2 结构体类型变量 …… 191
7.2.1 结构体类型变量的定义 …… 191
7.2.2 结构体类型变量的引用 …… 193
7.2.3 结构体类型变量的初始化 …… 194
7.2.4 结构体类型变量应用举例 …… 195
7.3 结构体数组 …… 196
7.3.1 结构体数组的定义 …… 196
7.3.2 结构体数组的初始化 …… 197
7.3.3 结构体数组应用举例 …… 197
7.4 指向结构体类型数据的指针 …… 199
7.4.1 指向结构体变量的指针 …… 199
7.4.2 指向结构体数组的指针 …… 200
7.4.3 用结构体变量和指向结构体的指针变量做函数参数 …… 201
7.5 动态存储分配 …… 202
7.6 链表 …… 204
7.6.1 链表概述 …… 204
7.6.2 建立动态链表 …… 205
7.6.3 对链表的基本操作 …… 207
7.7 共用体 …… 211
7.7.1 共用体类型的定义 …… 211
7.7.2 共用体变量的定义和引用 …… 212
7.8 枚举类型 …… 214
7.9 用 typedef 定义类型 …… 217
7.10 实训 …… 217
7.11 习题 …… 220
第 8 章 编译预处理 …… 225
8.1 宏定义 …… 225
8.2 文件包含 …… 228
8.3 条件编译 …… 229
8.4 实训 …… 231
8.5 习题 …… 232
第 9 章 位运算 …… 235
9.1 位运算符和位运算 …… 235
9.2 位运算举例 …… 239
9.3 位段 …… 240
9.4 实训 …… 242

9.5 习题 …… 243
第 10 章 文件 …… 245
10.1 C 文件概述 …… 245
10.2 文件类型指针 …… 246
10.3 文件的打开与关闭 …… 247
10.3.1 fopen 函数 …… 247
10.3.2 fclose 函数 …… 249
10.4 文件的读写 …… 249
10.4.1 字符读写函数 …… 249
10.4.2 字符串读写函数 …… 252
10.4.3 数据块读写函数 …… 253
10.4.4 格式读写函数 …… 254
10.5 文件的定位 …… 255
10.5.1 rewind 函数 …… 255
10.5.2 fseek 函数 …… 255
10.6 文件检测函数 …… 256
10.7 实训 …… 257
10.8 习题 …… 258
第 11 章 综合实训：学生成绩管理系统 …… 262
附录 A 常用字符与 ASCII 代码对照表 …… 271
附录 B C 语言中的运算符和结合性 …… 272
附录 C C 语言的关键字 …… 273
附录 D 常用的 C 库函数 …… 273

第 1 章　程序设计与 C 语言概述

计算机是一种具有一定存储能力、在程序控制下自动工作的电子设备。为了使计算机发挥作用，需要为它编写各类不同的程序。编写程序时，不仅要认真考虑程序的数据结构和算法，还要采用正确的程序设计的方法进行程序设计，并且用一种程序设计语言来表示。

本章的主要内容包括：

- 程序与程序设计
- 程序设计语言
- C 语言程序设计概述
- C 程序开发环境与程序调试

1.1 程序与程序设计

1.1.1 程序

程序是指存储在计算机内部存储器中，可以连续执行的一条条指令的集合。著名计算机科学家沃思（Nikiklaus Wirth）提出一个公式：程序=数据结构+算法。即一个程序应该包括两方面的内容——数据结构和算法。数据结构（Data Structure）是对数据的描述，在程序中要指定数据的类型和数据的组织形式。算法（Algorithm）是对操作的描述，即操作步骤，是用来解决“做什么”和“怎么做”的问题。

实际上，程序设计人员在设计一个程序时，除了需要考虑数据结构和算法两个因素外，还应当采用结构化程序设计方法进行程序设计，并且用一种计算机语言表示。本教材的目的是使读者通过学习，能够知道怎样编写一个 C 语言程序，并通过实例把算法、数据结构、程序设计方法和语言工具 4 个方面的知识结合起来应用。

1.1.2 算法

算法是程序设计的灵魂，实际上，程序中的操作语句就是算法的体现。由于算法的重要性，本节专门介绍算法的初步知识，为学习后面各章节内容建立一定的基础。

1. 算法的概念

算法是指为解决某个特定问题而采取的方法和步骤。算法是指令的有限序列，使得给定类型的问题通过有限的指令序列，在有限的时间内被求解。比如，高职院校的学生要报考专升本，首先需要填写报名表，上交报名费用，领取准考证，然后按照规定的时间到指定的地点参加考试，得到录取通知书后，到指定的高等院校报到。这些步骤是按一定的顺序进行的，每个步骤不能缺少，它们之间的次序也不能颠倒。可见，算法体现了人们解决某一类问题时的思维方法和过程，描述了人类解决某类问题所依据的规则和操作。

计算机算法可分为两大类——数值运算算法和非数值运算算法。数值运算算法主要用于求解数值问题，如求函数值、求方程的根等。一般数值运算有现成的模型，可以运用数值分析方法，各种数值运算都有比较成熟的算法可供选用。非数值运算算法常用于事务管理领域，如人事管理、行车调度管理等。由于非数值运算要求各异，很难规范化，因此一般只对一些典型的非数值运算算法作比较深入的研究。

2．算法的特性

- 有穷性：一个算法应包含有限的操作步骤，且每一步都可在有穷的时间内完成。
- 确定性：算法中每一个步骤必须有确切的含义，不能有二义性。在任何条件下，算法只有唯一的一条执行路径，即对于相同的输入只能得出相同的输出。
- 可行性：算法中指定的操作都是可以通过已经实现的基本运算执行有限次来实现的。
- 有零个或多个输入：算法是用来处理数据对象的，在大多数情况下这些数据对象需要通过输入来得到。
- 有一个或多个输出：算法的目的是求解，这些解只有通过输出才能得到。这些输出是同输入有着某些特定关系的量，在一个完整的算法中至少会有一个输出。

3．算法的描述方法

1966 年，Bohra 和 Jacopini 证明了任何单入口、单出口、没有死循环的程序都可以由 3 种基本的控制结构构造出来。这 3 种基本结构就是顺序结构、选择结构和循环结构，它们是表示一个良好算法的基本单元。

顺序结构是按照一定的运算顺序，依次执行并完成指定的运算功能。顺序结构的特点是：程序从入口开始，自上而下按顺序执行所有操作，直到出口为止。顺序结构流程请参看图 1-2 虚线框部分。

选择结构表示程序的处理步骤出现了分支，它需要根据某一特定的条件选择其中的一个分支执行。选择结构有单选择、双选择和多选择 3 种形式。值得注意的是，对于双选择形式，在两个分支中只能选择一个且必须选择一个分支执行，但是不论选择了哪一条分支执行，最后流程都一定到达结构的出口处。选择结构流程请参看图 1-3 虚线框部分。

循环结构表示程序反复执行某个或某些操作，直到循环条件不成立时才可终止循环。循环结构的基本形式有两种：当型循环和直到型循环。循环结构流程请参看图 1-4 虚线框部分。

用这 3 种基本结构作为表示一个良好算法的基本单元，整个算法的结构是由上而下地将各个基本结构顺序排列起来，从而使算法质量得到保证和提高。

算法的描述方法很多，常用的有自然语言、流程图、N-S 流程图、伪代码、计算机语言等。

（1）用自然语言表示算法

自然语言就是人们日常使用的语言。下面通过实例来说明用自然语言来描述算法的方法。

【例 1-1】 已知 a 的值是 7，b 的值是 10，将 a、b 的值互换，互换后 a 的值为 10，b 的值为 7，输出交换后 a、b 的值。

算法分析：这是一个顺序结构实例。由于 a、b 两个变量的值不能直接交换，所以，解决该问题的关键是引入第 3 个变量。设第 3 个变量为 c，其交换步骤可以用自然语言描述如下。

步骤 1：把 7 赋给变量 a；

步骤 2：把 10 赋给变量 b；

步骤 3：将变量 a 的值赋给变量 c；

步骤 4：将变量 b 的值赋给变量 a；

步骤 5：将变量 c 的值赋给变量 b；

步骤 6：输出变量 a 和变量 b 的值；

步骤 7：算法结束。

【例 1-2】 输出 a、b 两个不同数中的较大数。

算法分析：这是一个选择结构实例。对输入的两个数进行判断，将其中的较大数输出。用自然语言描述如下。

步骤 1：输入 a 和 b 的值；

步骤 2：判断 a 是否大于 b，如果 a 大于 b，执行第 3 步，否则执行第 4 步；

步骤 3：输出 a 的值；

步骤 4：输出 b 的值；

步骤 5：算法结束。

【例 1-3】 求 1+2+3+…+100。

算法分析：这是一个循环结构实例。如果一步一步地求和，需要写出 99 个步骤，若求 1+2+3+…+1000，则需要写出 999 个步骤，显然是不可取的，应当找一种通用的表示方法。这里设 p 为被加数，q 为加数，并将每一步的和放在 p 中。用自然语言描述如下。

步骤 1：使 p=1；

步骤 2：使 q=2；

步骤 3：使 p+q 的和放在 p 中，可表示为 p+q→p；

步骤 4：使 q 的值加 1，即 q+1→q；

步骤 5：如果 q 不大于 100，返回重新执行步骤 3、步骤 4 和步骤 5；否则，算法结束。

由上述例子看出，一个算法由若干操作步骤构成，并且这些操作是按一定的控制结构次序执行。【例 1-1】中的 7 个操作步骤是自上而下顺序执行的，称之为顺序结构；【例 1-2】中的操作步骤需要根据条件判断决定执行哪个操作，这种结构称之为选择结构；【例 1-3】中不仅包含了判断，而且需要重复执行第 3、第 4 步骤，并且一直延续到条件“q 大于 100”为止，这种具有重复执行功能的结构称之为循环结构。

使用自然语言表示算法通俗易懂，但文字冗长，容易出现歧义，特别是对于包含分支和循环的算法。因此，除了很简单的问题，一般不用自然语言描述算法。

（2）用流程图表示算法

流程图是用一些图框表示各种操作。美国国家标准化协会 ANSI 规定了一些常用的流程图符号，已为世界各国程序工作者普遍采用。流程图符号如图 1-1 所示。

【例 1-4】 将【例 1-1】的算法用流程图表示。流程图如图 1-2 所示。

【例 1-5】 将【例 1-2】的算法用流程图表示。流程图如图 1-3 所示。

【例 1-6】 将【例 1-3】的算法用流程图表示。流程图如图 1-4 所示。

可见，3 种基本结构的共同特点有：

- 只有一个入口；
- 只有一个出口；
- 结构内的每一部分都有机会被执行到；
- 结构内不存在“死循环”。

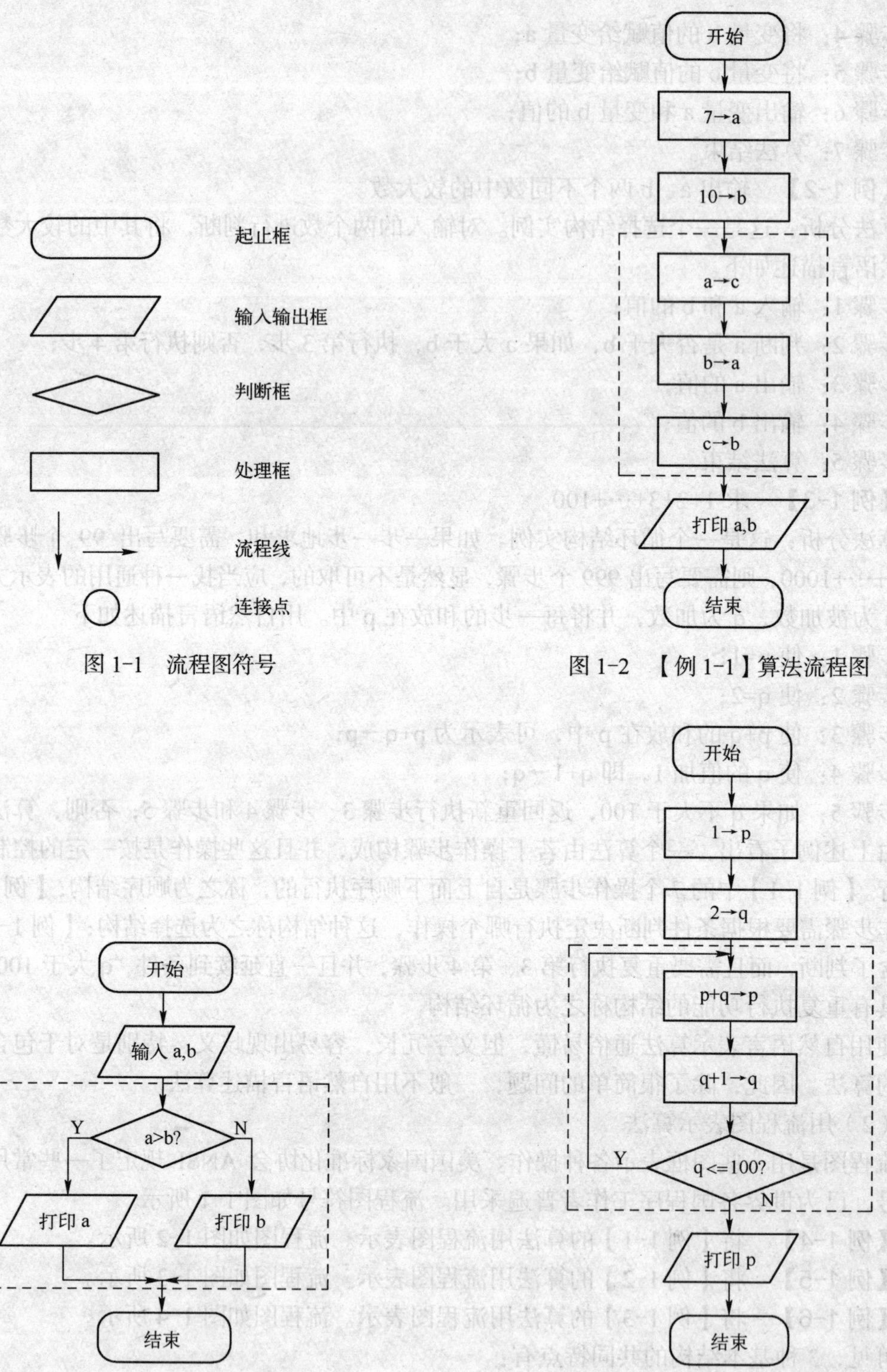

图 1-1 流程图符号

图 1-2 【例 1-1】算法流程图

图 1-3 【例 1-2】算法流程图

图 1-4 【例 1-3】算法流程图

用流程图表示算法直观形象，易于理解，不会产生“歧义性”。流程图便于交流，又特别适合于初学者使用，对于一个程序设计工作者来说，会看会用流程图是必要的。

（3）用 N-S 流程图表示算法

N-S 流程图又称盒图，是美国学者 I.Nassi 和 B.Shneiderman 于 1973 年提出的一种新的流程图。其主要特点是取消了带箭头的流程线，全部算法写在一个矩形框内，在该框内还可以包含其他的从属于它的框。N-S 流程图适于结构化程序设计，因而很受欢迎。

图 1-5 表示顺序结构，它是由 A 和 B 两个框组成的；图 1-6 表示选择结构，当 p 条件成立时执行 A 操作，p 不成立执行 B 操作；图 1-7 和图 1-8 表示循环结构，其中图 1-7 表示当型循环结构，图 1-8 表示直到型循环结构。

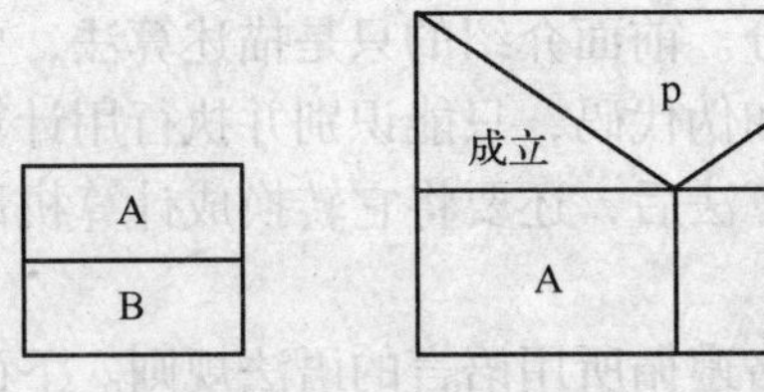

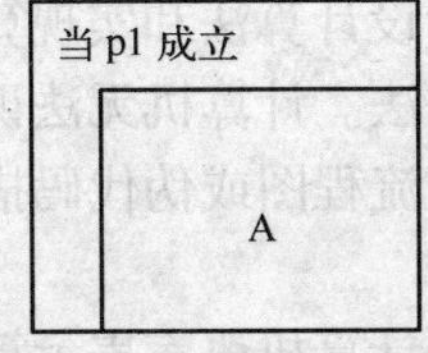

A
直到 p1 成立

图 1-5　顺序结构　　图 1-6　选择结构　　图 1-7　当型循环结构　　图 1-8　直到型循环结构

用 N-S 流程图分别表示【例 1-1】、【例 1-2】和【例 1-3】的算法，如图 1-9～图 1-11 所示。

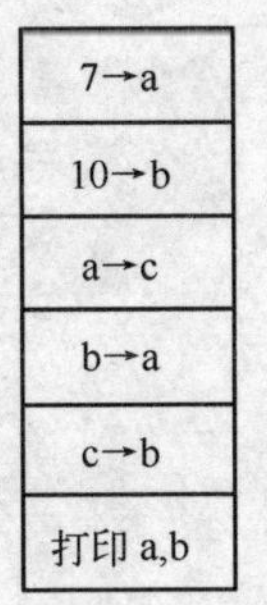

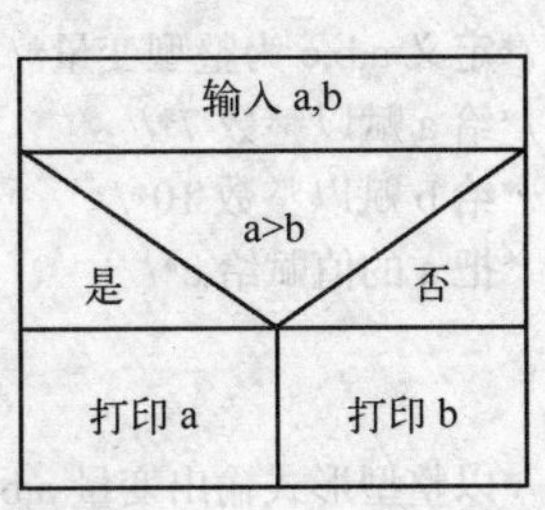

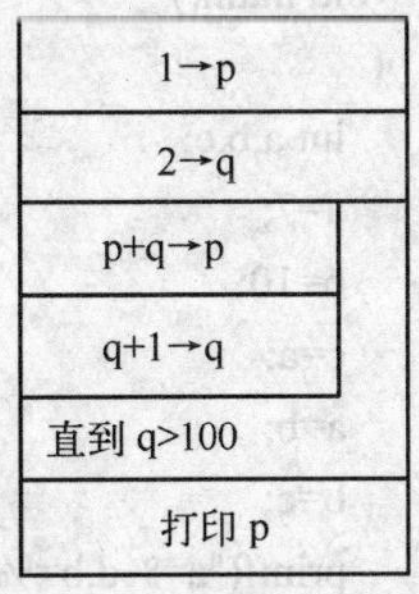

图 1-9　【例 1-1】算法表示　　图 1-10　【例 1-2】算法表示　　图 1-11　【例 1-3】算法表示

（4）用伪代码表示算法

伪代码是用介于自然语言和计算机语言之间的文字和符号来描述算法的。它的表示形式比较灵活自由，而且由于与计算机语言比较接近，因此可以方便地过渡到计算机程序。用伪代码写算法并无固定的、严格的语法规则，只要用清晰易读的形式把意思表达清楚即可。下面通过一个例子来说明。

【例 1-7】　将【例 1-3】的算法用伪代码描述。

```
BEGIN（算法开始）
1→p
2→q
while q<=100
{
  p+q→p
  q+1→q
}
print p
```

END（算法结束）

用伪代码表示算法时，可以用英文伪代码，也可以用汉字伪代码，还可以中英文混用，由于篇幅所限，这里不再一一举例说明。

用伪代码很容易写出结构化的算法，书写格式比较自由，容易表达出设计者的思想。用伪代码写的算法很容易修改，而这却是用流程图表示算法时所不便处理的。因此，流程图适宜表示算法，而设计算法时常用伪代码。

（5）用计算机语言表示算法

要完成一项工作，包括设计算法和实现算法两个部分。前面介绍的只是描述算法，要得到运算结果，就必须实现算法。计算机无法识别流程图和伪代码，只能识别并执行用计算机语言编写的程序。因此，用流程图或伪代码描述出一个算法后，还要将它转换成计算机语言程序。

和伪代码不同的是，用计算机语言表示算法必须严格遵循所用语言的语法规则。下面通过例子将前面介绍过的算法用C语言描述出来。

【例 1-8】 将【例 1-1】（变量 a,b 的值互置）用 C 语言描述。

```
#include <stdio.h>
void main()
{
   int a,b,c;                          /*定义 a,b,c 为整型变量*/
   a=7;                                /*给 a 赋以整数 7*/
   b=10;                               /*给 b 赋以整数 10*/
   c=a;                                /*把 a 的值赋给 c*/
   a=b;
   b=c;
   printf("a=%d,b=%d\n",a,b);          /*以整型形式输出变量 a,b 的值*/
}
```

【例 1-9】 将【例 1-2】（输出 a,b 两个不同数中的大数）用 C 语言描述。

```
#include <stdio.h>
void main()
{
   int a,b;
   scanf("%d%d",&a,&b);        /*格式输入函数，从键盘输入两个整型数分别给变量 a,b*/
   if(a>b) printf("%d\n",a);   /*如果 a 大于 b，输出 a 的值*/
   else printf("%d\n",b);      /*否则输出 b 的值*/
}
```

【例 1-10】 将【例 1-3】（求 1+2+3+…+100）用 C 语言描述。

```
#include <stdio.h>
void main()
{
   int p,q;
```

```
    p=1;q=2;
    while(q<=100)      /*循环条件，只有 q 小于等于 100 时，执行下面的循环体*/
    {
      p=p+q;           /*将变量 p、q 之和赋给变量 p，实现累加*/
      q=q+1;           /*循环控制变量 q 增 1*/
    }
    printf("1+2+3+…+100=%d\n",p);
  }
```

这里只要求读者大体看懂 C 程序即可，有关 C 语言的使用规则将在后面的章节中详细介绍。需要说明的是，写出的 C 程序仍然只是描述了算法而没有实现算法，只有运行 C 程序才能实现算法。

总之，学习程序设计的目的是学习进行程序设计的一般方法，关键是掌握程序设计的算法，掌握了算法就是掌握了程序设计的灵魂，再学习有关的计算机语言知识，就能够顺利地编写出任何一种语言的程序。

1.1.3 程序设计方法和风格

程序设计（Programming）是指对提出的问题进行分析、确定数据模型、设计算法、编写源代码、调试并运行的方法和过程。程序设计的基本目标是用算法对问题的原始数据进行处理，从而获得所期望的效果。但这仅仅是程序设计的基本要求，要全面提高程序的质量，提高编程效率，使程序具有良好的可读性、可靠性、可维护性以及良好的结构，需要每位程序设计工作者必须掌握正确的程序设计方法和技术。

算法的实现过程是由一系列操作组成的，这些操作之间的执行次序就是程序的控制结构。按照结构性质，程序设计分为非结构化程序设计和结构化程序设计。

非结构化的程序设计方法设计出来的程序无章可循，程序常常带有强烈的个人色彩。这样的程序可读性差，编写、调试和维护工作都十分困难。为了提高程序的可读性、保证程序的质量并降低程序的成本，Dijkstra 首次提出了结构化程序设计的概念，强调从程序的结构上和风格上来研究程序设计方法，提倡利用 3 种基本结构（顺序结构、选择结构、循环结构）进行规范化程序设计，使程序具有良好的结构框架。用结构化程序设计方法得到的程序不仅清晰易读易写，而且易维护、易排错、易验证正确性。

结构化程序设计方法的基本思想是采用模块化结构，自上而下，逐步细化。即首先把一个复杂的大问题分解为若干相对独立的小问题。如果小问题仍较复杂，则可以把这些小问题又继续分解成若干子问题，这样不断地分解，使得小问题或子问题简单到能够直接用程序的 3 种基本结构表达为止。然后，对应每一个小问题或子问题编写出一个功能上相对独立的程序块来，这种程序块被称为模块（模块在 C 语言中通常用函数来实现），最后对模块统一组织。这样，对一个复杂问题的解决就变成了对若干个简单问题的求解，用这种方法便于验证算法的正确性。设计好一个结构化的算法之后，还要进行结构化编码，即用高级程序语言正确地实现 3 种基本结构。

程序设计风格是指编写程序时表现出的特点、习惯和逻辑思路，良好的程序设计风格是程序质量的重要保证。

1.2 程序设计语言

程序设计语言（Programming Language）就是计算机所能识别的代码，计算机代码通常能够向计算机描述清楚“做什么”、用“什么做”这两个问题。计算机程序就是用计算机语言书写的、能完成一定功能的代码序列。随着计算机技术的发展，计算机语言也不断地向语言更加丰富、语句更容易理解的方向发展，以扩大计算机的应用范围。

程序设计语言按照语言级别可以分为低级程序设计语言和高级程序设计语言。

低级程序设计语言提供的语句是计算机所能进行的基本操作，如数据传送指令、算术运算指令、逻辑运算指令、串操作指令、控制转移指令、条件转移指令、控制指令、位操作指令等。这些操作和日常用语差别很大，理解它们需要对计算机结构有一定的了解。低级程序设计语言有机器语言和汇编语言。

高级程序设计语言是接近于自然语言或数学语言的计算机语言，本教材介绍的 C 语言就是高级语言。高级语言不再面向机器，而是面向解题的过程，因而又称为算法语言或过程语言。利用高级语言编写程序，编程者不需要掌握过多的计算机专业知识，而将主要精力放在算法描述上。

对于计算机本身来说，它并不能直接识别由高级语言编写的程序，它只能接收和处理由 0 和 1 的代码构成的二进制指令或数据，这种形式的指令是面向机器的，因此也称为“机器语言”。计算机所能直接接受的是二进制信息，因此，利用高级语言编写的程序应转变为机器语言，才能在计算机上运行。

利用高级语言编写程序的过程是：借助每种语言提供的各自的编辑软件生成各自的高级语言源程序，利用各自的翻译程序（编译或解释程序）将高级语言源程序自动翻译成目标程序（.obj 文件），再将目标程序与高级语言提供的各种库函数进行连接，生成一个可执行文件（.exe 文件）。整个过程可以用图 1-12 表示。

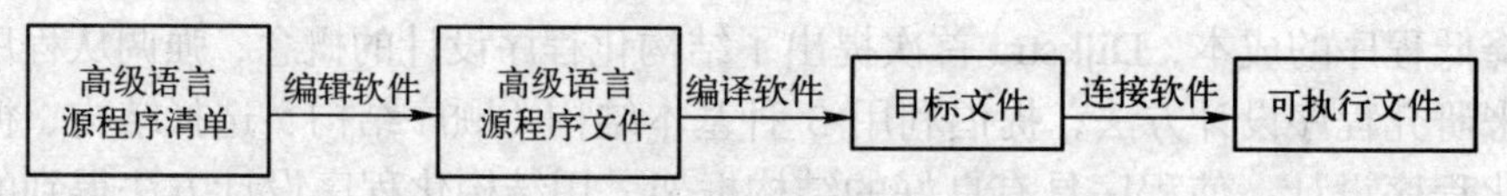

图 1-12　高级语言编写程序的过程

1.3 C 语言简介

1.3.1 C 语言的发展过程

C 语言是在 B 语言的基础上发展起来的，它的根源可以追溯到 ALGOL 语言（算法语言）。到了 1963 年，英国剑桥大学在 ALGOL 语言的基础上增添了处理硬件的能力，并将其命名为 CPL 语言。因为 CPL 规模比较大，不利于学习和掌握，所以并没有流行起来。1967 年，剑桥大学的 Matin Richards 通过对 CPL 的简化，推出了 BCPL 语言。在 1970 年，美国电话电报公司贝尔实验室的 KenThompson 对 BCPL 语言进行了进一步的简化，使其硬件处理的能力更加突出，并取 BCPL 首字母 B 为该语言命名，这就是 B 语言。1972 年，贝尔实验室的 Dennis Ritchie 对 B 语言进行了扩充和完善，并取 BCPL 的第 2 个字母 C 作为新语言的名称，这就是 C 语言。1978 年，贝尔实验室正式发布了 C 语言，由 Brian.W.Kernighan 和 Dennis.M.Ritchie 合著的《The C Programming Language》一书也随之问世，该书是以后介绍 C 语言的各种书籍的蓝本。随着微型计算机的日益普及，出现了许多 C 语言版本。由于没有统一的标准，使得这些 C 语言之间出现了一些不一致的地方。为了改变这种情况，美国国家标准研究所（ANSI）为 C 语言制定了一套 ANSI 标准，于 1983 年发表，成为现行的 C 语言标准，称之为 ANSI C。

为了对 C 语言有一个直观的了解，先看两个简单的 C 语言程序例子。

【例 1-11】 编写一个 C 语言程序，在屏幕上显示一行字符串“You are welcome!”。

```
#include <stdio.h>
void main()
{
  printf("You are welcome!\n");
}
```

这是一个简单而完整的 C 程序，其运行结果就是在屏幕的当前光标位置处显示出字符串“You are welcome!”。

#include <stdio.h>（或者写为#include "stdio.h"）称为文件包含命令。“stdio”是系统提供的文件名，该文件中包含着有关输入、输出函数的信息。开头必须有“#”号，最后不能加“;”号，因为它不是 C 程序中的语句。main 是主函数的函数名，每一个 C 程序有且只能有一个主函数。圆括号“()”是函数必须有的标志，“()”里可以有参数也可以没有参数。花括号“{}”括起来的内容是函数体，是函数所要完成的操作。每个函数至少有一对花括号，花括号中可以是任何有意义的 C 语言语句，也可以是空语句，每个语句以分号“;”结束。在本例中，只包含一个 printf 输出函数，它是由系统定义的标准函数，可以在程序中直接调用，双引号内的字符串原样输出，“\n”是换行符。

【例 1-12】 编程实现从键盘输入两个整数，求和并将其结果显示在屏幕上。

```
#include <stdio.h>
void main()
{
  int a,b,c;                    /*定义 3 个整型变量 a、b、c*/
  scanf("%d,%d",&a,&b);         /*从键盘输入 2 个整数存入变量 a、b 中*/
  c=a+b;                        /*将 a、b 的和赋给变量 c*/
  printf("The sum is %d",c);    /*调用格式输出函数来显示所求和值*/
}
```

程序运行情况如下：

```
如果输入：5,10↙
运行结果：The sum is 15
```

C 语言规定，当在程序中调用一个库函数时，都必须包含该函数原型所在的头文件，对于 scanf 和 printf 这两个函数可以省去对其头文件的包含命令，所以在本例中也可以删去第 1

行的包含命令#include <stdio.h>。当程序执行到 scanf 函数时，将等待用户输入两个整型数据后再继续执行，假设用户输入 5 和 10，则变量 a 的值为 5，b 的值为 10，程序显示的是变量 c 的值，也就是变量 a 与 b 之和。程序中的“/* */”表示对程序的说明，称为注释。注释不参与程序的编译和运行，注释可以出现在程序中的任意位置。

通过上面的两个例子，可以总结出 C 源程序的结构特点。

（1）C 程序是由函数构成的。一个 C 源程序有且只有一个 main 函数（即主函数），可以包含若干个其他函数。因此，函数是 C 程序的基本单位。

（2）函数由函数首部和函数体两部分组成。函数的第 1 行是函数首部，包含函数类型、函数名、函数参数等。函数体是由一对花括号“{}”括起来的语句集合，函数体中一般包含变量声明和执行语句。

（3）C 程序的函数可以是用户自定义的函数，也可以是系统提供的标准函数（如 printf 函数、math 函数等）。

（4）在 C 程序中，main 函数可以放在程序最前，也可以放在程序最后。不论 main 函数在整个程序中的位置如何，C 程序总是从 main 函数开始执行。

（5）C 程序中的每一个变量声明和语句都必须以分号结束，分号是 C 语句的必要组成部分。

（6）C 语言本身没有输入输出语句，输入和输出的操作是由库函数 scanf 和 printf 等函数来完成的。

（7）C 程序书写格式自由，一行内可以写几个语句，一个语句也可以分写在多行上，C 程序没有行号。

（8）C 语言用“/* */”对程序进行注释，注释可以出现在程序中任意合适的位置，它对程序的运行不起作用。一个好的 C 程序应有必要的注释，以便阅读。

从书写清晰、便于阅读和理解的角度出发，在书写 C 程序时建议遵循以下规则。

（1）一个说明或一个语句最好独占一行。

（2）用“{}”括起来的部分，通常表示程序的某一种层次结构，“{}”一般与该结构语句的第 1 个字母对齐，并独占一行。

（3）低一层次的语句或说明可比高一层次的语句或说明缩进若干空格后书写，以提高程序的可读性。

（4）为源程序添加注释部分，以增加程序的可读性。

1.3.2 C 语言的特点

C 语言一方面继承了低级语言的部分功能，如直接处理地址、进行位操作等；另一方面，它又具备了高级语言的特点。从不同角度归纳起来，C 语言主要具有下列特点。

（1）C 语言简洁、紧凑，使用方便。C 语言一共只有 32 个关键字（见附录 C）、9 种控制语句。

（2）运算功能丰富。C 语言不仅提供了 34 种运算符（见附录 B），还提供了强大的库函数（见附录 D），从而使 C 语言的运算类型极为丰富。

（3）数据结构丰富。C 语言具有现代化语言的各种数据结构，C 语言的数据类型有整型、实型、字符型、数组类型、指针类型、结构体类型、共用体类型等，能用来实现各种复杂的数据结构运算。

（4）C 语言具有结构化的特点。以函数为单位，通过结构化的控制语句（如 if…else 语句、switch 语句、for 语句、while 语句等），实现了程序的模块化。

（5）语法规则相对宽松，程序设计自由度大。比如，对数组下标越界不作检查，由程序编写者自己保证程序的正确性。再如，对变量的类型使用比较灵活，整型和字符型数据可以通用。

（6）生成目标代码质量高，程序执行效率高。

（7）C 语言允许直接访问物理地址，能进行位操作等，具有汇编语言的大部分功能。

（8）可移植性好。基本上不做修改就能用于各种型号的计算机和各种操作系统。

总之，C 语言的这些特点使 C 语言应用面很广，不仅用来编写系统软件，也用来编写应用软件。

1.4 C 程序开发环境与程序调试

本课程的学习目的主要是掌握 C 语言并利用它编制程序。用 C 语言编写的程序称为“C 程序”。由于计算机只能识别和执行 0 和 1 组成的二进制的指令，不能识别和执行高级语言编写的指令，所以为了让计算机能够执行高级语言源程序，必须先用一种称为“编译程序”的软件，把源程序翻译成二进制形式的“目标程序”，然后再将目标程序与系统的函数库及其他目标程序连接起来，形成可执行的目标程序。

对 C 程序进行编译的系统比较多，大多数 C 编译系统都是集成环境，即把编辑、编译、连接和运行等操作全部集成在一个界面中进行。常用的有 Turbo C 2.0、Turbo C++ 3.0、Visual C++等。由于 Turbo C 2.0 是用于 DOS 环境的，在进入 Turbo C 2.0 环境后，不能用鼠标操作，主要用键盘操作，所以，目前用得比较少。

根据“全国计算机等级考试（C 语言部分）”的上机要求和读者的使用习惯，本节介绍两个 C 程序集成环境——Turbo C++ 3.0 和 Microsoft Visual C++ 6.0，读者可根据情况选择使用。

1.4.1 Turbo C++ 3.0 集成开发环境

Turbo C++ 3.0 是美国 Borland 公司为 C++程序的编辑、编译、连接和运行而研制的集成开发环境，由于 C++是从 C 语言发展而来的，C++对 C 程序是兼容的，因此可以用 C++的编译系统对 C 程序进行编译。

1．打开 Turbo C++ 3.0 集成开发环境

在 Windows 环境下，安装 Turbo C++ 3.0 时会在桌面上生成一个快捷方式图标，双击该图标即可进入 Turbo C++ 3.0 集成开发环境。Turbo C++ 3.0 集成环境如图 1-13 所示。

Turbo C++ 3.0 集成开发环境最上端一行是主菜单，其中包含 10 个菜单项，使用鼠标选择其中的某个菜单项时，将出现对应的下拉菜单，从中选择需要的菜单命令。如图 1-14 所示。

2．编辑源文件

单击“File”→“New”菜单命令，新建一个 C 程序，在集成环境的上部出现了编辑窗口，供用户输入 C 源代码。如果想对已经保存过的 C 程序文件进行修改，单击“File”菜单项，从其下拉菜单中选择“Open”菜单命令，在窗口中出现一个对话框，如图 1-15 所示。

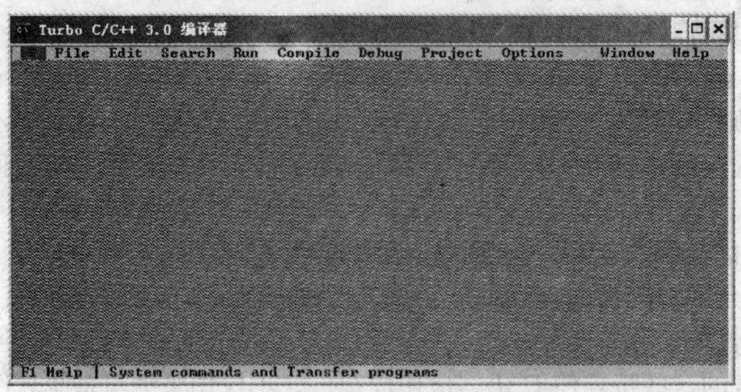

图 1-13　Turbo C++ 3.0 集成开发环境

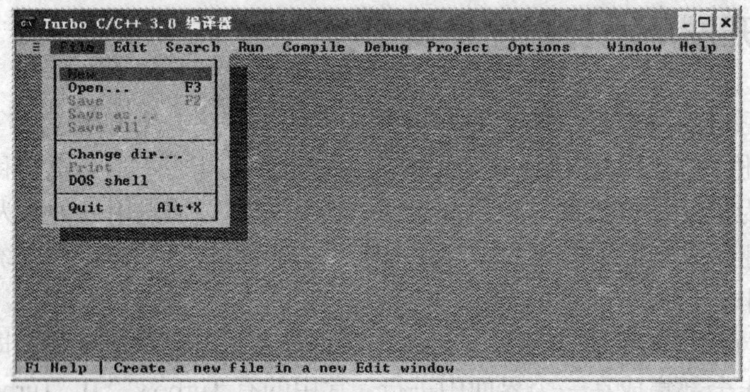

图 1-14　打开的下拉菜单

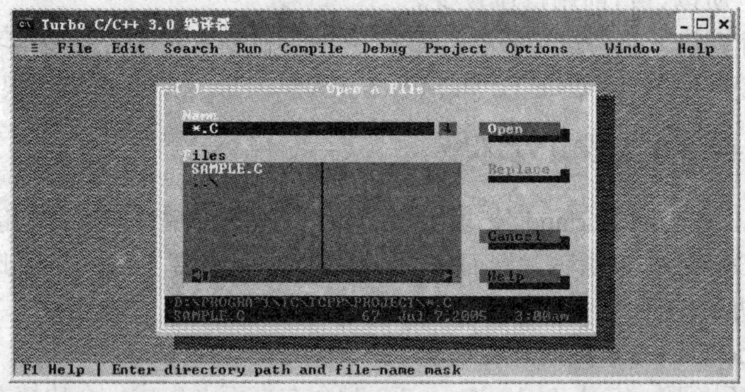

图 1-15　打开文件对话框

在 Name 下面输入文件所在的文件路径和文件名，然后单击【Open】按钮，系统将把指定的 C 程序调入内存并显示在编辑窗口中。此时，可以对打开的源文件进行插入、删除或修改，直到满意为止。

3．保存 C 程序文件

对 C 程序完成编辑之后，应该保存它。如果需要保存的 C 程序文件是新创建的，选择“File”下拉菜单中的“Save”菜单命令，弹出如图 1-16 所示的“Save File As”对话框，在“Save File As”下方的输入框中，输入文件的保存路径和文件名，然后单击【OK】按钮。

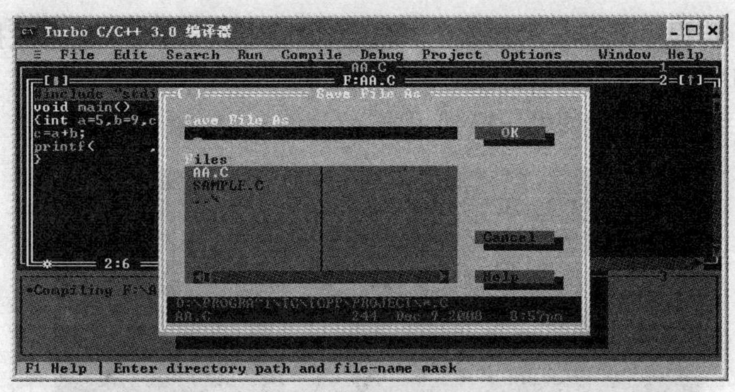

图 1-16 “Save File As”对话框

如果 C 程序是被打开的，选择“File”下拉菜单中的“Save”菜单命令，或者按下〈F2〉键，则以原来的文件名保存修改后的 C 程序文件。如果选择“File”下拉菜单中的“Save As”菜单命名，修改后的 C 程序将以新输入的文件名进行存盘。

需要说明的是，保存 C 程序文件时文件没有加后缀，系统会认为其是 C++程序，将自动加上后缀“.cpp”。所以，保存 C 程序时需要加上后缀“.c”，在编译时系统能识别并编译以“.c”为后缀的 C 程序。

4．编译源程序

编写好一个 C 程序后，系统需要对程序进行编译，生成“.obj”目标文件。选择“Compile”→“Compile”菜单命令，或者按〈Alt+F9〉组合键，会在屏幕上出现一个编译消息框，显示出编译的信息，如图 1-17 所示。如果源程序有语法错误，系统将在编译消息框中显示出错信息，用户根据信息对程序进行修改，然后再进行编译，直到不再出现错误或警告信息为止。按任意键消息框消失。

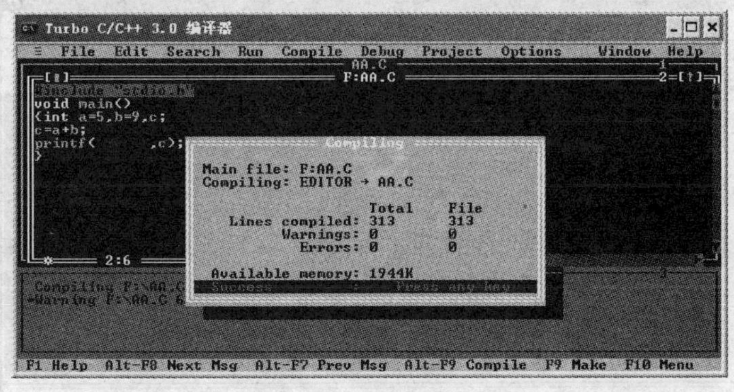

图 1-17 编译消息框

5．连接生成可执行文件

C 程序经过编译后生成目标代码文件，其后缀为“.obj”，需要让其和系统提供的函数库连接成为一个整体，生成可执行文件，其后缀名为“.exe”。方法是选择“Compile”→“Line”菜单命令，或按〈F9〉键。直接按〈F9〉键，系统会把编译和连接合为一个步骤来进行。

6．执行 C 程序文件

选择“Run”→“Run”菜单命令，或按〈Ctrl+F9〉组合键，系统会执行已经编译和连接好的可执行文件。若程序需要输入数据，屏幕会切换到运行窗口。输入数据后，将把执行结果输出在运行窗口中。为了查看程序的运行结果，按下〈Alt+F5〉组合键，或选择“Window”→“User screen”菜单命令，均可切换到程序运行窗口，如图 1-18 所示。

图 1-18　程序运行窗口

完成 C 程序的编写任务之后，选择“File”→“Quit”菜单命令，即可退出 Turbo C++ 3.0 集成开发环境，回到 Windows 环境。

1.4.2　Microsoft Visual C++ 6.0 集成开发环境

本教材介绍的是英文版的 Microsoft Visual C++ 6.0 开发环境，它的菜单、窗口等都和中文版的一一对应。

1. 启动 Microsoft Visual C++ 6.0

启动 Microsoft Visual C++ 6.0 可以通过“开始”菜单，也可以通过桌面快捷方式等方式。启动 Microsoft Visual C++ 6.0 后的开发环境如图 1-19 所示。

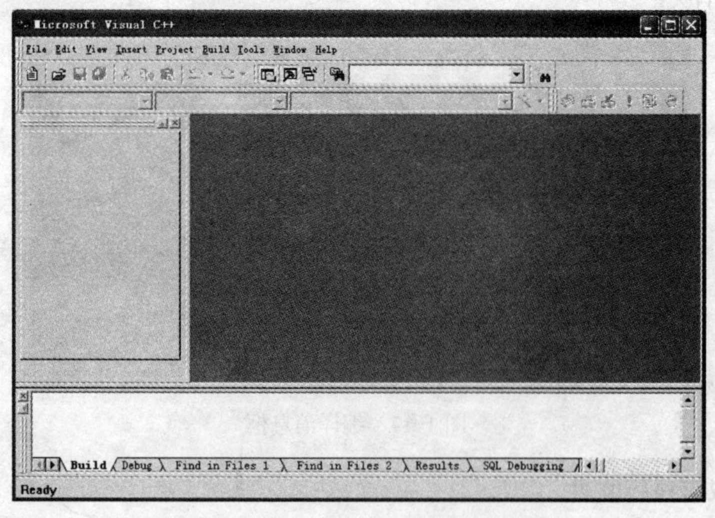

图 1-19　Microsoft Visual C++开发环境

Microsoft Visual C++ 6.0 开发环境的最上面是菜单栏，菜单栏的下面是工具栏，中间部分是工作区，最下面一行是状态栏。在工作区的左边是 Workspace 窗口，右边是灰底的空白窗口。

2．创建一个工程

在 Microsoft Visual C++ 6.0 中，一个 C 程序文件必须属于一个工程，所以应该先创建一个工程。选择“File”→“New”菜单命令，打开如图 1-20 所示的对话框。

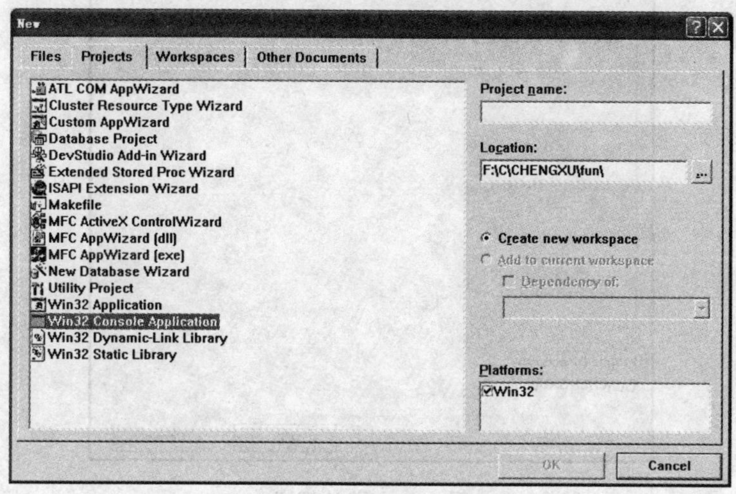

图 1-20　新建工程对话框

在“Projects”页面中，列出了多种类型的工程。如果开发简单的 C 语言程序，只需要创建“Win32 Console Application”工程即可。选择“Win32 Console Application”工程，单击“Locaction”右下方的 按钮，从打开的对话框中指定工程保存的位置，在“Project name”下方输入工程名字后，单击【OK】按钮。

3．修改新工程的配置

对于“Win32 Console Application”类型的程序，只有一个配置界面，如图 1-21 所示。若选择其他类型的应用程序，可能会有多个配置界面。

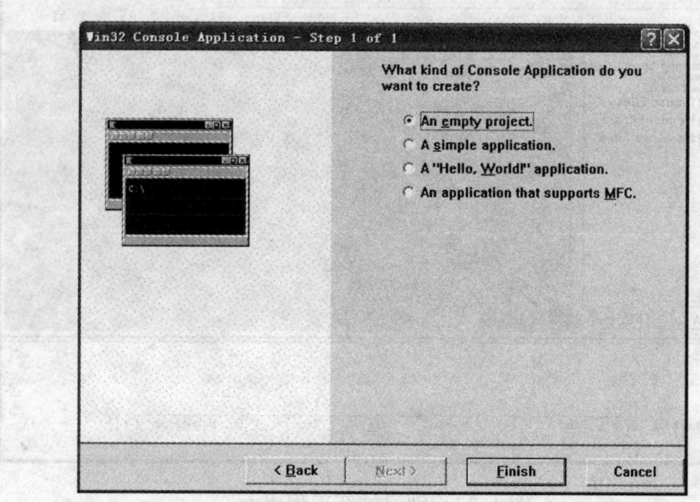

图 1-21　配置界面

选择第 1 个选项“An empty project”（一个空的工程），单击【Finish】按钮，出现如图

1-22 所示的界面。

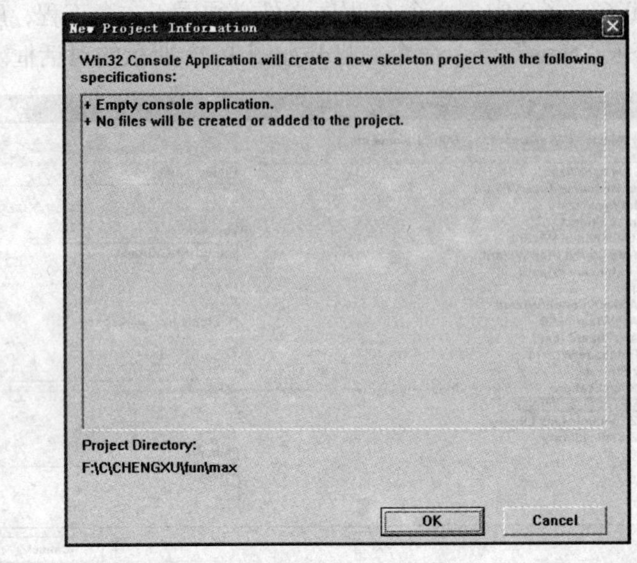

图 1-22　确认配置

4．确认创建新工程

图 1-22 显示出前面所作的配置，确认后单击【OK】按钮，一个新工程创建完毕。Visual C++根据用户填写的配置创建了 3 个相关的文件夹——“Source Files”、“Header Files”和“Resource Files”，对于 C 程序而言，只需要使用“Source Files”一个文件夹就够了。如图 1-23 所示。

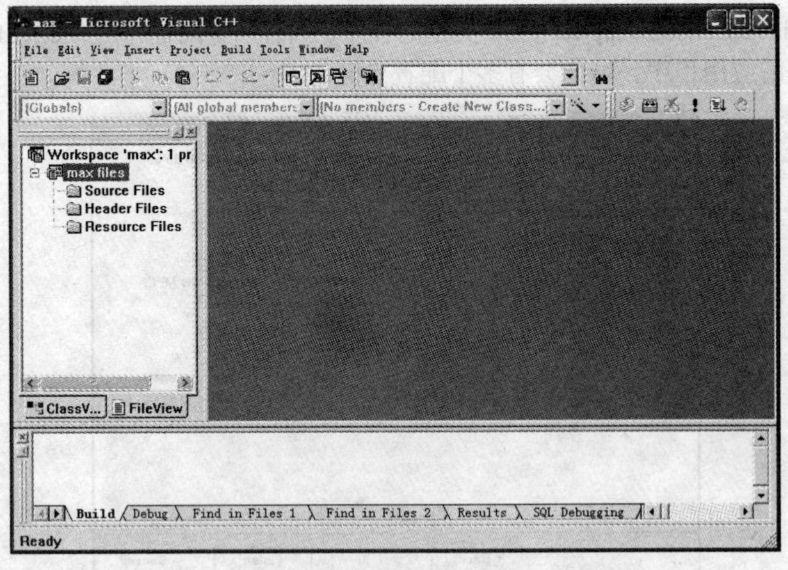

图 1-23　创建的新工程界面

在窗口的左半部分，有两个“Tab”页——“ClassView”和“FileView”。“ClassView”页面会显示当前工程中所声明的类、全局变量等；对于编写 C 语言程序来说，这个页面没有太大的作用；“FileView”页面显示了当前工程中的所有文件。

5．创建一个 C 程序文件到空的工程中

创建一个空的工程后，就可以向工程中添加 C 程序了。方法是：选择“File”→“New”菜单命令，打开如图 1-24 所示的对话框。

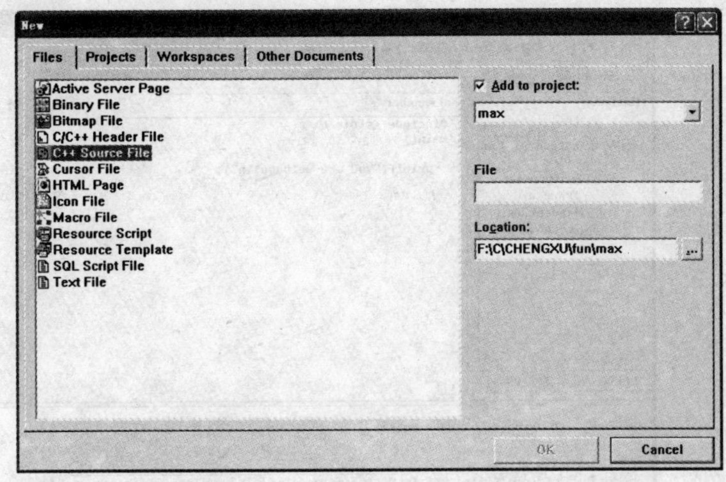

图 1-24　向工程中添加 C 程序文件

在“Files”页面中选择“C++ Source File”文件类型，在“File”文本框中输入 C 程序文件名。需要强调的是，添加 C 程序文件时必须加上后缀“.c”，否则将创建一个默认“.cpp”为后缀的文件。输入 C 程序文件名之后，单击【OK】按钮即在工程中添加了一个新的 C 程序文件。在“FileView”页面，可以看到新创建的 C 程序文件，如图 1-25 所示。

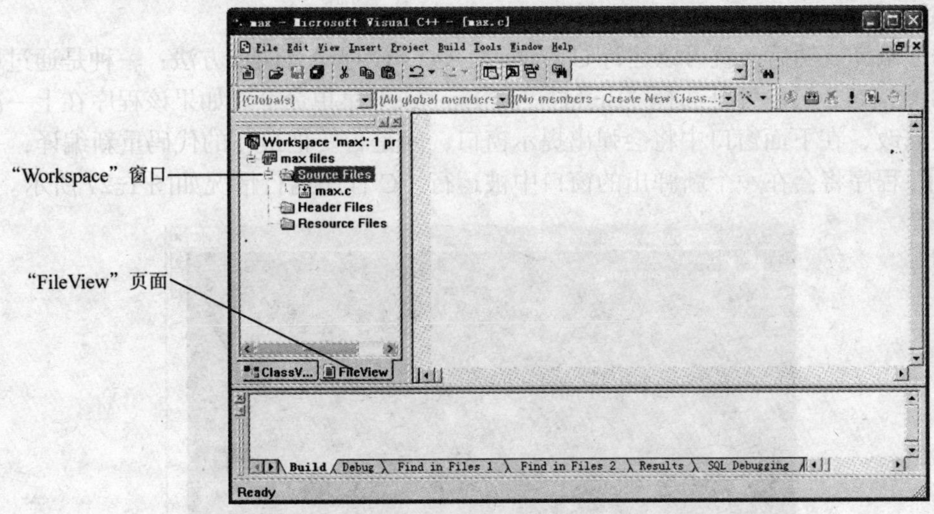

图 1-25　新创建的 C 程序文件

6．编写 C 源代码

C 程序文件创建后，在“Workspace”窗口选择“FileView”页面，在其右边编写 C 源代码。这里以编写输出“You are welcome!”的 C 源程序为例。

7．编译 C 程序

选择“Build”→“Compile”菜单命令，或者单击工具栏中的按钮对 C 程序进行编译，也可以选择“Build”→“Rebuild All”菜单命令进行编译。编译成功，会在“Build”窗口显示出“0 error(s)，0 warning(s)”信息，如图 1-26 所示。

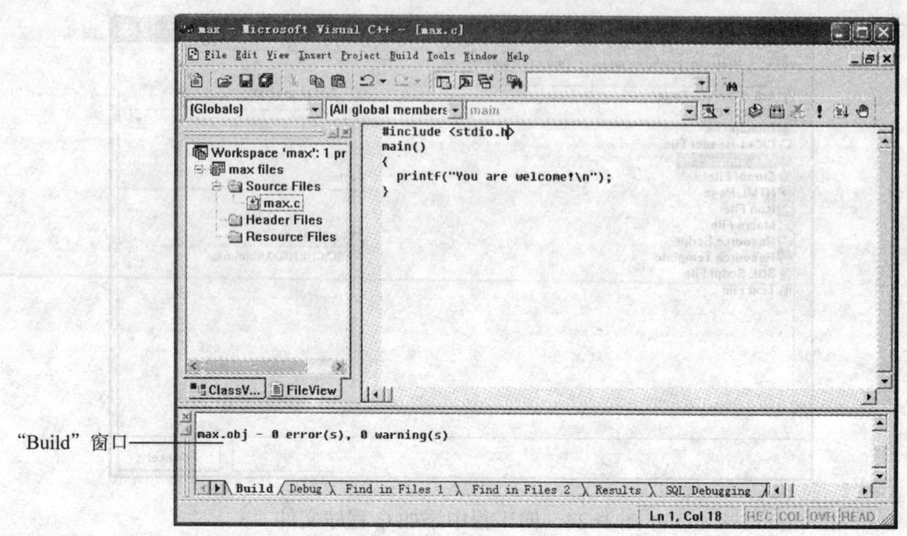

图 1-26　编译 C 程序

一般情况下，代码在编写过程中必然会发生各种错误，编译器检查出来的错误会被显示在“Build”窗口中。根据错误说明，用户需要对 C 程序进行修改，然后，再进行编译，直到把所有错误全部改正为止。

8．运行程序

C 程序编译成功后，就可以运行 C 程序了。运行 C 程序有两种方法：一种是通过单击工具栏中的 ! 按钮；另一种是选择“Build”→“Execute”菜单命令。如果该程序在上一次被编译后又被修改，在下面窗口中将会弹出提示窗口，问是否要把最新的代码重新编译，一般选择【Yes】，程序将会在一个新弹出的窗口中被运行。C 程序运行情况如图 1-27 所示。

图 1-27　C 程序运行结果

9. 调试程序

设置断点是跟踪程序实际运行流程的最好方法。在“Debug”模式下，程序可以在断点处停止，用户可以让程序单步执行，来确认程序是否按照用户所预想的方式运行。

（1）设置断点

将鼠标停留在要被暂停的那一行，单击工具栏中的按钮，即可在指定的位置添加一个红色圆形的断点，如图 1-28 所示。再次单击工具栏中的按钮，将删除设置的断点。

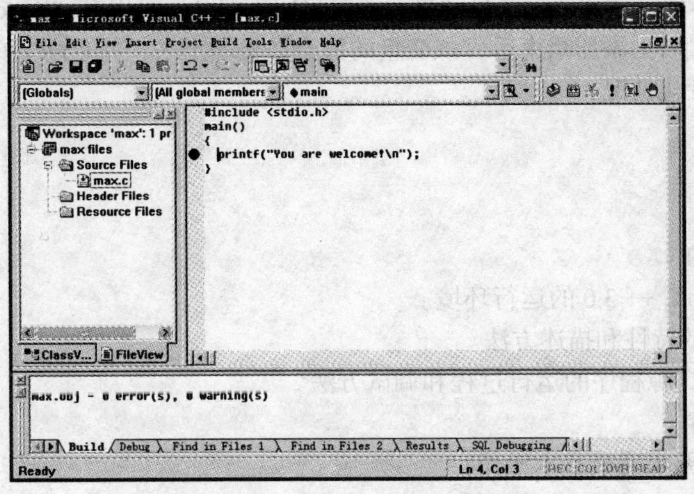

图 1-28　设置断点

（2）开始调试

选择“Build”→“Start Debug”→“Go”菜单命令，或单击按钮，或按〈F5〉键，均可开始调试程序。Visual C++环境将进入调试模式，并且目标程序会在断点处被暂停，如图 1-29 所示。

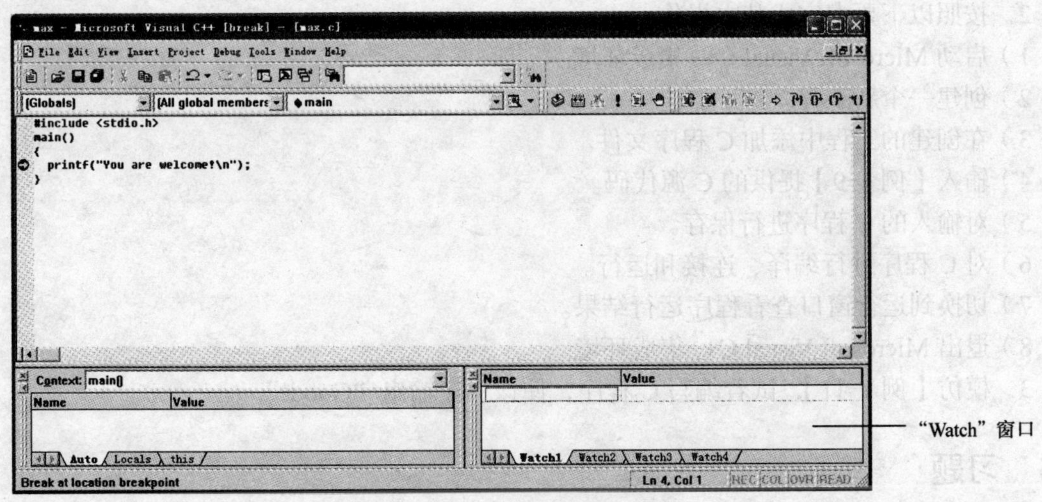

图 1-29　程序调试模式

Microsoft Visual C++环境进入调试模式后，注意观察其环境的变化。其中，菜单项“Build”

变成了“Debug”，并出现了一组新的工具按钮。

（3）单步运行

选择“Debug→Step Over”菜单命令或者单击工具栏中的按钮，或者按〈F10〉键，均可进行程序的单步运行。当不断按〈F10〉键时，C 程序会一步一步地被执行。

（4）动态查看变量的值

对于含有变量的 C 程序，在单步调试程序的过程中，可以在“Watch”窗口中动态地查看变量的值。如果本地变量比较多，自动显示的窗口比较混乱，可以在“Watch”列表中添加自己想要监控的变量名。添加结束后，该变量的值会被显示出来，并且随着单步调试的进行，会看到变量值的变化情况。

1.5 实训

一、实训目的

- 熟悉 Turbo C ++ 3.0 的运行环境。
- 了解算法的特性和描述方法。
- 掌握简单 C 源程序的运行过程和调试方法。

二、实训内容

1. 按照以下要求完成基本操作：

1）启动 Turbo C ++ 3.0 集成环境。

2）输入【例 1-8】提供的 C 源代码。

3）对输入的 C 程序进行保存。

4）对 C 程序进行编译、连接和运行。

5）切换到运行窗口查看程序运行结果。

6）退出 Turbo C ++ 3.0 集成环境。

2. 按照以下要求完成基本操作：

1）启动 Microsoft Visual C++集成环境。

2）创建一个新工程。

3）在创建的工程中添加 C 程序文件。

4）输入【例 1-9】提供的 C 源代码。

5）对输入的 C 程序进行保存。

6）对 C 程序进行编译、连接和运行。

7）切换到运行窗口查看程序运行结果。

8）退出 Microsoft Visual C++集成环境。

3. 模仿【例 1-11】，试着编写 C 程序，使该程序输出“Good!”。

1.6 习题

一、填空题

1. 计算机算法指的是______________________________。

2．C 程序是由__________构成的，其中有且只有一个__________函数，该函数名为__________。

3．C 语言源程序文件名的后缀为________，经过编译后，生成文件的后缀为________，经过连接后，生成文件的后缀为________。

4．C 函数的函数体以________开始，以________结束。

5．结构化程序设计方法的主要原则可以概括为____________________。

6．算法具有 5 个特性，它们分别是__________、__________、__________、__________和__________。

二、选择题

1．下列叙述中，不属于良好程序设计风格要求的是________。

A．程序应简单、可读性好　　B．输入数据前要有提示信息

C．程序中要有必要的注释　　D．程序的效率第一，清晰第二

2．下列选项中不属于结构化程序设计方法的是________。

A．模块化　　B．自顶向下　　C．逐步求精　　D．可复用

3．结构化程序设计主要强调的是________。

A．程序的可移植性　　B．程序的易读性

C．程序的执行效率　　D．程序的规模

4．用 C 语言编写的代码________。

A．可立即执行　　B．是一个源程序

C．经过编译即可执行　　D．经过编译解释才能执行

5．下列叙述中错误的是________。

A．C 程序可以由多个程序文件组成

B．C 程序可以由一个或多个函数组成

C．一个 C 函数可以单独作为一个 C 程序文件存在

D．一个 C 语言程序只能实现一种算法

6．下列叙述中错误的是________。

A．C 语言的每条可执行语句和非执行语句最终都将转换成二进制的机器指令

B．计算机不能直接执行用 C 语言编写的源程序

C．C 语言经过编译、连接步骤之后才能形成一个真正可执行的二进制机器指令文件

D．用 C 语言编写的程序以 ASCII 代码形式存放在一个文本文件中

7．算法中对需要执行的每一步操作，必须给出清楚、严格的规定，这属于算法的______。

A．正当性　　B．确定性　　C．可行性　　D．有穷性

8．对于一个正常运行的 C 程序，以下叙述中正确的是__________。

A．程序的执行总是从程序的第 1 个函数开始，在程序的最后一个函数中结束

B．程序的执行总是从 main 函数开始，在程序的最后一个函数中结束

C．程序的执行总是从程序的第 1 个函数开始，在 main 函数结束

D．程序的执行总是从 main 函数开始，在 main 函数结束

9．以下对 C 语言的描述中正确的是__________。

A．C 语言源程序中可以有重名的函数

B．C 语言源程序中要求每行只能书写一条语句

C．注释可以出现在 C 语言源程序中的任何位置

D．在 C 程序中 main 函数的位置是固定的

三、简答题

1．什么是程序？什么是程序设计？

2．什么是结构化程序设计？为什么提倡结构化程序设计？

3．简述 C 语言的特点。

四、编写程序题

根据前面介绍的例子，试编写一个程序，实现如下输出：

```
*&*&*&*&*&*&*
*You are welcome!*
*&*&*&*&*&*&*
```

第 2 章　数据类型、运算符与表达式

算法处理的对象是数据，而数据是以某种特定的形式存在的，如整数形式、实数形式、字符等形式。在程序中对用到的所有数据都必须指定其数据类型，每种类型的数据都有常量和变量之分。本章主要介绍 C 语言的基本数据类型、运算符及表达式，它们是 C 语言的基础。

本章的主要内容包括：

- C 语言的数据类型
- 常量和变量
- C 语言的基本数据类型
- C 语言的运算符和表达式

2.1　C 语言的数据类型

计算机程序的处理对象是数据，而数据是以某种特定的形式存在的（如整数、实数、字符等形式），它们在计算机中的存储形式不同，参与的运算也不同。

数据结构指的是数据的组织形式，不同的计算机语言所允许定义和使用的数据结构是不同的，C 语言中的数据结构是以数据类型的形式出现的。C 语言提供了丰富的数据类型，如图 2-1 所示。

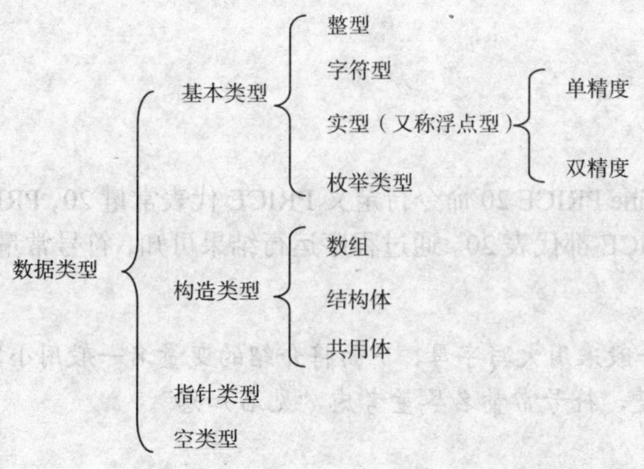

图 2-1　C 语言的数据类型

2.2　常量、变量和标识符

对于基本数据类型，按其取值是否可改变分为常量和变量两种。在程序执行过程中，其值不能被改变的量称为常量，其值可以改变的量称为变量。在程序中，常量是可以不经说明

而直接引用的，而变量必须先定义后使用。

2.2.1 常量和符号常量

常量又称直接常量，就是日常所说的常数，其值在程序运行过程中不能被改变。在C语言中常量有不同的类型，例如2.3、7、–4、'a'、'C'、"boy"等都是直接常量，我们可以从它的字面形式上直接判定其类型，如2.3是实型常量，7、–4是整型常量，'a'、'C'是字符型常量，"boy"是字符串常量。

在C语言中，还可以用一个标识符来代表一个常量，即常量可以用“符号”来代替，代替常量的符号称为符号常量。符号常量在使用之前必须先使用预处理命令#define进行特别的“指定”，一般格式为：

```
#define 标识符 常量表达式<或字符串>
```

需要注意的是，一个#define只能定义一个符号常量，符号常量定义式的行尾没有分号。下面通过实例来认识符号常量的指定和使用。

【例2-1】 求两数之积。

```
#include <stdio.h>
#define PRICE 20                /*指定 PRICE 表示 20*/
void main()
{
    int num=5,total;            /*声明 num、total 为整型变量*/
    total=PRICE*num;            /*20 与 5 的乘积 100 赋给变量 total*/
    printf("total=%d\n",total);
}
```

程序运行结果如下：

```
total=100
```

分析：程序中的#define PRICE 20命令行定义PRICE代表常量20，PRICE就是符号常量，凡在本程序中出现的PRICE都代表20。通过程序运行结果可知，符号常量可以和常量一样进行运算。

说明：符号常量名一般采用大写字母，下面将介绍的变量名一般用小写字母，以示区别。为了使符号常量含义清楚，符号常量名尽量考虑“见名知意”。

2.2.2 变量

变量是指在程序运行过程中其值可以发生变化的量。一个变量在内存中占据一定的存储单元，用来存放变量的值。程序运行时从变量中取值，实际上是通过变量名找到相应的内存地址，从其存储单元中读取数据。

变量分为整型变量、实型变量、字符型变量等。在定义变量名的同时要说明该变量的类型，系统编译时根据变量及其类型为它分配相应数量的存储空间。

【例 2-2】 运行下面的程序。

```
#include <stdio.h>
void main()
{
  int a;                      /*定义整型变量 a*/
  a=10;                       /*把整数 10 赋给变量 a*/
  printf("%d\n",a);           /*输出变量 a 的值 10*/
  a=20;                       /*把整数 20 赋给变量 a*/
  printf("%d\n",a);           /*输出变量 a 的值 20*/
}
```

程序运行结果如下：

```
10
20
```

分析：字母 a 是变量名，被定义为整型变量。把整数 10 存放到变量 a 的存储单元中，10 就是变量 a 的值。输出 10 之后，再把整数 20 存入变量 a 的存储单元中，20 将把 a 存储单元中的 10 覆盖掉，所以第 2 次输出变量 a 的值是 20。可见，变量的值是可以变化的。

需要注意的是，变量名和变量值是两个不同的概念，在对程序编译连接时，由系统给每一个变量名分配一个内存地址，在其存储单元中存放变量值。取变量值时是通过变量名找到相应的内存地址，再从其存储单元中读取变量的值。如图 2-2 所示。

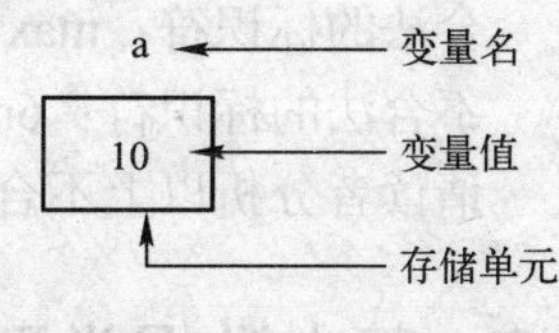

图 2-2 变量名与变量值

变量在使用之前必须先定义，变量的定义就是要指明变量的类型和变量的名称。变量定义的形式如下：

类型说明符 变量名列表

其中，“类型说明符”指明变量的类型，可以是 C 语言的任一有效的数据类型。如果一次定义同类型的多个变量，变量名之间用逗号隔开。例如：

```
int a;              /*定义 1 个整型变量，变量名为 a*/
char c1,c2,c3;      /*定义 3 个字符型变量，变量名分别是 c1、c2、c3*/
```

2.2.3 标识符

和其他高级语言一样，在 C 语言中用来表示变量名、常量名、函数名、数组名、类型名、文件名等对象的有效字符序列称为标识符。简单地说，标识符就是一个名字。

在 C 语言中，各种名称都是用标识符来表示的。标识符的命名规则如下：

- 标识符必须由字母、数字和下划线 3 种字符组成。
- 标识符的第 1 个字符必须是字母或下划线。
- 大小写字母表示不同的意义，即代表不同的标识符。

C 语言的标识符可以分为以下 3 类。

（1）保留关键字

C 语言共有 32 个关键字（见附录 C），它们是有特殊含义的英文单词，不允许用户作为自己定义的标识符使用。

（2）预定义标识符

预定义标识符在 C 语言中都有特殊的含义，如 printf 和 scanf 是库函数名，用户可以重新定义它们，作为自定义的标识符，但为了避免混淆，不提倡这样使用。

（3）用户自定义标识符

在编程过程中，用户根据需要，自行对程序中的变量、符号常量、函数等进行命名。命名时除了遵循标识符的命名规则外，还要注意所取名字应尽量体现相应的意义，如选择相应的英语单词（或缩写）或汉语拼音，做到“见名知意”。这样便于理解，增强程序的可读性。

注意：

1）标识符的命名是区分大小写的，例如 MAX、Max 和 max 是 3 个不同的标识符。习惯上变量名用小写字母表示，符号常量一般使用大写英文字母。

2）C 语言中的关键字是一类特殊的标识符，它们具有特定的含义，已被 C 语言本身使用，不能用作变量名、常量名或函数名等。

3）C 语言中提供了大量的库函数与头文件，这些库函数名和头文件中定义的标识符都统称为预定义标识符。用户定义标识符时应注意避免和预定义标识符重名。

下面举出几个合法的和不合法的标识符。

合法的标识符：max、_zero、area1、INT、_12f

不合法的标识符：6min、zero？、a@sina、int、_2*a

请读者分析以上不合法的标识符。

2.3 基本数据类型

2.3.1 整型数据

1．整型常量

C 语言中的整型常量有 3 种表示形式——十进制整数、八进制整数和十六进制整数。

1）十进制整数，如 33、0、−33、208 等。

2）八进制整数，以数字 0 开头，后面跟一串合法的八进制数字（即 0～7）。如 0135、016 都是八进制数，它们分别代表十进制数 93 和 14。需要注意的是八进制数只能用合法的八进制数字表示，如不能写成 028，因为 8 不是八进制数字。

3）十六进制整数，以数字 0x 或 0X 开头，后面跟一串合法的十六进制数字（即数字 0～9、字母 A～F）。如 0X6B、0x10 都是十六进制数，它们分别代表十进制数 107 和 16。

【例 2-3】 整型数应用。

```
#include <stdio.h>
void main()
{
    int a,b;                              /*声明整型变量 a 和 b*/
```

```
    a=0135;                     /*a 以八进制形式赋值*/
    b=0x6B;                     /*b 以十六进制形式赋值*/
    printf("a=%d,b=%d",a,b);    /*以十进制形式输出 a 和 b 的值*/
}
```

程序运行结果如下：

```
a=93,b=107
```

2．整型变量

C 语言规定所有变量都必须先定义后使用。整型变量用来存放整型数据，使用前要用保留字 int 来说明。整型变量定义的一般形式：

int 变量名 1,变量名 2,……,变量名 *n*;

例如：

```
int x,y,z;       /*声明 x,y,z 分别为整型变量*/
x=20;            /*将整数 20 赋给变量 x*/
y=10;            /*将整数 10 赋给变量 y*/
z=x+y;           /*将 x 加上 y 的和 30 赋给变量 z*/
```

整型数据在内存中是以二进制的形式存放的，每一个整型数据在内存中占 2 个字节（不同的编译系统为整型数据分配的字节数是不相同的，Visual C++ 6.0 则分配 4 个字节。本教材一般假定整型变量在内存中占 2 个字节）。实际上，数值是以补码表示的，一个正整数的补码和该数的原码相同，一个负整数的补码是将该数的绝对值的二进制形式按位取反再加 1。例如十进制数 12 的二进制形式为 1100，其在内存中实际存放情况如图 2-3 所示。十进制数–12 在内存中也以补码形式存放，求–12 补码的过程如图 2-4 所示。

图 2-3　正整数的补码和其原码相同

图 2-4　求解负整数补码的过程

在存放整数的存储单元中，最左边的一位表示符号，该位为 0 时，表示数值为正数；该位为 1 时，表示数值为负。

在 C 语言中，根据数值的范围可将整型变量定义为基本整型（int）、短整型（short int 或 short）和长整型（long int 或 long）。为了充分利用变量值的范围，可以将变量定义为“无符号”类型，即在类型前面加上修饰符 unsigned。如果不指定为无符号型，隐含的即为有符号型（signed），实际上 signed 常常被忽略不写。可见，整型变量可以归纳为 6 种类型，如表 2-1 所示。

表 2-1 ANSI 标准定义的整型数据类型

类 型	解 释	占用的字节数	取 值 范 围
[signed]int	有符号基本整型	2	-32768～32767
[signed] short [int]	有符号短整型	2	-32768～32767
[signed] long [int]	有符号长整型	4	-2147483648～2147483647
unsigned [int]	无符号基本整型	2	0～65535
unsigned short [int]	无符号短整型	2	0～65535
unsigned long [int]	无符号长整型	4	0～4294967295

表 2-1 列出了用 Turbo C/Turbo C++时整数类型的有关数据，用不同的编译系统，具体情况会有所差异，例如，Visual C++ 6.0 为整型数据分配 4 个字节。表 2-1 中方括号“[]”内的部分可以省写。数据类型标识符前如果没有修饰符 unsigned，即隐含为有符号（signed），存储单元中最高位代表符号位。如果指定为 unsigned，存储单元中最高位不代表符号位，全部是二进位，用于存放数据本身。

整型变量的定义和使用举例如下：

```
int a=10,b;             /*定义 a,b 为整型变量，并把 10 赋给变量 a*/
unsigned c=9;           /*定义 c 为无符号整型变量，并把 9 赋给变量 c*/
b=a+c;                  /*把变量 a 和 c 的和赋给变量 b，b 的值为 19*/
```

可见，不同种类的整型数据可以进行算术运算。

以上例举的整型数据均为基本整型数据，若要表示长整型数据（long int），应在数的最后加字母 l 或 L。例如 33L、033L、0x33L 分别是十进制、八进制、十六进制的长整型常数。整型常量的表示范围在-32768～32767 之间，长整型常量的表示范围在-2147483648～2147483647 之间。也就是说 33 和 33L，从值的大小上看没什么区别，但前者用 2 个字节存储，而后者用 4 个字节存储。

无符号数也可用后缀表示，整型常数的无符号数的后缀为“U”或“u”。例如，358u、0x38Fu、235Lu、0XA5Lu 均为无符号数。

【例 2-4】 整型数据应用。

```
#include <stdio.h>
void main()
{
  int a,b,m,n;              /*定义 a,b,m,n 为整型变量*/
  unsigned u;               /*定义 u 为无符号整型变量*/
  a=4;
  b=-8;
  u=10u;
  m=a+u;
```

```
    n=b+u;
    printf("m=%d,n=%d\n",m,n);
}
```

程序运行结果如下：

```
m=14,n=2
```

2.3.2 实型数据

1. 实型常量

实型常量又称实数，在计算机中以浮点数形式存放。在C语言中，实型常量可以用小数形式和指数形式来表示。

1）十进制小数形式。由数字和小数点组成，小数点不能省略，例如，0.135、.48、25.0、–3.9、0.0等都是合法的十进制小数形式。

2）指数形式。由尾数部分、阶码标志“e”或“E”和指数部分（指数只能为整数，可以带符号）组成。如十进制数123.456用指数形式表示为1.23456e2，其中1.23456为尾数，2为指数。C语言规定，用指数形式表示实数，字母“e”或“E”之前必须要有数字，“e”或“E”之后的阶码（即指数）必须为整数，且3个组成部分均不能省略。例如，2.34E2、2.34E–2、–0.01E3都是合法的实型常量；2.34E2.0、E3、5.6E都是不合法的实型常量。

一个浮点数可以有多种指数表示形式，例如，159.967可以表示为159.967E0、15.9967E1、1.59967E2、0.159967E03等，其中1.59967E2是规范化的指数形式。即在字母“e”或“E”之前的小数部分中，小数点左边只有一位非零数字。

C语言允许浮点数使用后缀“f”或“F”，用来表示该数为浮点数。例如，156f和156.是等价的。

2. 实型变量

实型变量也称浮点型变量。按其能够表示的数的精度，可分为单精度实型变量和双精度实型变量。单精度实型变量用保留字float定义，双精度实型变量用保留字double定义。例如：

```
float a,b;          /*定义 a,b 为单精度实型变量*/
double x,y;         /*定义 x,y 为双精度实型变量*/
```

一般情况，一个float型变量占据4个字节存储空间，一个double型变量占据8个字节存储空间。两者之间的差异体现在所能表示的数的精度上，float型的数据提供6～7位有效数字，double型的数据提供15～16位的有效数字，具体精确到多少位与系统有关。实型数据与整型数据的存储方式不同，实型数据是按照指数形式存储的。实型数据见表2–2所示。

表2–2 实型数据

类　型	解　释	有效数字	占用的字节数	数值范围
float	单精度型	6～7	4字节	–3.4E–38～3.4E38
double	双精度型	15～16	8字节	–1.7E–308～1.7E308

【例 2-5】 实型数据应用。

```
#include <stdio.h>
void main()
{
  float r=5.6,p,s;              /*定义 r,p,s 分别为单精度实型变量*/
  p=3.1415926789;
  s=r*p;
  printf("%f\n",s);             /*指定实型变量 s 以小数形式输出*/
}
```

程序运行结果如下：

```
17.592918
```

一个实型常量可以赋给一个 float 型或 double 型变量，根据变量的类型截取实型常量中相应的有效位数字，其余的数字是无意义的。

2.3.3 字符型数据

1．字符常量

字符常量是用一对单撇号（即单引号）括起来的一个字符。例如，'a'、'A'、'='、'+'、'?'都是合法的字符常量。单撇号为字符常量的定界符，只起定界作用，并不表示字符本身。在 C 语言中，大小写字母是有区别的，如'a'和'A'是两个不同的字符常量。

在 C 语言中，字符是按其所对应的 ASCII 码值来存储的，一个字符占一个字节，其存储形式与整数的存储形式类似。C 语言使字符型数据和整型数据之间可以通用，一个字符型数据既可以按字符形式输出，也可以按整数形式输出。

C 语言允许使用一种特殊形式的字符常量，这类常量以反斜杠“\”开头，后跟一个或几个字符，称为转义字符。转义字符具有特定的含义，不同于字符原有的意义。例如，在输出函数中常用的“\n”，代表一个“换行”符。转义字符是一种控制字符，在屏幕上是不能显示的。常用的转义字符及含义如表 2-3 所示。

表 2-3 转义字符及其含义

字 符 形 式	转义字符的含义
\n	换行，将当前位置移到下一行的开头
\t	横向跳格到下一个制表位置
\b	退格，将当前位置移动到前一列
\r	回车，将当前位置移到本行开头
\f	走纸换页，将当前位置移到下页开头
\\	代表一个反斜杠字符“\”
\'	代表一个单引号字符
\"	代表一个双引号字符
\ddd	1～3 位八进制数所代表的字符
\xhh	1～2 位十六进制数所代表的字符

表 2-3 列出的转义字符，意思是将反斜杠后面的字符转换成另外的意义。如'\t'中的 t 不代表字母 t，而作为"横向跳格到下一个制表位置"。'\ddd'和'\xhh'是用 ASCII 码表示一个字符，如'\101'代表 ASCII 码值（八进制数）为 101 的字符'A'，相当于十进制数 65。需要注意的是，'\0'或'\000'是代表 ASCII 码为 0 的控制字符，即"空操作"字符，它常用在字符串中。下面通过实例来进一步理解转义字符的使用。

【例 2-6】 转义字符的使用。

```
#include <stdio.h>
void main()
{
   printf("come\ton!\b.\nIt\'s\ta bird.\n");
}
```

程序运行结果如下：

```
come␣␣␣␣on.
It's␣␣␣␣a␣bird.
```

分析：用 printf 函数直接输出双引号内的各个字符。先输出"come"，遇到"\t"跳到下一个制表位置（一个制表区占 8 列），即从第 9 列开始输出"on!"，遇到"\b"退一格，即回退到"!"所在的一列，接着输出字符"."，然后遇到"\n"，使当前位置移到下一行的开头，即从下一行的第 1 列开始输出后面的字符。在第 2 行输出"It"后，遇到"\'"输出字符"'"，继续输出 s 后遇到"\t"，输出位置跳到下一个制表位置，即从第 9 列开始继续输出后面的字符"a bird."。

用一对单引号括起来的一个数字为字符型数字，例如'0'、'2'、'9'等。字符型数字和数值型数字是有区别的，前者是字符常量，后者是整型常量，它们的含义和在计算机中的存储方式是截然不同的。由于 C 语言中字符常量在内存中存放的是它的 ASCII 码值，所以字符常量可以同整数一样参与相关的运算。如'b'-32 的运算结果是 98-32=66，其中'b'的 ASCII 码值是 98；再如'8'+8 的运算结果是 56+8=64，其中'8'的 ASCII 码值是 56。

2．字符变量

字符变量用来存放一个字符常量。字符变量的定义形式：

char 变量名 1,变量名 2,…,变量名 *n*;

例如：

```
char ch1,ch2;            /*定义 ch1、ch2 为字符型变量*/
```

字符变量定义之后，每个字符变量在内存中分配一个字节的存储空间，用来存放一个字符常量，如：

```
ch1='x';ch2='Y';         /*把字符常量'x'和'Y'分别赋给字符变量 ch1 和 ch2*/
```

需要注意的是，将一个字符常量放到一个字符变量中，实际上并不是把该字符本身放到内存单元中，而是将该字符的相应的 ASCII 代码放到存储单元中。这样使字符型数据和整型数据之间可以通用，也就是说，一个字符数据既可以以字符形式输出，也可以以整数形式输出。以字符形式输出时，需要先将存储单元中的 ASCII 码转换成相应字符，然后输出；以整数形式输出时，直接将 ASCII 码作为整数输出。

【例 2-7】 字符型数据的应用。

```
#include <stdio.h>
void main()
{
    char c1,c2;                    /*定义 c1 和 c2 为字符变量*/
    c1='A';                        /*把字符常量'A'赋给字符变量 c1*/
    c2='B';                        /*把字符常量'B'赋给字符变量 c2*/
    printf("%c,%c\n",c1,c2);       /*按字符型格式输出 c1、c2 的值*/
    printf("%d,%d\n",c1,c2);       /*按整型格式输出 c1、c2 的值*/
    c1=c1+32;                      /*c1 对应的 ASCII 码加 32 后赋给字符变量 c1*/
    c2=c2+32;                      /*c2 对应的 ASCII 码加 32 后赋给字符变量 c2*/
    printf("%c,%c\n",c1,c2);
    printf("%d,%d\n",c1,c2);
}
```

程序运行结果如下：

```
A,B
65,66
a,b
97,98
```

分析：把大写字母 A 和 B 存入 c1、c2。实际上，在 c1、c2 中存放的是这两个字母的 ASCII 码值 65 和 66，然后分别输出两个字符和他们对应的 ASCII 码。c1、c2 分别加 32 后，他们的 ASCII 码值变为 97 和 98，它们对应的是小写字母 a 和 b。

可见，字符型数据和整型数据是通用的，它们既可以用字符形式输出，也可以用整数形式输出。但是，字符型数据只占一个字节，它只能存放 0～255 范围内的整数。

3．字符串常量

字符串常量是由一对双引号括起来的字符序列，例如"a"、""、"hello"、"C program"、"$123"等都是合法的字符串常量。字符串所包含的字符个数称为字符串的长度，如"hello"长度为 5，"你好"的长度为 4（1 个汉字相当于 2 个字符）。双引号内没有任何字符的字符串称为空串，如""，其长度是 0。

需要注意的是，在字符两侧添加单引号和添加双引号的意义不同，如'a'和"a"，前者是字符常量，后者是字符串常量。C 语言规定，存储一个字符串时，系统将在字符串的结尾处自动添加一个字节，用来存放字符“\0”，“\0”是字符串结束的标志。例如，

'a'在内存中占一个字节，可表示为：

a

"a"在内存中占二个字节，可表示为：

a	\0

前面介绍的转义字符也可以出现在字符串中。如"\\hello\""是合法的字符串，表示“\hello"”。

不能将一个字符串赋值给一个字符变量。例如：

```
char ch;
ch="a";
```

这显然是不可以的。如果改为：

```
char ch;
ch='a';
```

这是可以的。请读者自行分析原因。

在C语言中，没有专门的字符串变量，通常用一个字符型数组来存放一个字符串，这将在第4章中作详细介绍。

2.4 不同类型数据间的转换

在C语言中，除了字符型数据和整型数据可以混合运算外，整型和浮点型也可以混合运算，因此，字符型、整型、浮点型数据间均可以混合运算。不同类型的数据进行混合运算时，需要先转换成同一类型，然后进行运算。类型转换有两种方式：一种是自动类型转换，又称隐式转换；另一种是强制类型转换，又称显式转换。

1．自动类型转换

进行运算时，不同类型的数据由编译系统自动地转换成同一类型，然后再进行运算，这种转换称为自动转换。自动转换遵循以下规则：

（1）字符数据必定先转换为整数，短整型转换为整型，单精度数在运算时一律先转换成双精度数，然后进行运算，以提高运算精度。

（2）C语言允许整型、实型和字符型变量进行混合运算。运算时按“向高看齐”的原则对“较低”的类型进行提升，以保证精度不降低。如int型数据和long型数据运算时，先把int型数据转换成long型数据后再进行运算，运算结果为long型；int型数据与double型数据运算时，直接将int型转成double型，运算结果是double型。

2．强制类型转换

上面的类型转换是由编译系统自动进行的，C语言还提供了强制类型转换，又称显示转换，它是通过类型转换运算来实现的，其一般形式为：

(类型说明符) (表达式)

其作用是把表达式的值转换为类型说明符指定的类型。“类型说明符”是C语言中任意一个有效的数据类型。例如，为确保表达式“x+y”的结果为int型，可写为(int) (x+y);

对表达式的值进行强制类型转换，表达式一般应该用括号括起来。如果把上式写成（int）x+y的形式，则表示将x转换为int型再与y相加。

说明：无论是自动类型转换还是强制类型转换，只是对变量或表达式的类型进行临时性的转换，并未改变原来变量或表达式的类型。如“(int)x;”，如果 x 原指定为 float 型，进行强制类型转换后得到一个 int 型的中间量，此值等于 x 的整数部分，而 x 的类型仍然是 float 型。

【例 2-8】 强制类型转换应用。

```
#include <stdio.h>
void main()
{
  int a;
  float b=3.6;
  a=(int)b;                    /*把实型变量 b 的值转换为整型后赋给整型变量 a*/
  printf("b=%f,a=%d\n",b,a);
}
```

程序运行结果如下：

```
b=3.600000,a=3
```

分析：定义实型变量 b，然后将其强制转换为整型，产生一个中间值 3（删去小数部分），并把 3 赋给整型变量 a，但变量 b 的类型仍为 float 型，其值仍为 3.6。

2.5 运算符与表达式

运算符就是用来表示各种运算的符号，如算术运算中的加、减、乘、除号就是运算符。C 语言的运算符非常丰富，大部分基本操作均由运算符来处理。C 语言的运算符有多种类型，如算术运算符、关系运算符、逻辑运算符、位运算符、赋值运算符、条件运算符、逗号运算符、指针运算符、求字节数运算符、分量运算符、下标运算符等。

运算符是有运算对象的，只有一个运算对象的运算符称为单目运算符，如 a++中的自增运算符“++”；有两个运算对象的运算符称为双目运算符，如 a||b 中的逻辑运算符“||”；有 3 个运算对象的运算符称为三目运算符，如 a>b?a:b 中的条件运算符“? :”。

用运算符把运算对象连接起来组成的运算式称为表达式，如 a*3.14+'A'-b。当表达式中出现多种运算符时，需要考虑运算优先级问题。

对于优先级别相同的运算符来说，需要根据运算符的结合性来进行运算。C 语言规定了各种运算符的结合性，即结合方向。例如，算术运算符的结合方向为自左至右，即左结合性。对于算术表达式 a+b–c 来说，先求解 a+b 的和，再让该和减去 c。又如，赋值运算的结合方向为自右至左，即右结合性。对于赋值表达式 a=b=5 来说，先把 5 赋给 b，再把 b 的值赋给 a。

2.5.1 算术运算符与算术表达式

算术运算符分为基本算术运算符和自增、自减运算符。其中基本算术运算符简称为算术运算符。

1. 基本算术运算符

C 语言的基本算术运算符有+、–、*、/、%。

● 加法运算符“+”：是双目运算符，即应有两个量参与加法运算，如 a+8、x+y。“+”也可作正值运算符使用，如+a（求 a 的正值）。

- 减法运算符“–”：是双目运算符，如 a–8、x–y 等。“–”也可作负值运算符使用，如 –a（求 a 的负值）等。
- 乘法运算符“*”：是双目运算符，求两个量的积，如 x*y、2*3 等。
- 除法运算符“/”：是双目运算符，参与除法的运算量如果均为整型量，结果也为整型量；参与除法的运算量中，如果有一个是实型量，除法的运算结果也为实型量。如 7/2 的结果是 3，5.0/2 的结果是 2.5。
- 求模运算符“%”：求模运算符也称作求余运算符，其运算对象必须均为整型数据，运算结果是整除后的余数。如 7%3=1，即 7 除以 3 得到余数 1。

说明：

1）乘号“*”不能省略，也不能写成代数式中的“.”或“·”。

2）求余运算符“%”要求参与运算的量必须为整数，且求余的结果符号与被除数相同。

3）若双目运算符两边的类型不一致，则系统将自动按照类型转换规则使两边的类型一致后再进行运算。

2．自增、自减运算符

自增运算符（++）和自减运算符（––）的作用是分别使变量值自增 1 和自减 1，它们均为单目运算符。自增、自减运算符可以放在运算量的前面（称为前缀形式），也可以放在运算量的后面（称为后缀形式），例如++x 或 x++，它们相当于 x=x+1。但在表达式中，这两种用法是有区别的。如果自增或自减运算符在运算量的前面，C 语言在引用运算量之前先使运算量执行加 1 或减 1 操作；如果运算符在运算量的后面，C 语言就先引用运算量的值，然后再执行运算量加 1 或减 1 操作。

【例 2-9】 自增、自减运算符应用。

```
#include <stdio.h>
void main()
{
    int i,j,k;
    i=5;
    printf("j=%d\n",j=i++);          /*先把 i 的值 5 赋给变量 j，然后 i 的值自动增 1 变为 6*/
    printf("i=%d\n",i);              /*输出 i 的当前值 6*/
    printf("j=%d\n",j=++i);          /*i 的当前值先自增 1 变为 7，然后赋给变量 j*/
    printf("i=%d\n",i);              /*输出 i 的当前值 7*/
    printf("k=%d\n",--i);            /* i 的当前值先自减 1 变为 6，输出 i 的值*/
}
```

程序运行结果如下：

```
j=5
i=6
j=7
i=7
k=6
```

自增、自减运算符只能用于变量，不能用于常量或表达式，如 3++、(a+b)--都是不合法的。自增、自减运算符和其他运算混合使用时，其结合性为“自右向左”，如–a++相当于–(a++)。自增自减运算符常用于循环语句中，也常用于指针变量，这些将在后面章节中介绍。

3．算术运算符的优先级别和结合性

算术运算符和圆括号的优先级按由高到低的次序排列如下：

( )、++、––、*、/、%、+、–

以上运算符中，除了单目运算符“++”和“––”的结合性是从右到左外，其余运算符的结合性都是从左到右。

4．算术表达式

用算术运算符和括号将运算对象连接起来符合 C 语法规则的式子，称为算术表达式。其中运算对象包括常量、变量、函数等。例如，7/2+3.5*a–8%5*2.0 就是一个合法的算术运算表达式。在 C 语言中，算术表达式的求值规律与数学中的四则运算类似，在运算时，首先要分清哪些运算符先运算，哪些运算符后运算，即按运算符优先级从高到低来进行，当优先级相同时再按其结合性来运算。上式中“%”、“*”、“/”运算符的优先级高于“+”、“–”运算符，即先乘、除、求余，再进行加、减运算。包含同级算术运算符的表达式，其结合性均为自左至右（又称为左结合性），即运算对象先与左面的运算符结合。

2.5.2 赋值运算符与赋值表达式

1．赋值运算符

赋值符号“=”就是赋值运算符，它的作用是将一个数据赋给一个变量。在 C 语言中，赋值也被认为是一种运算。由赋值运算符将一个变量和一个表达式连接起来的式子称为赋值表达式。其形式为：

```
变量=表达式
```

作用是将赋值运算符右边表达式的值赋给左边的变量。例如，x=10 是把 10 赋给变量 x，即把 10 存入变量 x 对应的存储单元中。再如，a=b+5 是把 b 与 5 的和赋给变量 a。

赋值运算具有右结合性。因此，a=b=c=9 可理解为 a=(b=(c=9))。

如果赋值运算符两侧的类型不一致，但都是数值型或字符型时，系统将自动进行类型转换，即把赋值号右边的类型换成左边的类型。具体规定如下：

1）把实型数据赋给整型变量时，舍去实数的小数部分。如执行“int a=12.56;”语句后，整型变量 a 的值是 12。

2）把整型数据赋给实型变量时数值不变，但将整数转换成浮点数形式（即增加小数部分）存储到实型变量中。例如，执行“float b=27;”时，是把 27 转换成 27.000000 赋给变量 b。

3）把字符型数据赋给整型变量时，由于整型数据占用 2 个字节，而字符型数据只占用 1 个字节，所以把字符数据的 ASCII 码值放到了整型数据的低 8 位中，整型数据的高 8 位为 0。

4）整型数据赋给字符型变量时，只把整型数据的低 8 位赋给字符型变量。

说明：

1）赋值符“=”左边必须是变量，右边既可以是常量、变量，也可以是函数调用或表达式，如 a=sqrt(9)+5*b。

2）赋值运算符“=”与数学中的等号虽然一样，但含义和作用不同。如 k=k+1 在数学中是不成立的，但在 C 语言中是正确的，是指将变更 k 的当前值加 1，然后再赋给变量 k。

2．复合赋值运算符

在赋值运算符之前加上其他运算符可以构成复合赋值运算符。C 语言提供的复合赋值运算符如下：

+=、–=、*=、/=、%=、&=、^=、|=、<<=、>>=

前 5 种为复合算术运算符，后 5 种为复合位运算符。例如：

x+=7	等价于 x=x+7，即先使 x 加 7，再赋给 x。
y*=x–6	等价于 y=y*(x–6)，而不是 y=y*x–6。

说明：复合赋值运算符的优先级与赋值运算符的优先级相同。

3．赋值表达式

赋值表达式就是用赋值运算符或复合赋值运算符将一个变量和一个表达式连接起来的式子。C 语言规定赋值表达式的值就是被赋值变量的值。例如，x=5 变量 x 的值 5 就是该表达式的值。再来看下面几个例子：

a=b=c=8	a、b、c 的值均为 8，整个表达式的值也为 8。
a=5+(b=6)	b 的值为 6，a 的值为 11，整个表达式的值也为 11。
x=(y=4)+(z=3)	y 的值为 4，z 的值为 3，x 的值 7 即为整个表达式的值。
x=(y=4)/(z=3)	y 的值为 4，z 的值为 3，x 的值 1 即为整个表达式的值。

赋值运算符的优先级仅仅高于后面要讲到的逗号运算符，赋值运算符的结合性为从右至左。

2.5.3 逗号运算符与逗号表达式

逗号运算符是 C 语言提供的一种特殊的运算符，用“,”来表示。用逗号运算符将两个表达式连接起来，称为逗号表达式。逗号表达式的一般形式为：

表达式 1,表达式 2

逗号表达式的求解过程是：先求解表达式 1，再求解表达式 2，表达式 2 的值就是逗号表达式的值。例如，逗号表达式 a=2*5,a*4，先求解表达式 a=2*5 得到 a 的值是 10；再求解表达式 a*4 得到 40，整个逗号表达式的值是 40。

逗号表达式的一般形式可以扩展为：

表达式 1,表达式 2,…,表达式 *n*

逗号运算符的结合性为“从左到右”，先计算表达式 1，最后计算表达式 *n*，表达式 *n* 的值就是整个逗号表达式的值。逗号运算符的优先级别在所有运算符中是最低的。

逗号表达式可以嵌套，即表达式 1 和表达式 2 本身也可以是逗号表达式。例如，逗号表达式(a=3*5,a+2),a–6 的值应为 9。请读者分析该逗号表达式的值为什么不是 11。

【例 2–10】 逗号运算应用示例。

```
#include <stdio.h>
void main()
{
   int x,y;
   x=50;
   y=(x=x-5,x/5);              /*把逗号表达式的值赋给变量 y*/
   printf("%d,%d\n",x,y);      /*输出变量 x,y 的值*/
}
```

程序运行结果：

```
45,9
```

在许多情况下，使用逗号表达式的目的并不是需要整个逗号表达式的值，而是想分别得到各个表达式的值。另外，不是任何出现逗号的地方，都把逗号看作运算符，如“printf("%d,%d,%d",x,y,z);”中的“x,y,z”并不是逗号表达式，而是 printf 函数的 3 个输出项，它们是用逗号来分隔的。

2.6 实训

一、实训目的

- 掌握 C 语言基本类型的数据应用。
- 掌握各种运算符的运算规则、优先级和结合方向。
- 掌握运算符及表达式在程序中的应用。

二、实训内容

1．上机运行下面的程序，注意程序中整型常量的表示方法。

```
#include <stdio.h>
void main()
{
   int a=12,b=0x12,c=012,d;
   printf("%d,%x,%o\n",a,b,c);
   d=a+b+c;
   printf("%d,%d,%d,%d\n",a,b,c,d);
}
```

2．上机运行下面程序，分析程序的运行结果。

```
#include <stdio.h>
void main()
{
   int a,b,c;
   a=b=1;
   c=a++,b++,++b;
   printf("%d,%d,%d\n",a,b,c);
}
```

3．按要求运行下面的程序。

```
#include <stdio.h>
void main()
{
   char c1,c2;
   c1='a';
   c2='b';
   printf("%c,%c\n",c1,c2);
}
```

1）分析程序的运行结果。

2）在程序最后添加语句“printf("%d,%d\n",c1,c2);”，继续运行程序并查看运行结果。

3）将程序中的“char c1,c2;”改为“int c1,c2;”，运行修改后的程序并查看程序运行结果。

4．上机运行下面的程序，分析表达式在程序中的运算结果。

```
#include <stdio.h>
void main()
{
   int i=16,j=6;
   float x,y;
   printf("%d\n",i/j);
   printf("%d\n",i%j);
   x=y=3;
   x=x+y;
   y+=13;
   printf("%f\n",y/=x);
}
```

5．求解下面各表达式的值，试着仿照前面列出的程序，编程验证各表达式的计算结果。

已知：a=3,b=5,c=7

1）b/a+c%a

2）a%=(c−b)

3）a+b,a++,−−b,a+b+c

4）a+=a−=a+2

2.7　习题

一、选择题

1．C 语言中，int 类型数据所占的字节数是_______。

　　A．1 个　　B．2 个　　C．4 个　　D．8 个

2．以下选项中，合法的一组 C 语言数值常量是_______。

A．2.87E−2	B．89.	C．0.092E	D．467.5e−3
029	0xabc	0a6	012
−0xf	4.9e0	.779	E9

3．在C语言中，要求运算量必须是整型数的运算符是________。

A．%=　　B．/=　　C．%=和/=　　D．/

4．以下正确的字符常量是________。

A．'\0x41'　　B．"a"　　C．'\b'　　D．"\0"

5．以下选项中不合法的用户标识符是________。

A．_234　　B．a_3　　C．B$　　D．max

6．以下合法的赋值表达式是________。

A．x=y=7　　B．x=52%2.6　　C．x+y=9　　D．x=10=6+4

7．下列变量定义不正确的是________。

A．int char_;　　B．float _char;　　C．double Char;　　D．char a-b;

8．以下叙述中错误的是________。

A．用户所定义的标识符允许使用关键字

B．用户所定义的标识符必须以字母或下划线开头

C．用户所定义的标识符应尽量做到“见名知意”

D．用户所定义的标识符中，大小写字母代表不同的标识

9．以下选项中，合法的字符串常量是________。

A．How are you　　B．'good'　　C．abc　　D．"abc#"

10．在C语言中，合法的长整型常数是________。

A．4567890　　B．2345654&　　C．0L　　D．279D

11．设a=12，表达式a+=a−=a*=a的值是________。

A．12　　B．144　　C．0　　D．132

12．设有定义“int x=0;”，以下选项的4个表达式中，与其他3个表达式的值不相同的是________。

A．x+1　　B．++x　　C．x++　　D．x+=1

13．数字字符0的ASCII值为48，若有以下程序：

```
#include <stdio.h>
void main()
{
  char a='1',b='2';
  printf("%c,", b++);
  printf("%d\n", b–a);
}
```

程序运行后的输出结果是________。

A．3,2　　B．2,2　　C．50,2　　D．2,50

14．若变量x，y已正确定义并赋值，以下符合C语言语法的表达式是________。

A．x+1=y;　　B．++x,y=x−−;　　C．x=x+10=x+y;　　D．(double)x/10

15．关于int、long和short类型数据占用内存大小的叙述中正确是的________。

A．均占4个字节　　B．由用户自己定义

C．由C语言编译系统决定　　D．根据数据的大小来决定所占内存的字节数

16．已知“double a,b; int c;long d;”，则以下 4 个选项中正确的表达式是_______。

A．a+b=a=d++　　B．(c+d)%(int b)　C．c%((int)a/b)　　D．c=a%b

二、填空题

1．C 语言中，用关键字_______定义基本整型变量，用关键字_______定义单精度实型变量，用关键字_______定义字符型变量。

2．C 语言中字符型变量在内存中占______个字节。

3．表达式 a=3*2,a*6 的值是______，表达式 3.8−3/2+1.2+7%5 的值是______。

4．执行下面的语句段后 a、b、c、d 的值分别是_______、_______、_______、_______。

```
a=4;
b=2;
c=--a*b++;
d =a--*++b;
```

5．求解表达式 a =3,b=5,b+=a,c=b*5 之后，a、b、c 的值分别是__________。

6．写出下列字符转义字符的意义：'\n'________________，'\t'__________。

7．已知 b=23.4，c=12.7，将 b*c 的值强制转化为 int 型的表达式为__________。

三、程序分析题

1．写出下面程序的运行结果。

```
#include <stdio.h>
void main()
{
  int a,b,c;
  a=5; b=6; c=7;
  a=a+b-c;
  c=b--;
  b=++c;
  printf("%d\t%d\t%d\n",a,b,c);
}
```

2．分析下面程序中 i 变量的变化情况。

```
#include <stdio.h>
void main()
{
  int i=6;
  printf("%d\t",--i);
  printf("%d\t",i--);
  printf("%d\t",++i);
  printf("%d\t",i--);
  printf("%d\t",-i++);
  printf("%d\n",-i--);
}
```

3．写出下面程序的运行结果。

```
#include <stdio.h>
void main()
{
   char a='a',b;
   printf("%c\n",++a);
   printf("%c\n",b=a--);
}
```

4．写出下面程序的运行结果。

```
#include <stdio.h>
void main()
{
   char x='m',y='M';
   printf("%c\n",(x,y));
}
```

5．写出下面程序的运行结果。

```
#include <stdio.h>
void main()
{
   int a=20;
   a=(3*5,a+10);
   printf("%d\n",a);
}
```

第 3 章　C 程序设计的 3 种基本结构

从程序流程的角度来看，C 语言程序分为 3 种基本结构——顺序结构、分支结构和循环结构。这 3 种基本结构可以组成各种复杂的 C 程序。C 语言提供了多种语句来实现这些程序结构。

本章的主要内容包括：

- C 语言基本语句与数据的输入输出
- 顺序结构程序设计
- 选择结构程序设计
- 循环结构程序设计

3.1　顺序结构程序设计

顺序结构是程序设计中最简单、最常用的基本结构，也是任何程序的主体基本结构。在顺序结构中，各程序段按照出现的先后顺序自上而下依次执行。

3.1.1　C 语句

一个 C 程序由若干个源程序文件组成；一个源文件由若干个函数和预处理命令及全局变量声明部分组成；一个函数由函数首部和函数体组成，函数体由数据声明部分和执行语句部分组成；执行语句部分是由 C 语句组成的。C 程序结构如图 3-1 所示。

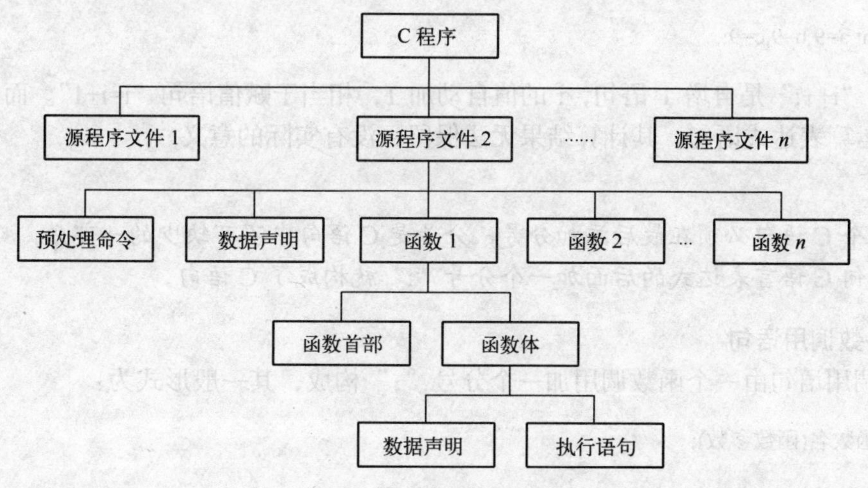

图 3-1　C 程序结构

C 语句用来向计算机系统发出操作指令，一个语句经编译后产生若干条机器指令。也就是说，C 语句都是用来完成一定操作任务的。C 语句一般分为 5 类——表达式语句、函数调用语句、控制语句、复合语句、空语句。

1．表达式语句

表达式语句由一个表达式加上分号“;”组成。执行表达式语句就是计算表达式的值。其一般形式为：

```
表达式;
```

在表达式语句中，最常用的是赋值语句。赋值语句是由赋值表达式加上一个分号构成，例如：

```
a=7;            /*是赋值语句，把 7 赋给 a*/
x=y+z;          /*是赋值语句，把 y 与 z 之和赋给 x*/
```

赋值运算符“=”右边的表达式也可以是一个赋值表达式，即赋值语句允许连续赋值。一般形式为：

```
变量 1=(变量 2=…=表达式);
```

展开为：变量 1=变量 2=…=表达式;

例如：

```
a=b=c=9;
```

需要注意的是，在声明变量时，不允许连续给多个变量赋初值。以下声明变量的方式是错误的：

```
int a=b=c=9;
```

必须改为：

```
int a=9,b=9,c=9;
```

再如，“i++;”是自增 1 语句，i 的值自动加 1，相当于赋值语句“i=i+1”。而“i+1;”语句是加法运算表达式语句，其计算结果无法保留，没有实际的意义。

说明：

1）一个 C 语句必须在最后添加分号，分号是 C 语句中不可缺少的一部分。

2）任何 C 语言表达式的后面加一个分号“;”就构成了 C 语句。

2．函数调用语句

函数调用语句由一个函数调用加一个分号“;”构成，其一般形式为：

```
函数名(函数参数);
```

例如：

```
printf("This is a C Program");      /*调用库函数 printf，输出字符串 This is a C Program*/
max(a,b);                           /*调用自定义函数 max*/
```

调用自定义函数语句，就是执行该函数体，并把括号中的实际参数赋予函数定义中的形式参数，然后执行被调函数体中的语句，求取函数值（有关函数问题将在后面章节中详细介绍）。

3．控制语句

控制语句用于控制程序的流程，以实现程序的各种结构方式。C语言有 9 种控制语句，可分成以下 3 类。

① 条件语句：if 语句、if…else 语句、switch 语句；

② 循环语句：do…while 语句、while 语句、for 语句；

③ 转向语句：break 语句、goto 语句、continue 语句、return 语句。

例如：

```
if(a>0) printf("OK");
```

4．复合语句

把多个 C 语句用花括号“{}”括起来组成一个语句，该语句成为复合语句。例如，下面是一个复合语句：

```
{
  z=x;
  x=y;
  y=z;
}
```

说明：

1）在 C 程序中，应把复合语句看成是单条语句，而不是多条语句。

2）复合语句内的各条语句都必须以分号“;”结尾，在花括号“}”外不能再加分号。

5．空语句

只有分号“;”组成的语句称为空语句。空语句是什么也不执行的语句。下面是一个空语句：

```
;
```

在程序中空语句可用来作空循环体，空循环体什么也不做。

例如：

```
while(getchar()!='\n') ;
```

表示从键盘输入的字符如果不是回车符则重新输入，直到输入回车符为止。

需要说明的是，C 语言允许一行写几个语句，也允许一个语句拆开写在几行上，书写格式无固定要求。

3.1.2　字符数据的输入与输出

C 语言本身不提供输入输出语句，输入和输出操作都是由 C 函数库中的函数来实现的。

在C函数库中有一批“标准输入输出函数”，是以标准的输入输出设备为输入输出对象的，如前面见过的printf函数，还有scanf函数、putchar函数、getchar函数、puts函数、gets函数。需要注意的是，printf、scanf等是函数的名字，不是C语言的关键字。

使用标准输入输出函数时，要用到“stdio.h”文件中提供的信息。“stdio”是standard input &output的意思，文件后缀“h”是head的缩写。要用预编译命令“#include”将“stdio.h”文件包含到用户源文件中。因此，在调用标准输入输出库函数时，源文件开头应有以下预编译命令：

```
#include <stdio.h> 或 #include "stdio.h"
```

1. putchar 函数（字符输出函数）

putchar 函数是字符输出函数，其功能是向终端（如显示器）输出单个字符。其一般形式为：

```
putchar(c);
```

向终端输出字符变量c的值。c可以是字符型变量，也可以是整型变量。例如：

```
char ch='a';
putchar(ch);                /*输出字符'a'*/
```

用putchar函数也可以输出字符型常量，还可以输出转义字符，例如：

```
putchar('#');               /*输出字符'#'*/
putchar('\\');              /*输出字符'\'*/
putchar('\n');              /*输出一个换行符，使光标移到下一行的开头*/
```

【例 3-1】 编写程序，输出英文单词Good。

```
#include<stdio.h>
void main()
{
  char a='G',b='o',c='o',d='d';
  putchar(a);
  putchar(b);
  putchar(c);
  putchar(d);
  putchar('\n');
}
```

程序运行结果如下：

```
Good
```

2. getchar 函数（字符输入函数）

getchar 函数的功能是从终端（如键盘）输入一个字符。getchar函数没有参数，其一般形式为：

```
getchar();
```

需要说明的是，getchar 函数只能接收一个字符，通常把接收的字符赋给一个字符变量或整型变量。例如：

```
char ch;
ch=getchar();
```

getchar 函数也可以作为函数语句的一个参数被使用。例如：

```
printf("%c",getchar());
putchar(getchar());
```

如果通过键盘输入小写字母'a'，则以上两个函数语句均输出小写字母'a'。

【例 3-2】 将输入的单个字符原样输出。

```
#include <stdio.h>
void main()
{
   char ch;
   ch=getchar();        /*从终端输入一个字符给字符变量 ch*/
   putchar(ch);         /*输出字符变量 ch 的值*/
}
```

程序运行情况如下：

如果输入：A↙
运行结果：A

说明：

1）getchar 函数只能接受单个字符，输入多于一个字符时，只接收第 1 个字符。如果输入的是数字，数字也按字符处理。

2）使用 getchar 函数前必须在该函数前或文件开头加上包含命令“#include <stdio.h>”。

3）在 Turbo C++ 3.0 环境下运行含 getchar 函数的程序时，将退出 Turbo C++ 3.0 屏幕，进入用户屏幕等待用户输入数据，输入完毕将再返回到 Turbo C++ 3.0 环境。

3.1.3 格式输入与输出

printf 和 scanf 函数分别是格式输出函数和格式输入函数，函数名末尾的字母 f 即为“格式 format”之意。考虑到 printf 和 scanf 函数使用频繁，系统不要求在使用这两个函数时必须包含 stdio.h 文件。

1．printf 函数（格式输出函数）

printf 函数称为格式输出函数，其功能是按用户指定的格式，向终端输出若干个指定类型的数据。printf 函数的一般形式为：

```
printf("格式控制",输出表列);
```

如“printf("%d,%c",a,b);”。

（1）格式控制

格式控制用于指定输出格式，它包含两部分信息：格式说明和普通字符。

格式说明：由“%”和格式字符组成，如%d、%f、%c 等。它的作用是将输出的数据转换为指定的格式输出。格式说明总是以字符“%”开始。

printf 函数中使用的格式字符主要包括以下几种。

① d 格式符：以十进制形式输出带符号整数（正数不输出符号）。有以下几种用法。

- %d：按十进制整型数据的实际长度输出。
- %md：m 为指定的输出字段的宽度，即输出数据在输出设备上所占的列数。如果数据的位数小于 m，在输出数据的左端补以空格；如果大于 m，数据将按实际位数输出。例如：

```
int a=123,b=456;
printf("%5d,%2d",a,b);
```

输出结果为：␣␣123,456

- %ld：输出长整型数据。

② o 格式符：以八进制整数形式输出（不输出前缀 0），输出的数据不带符号。

③ x 或 X 格式符：以十六进制形式输出无符号整数（不输出前缀 0x）。例如：

```
int a=-1;
printf("%d,%o,%x",a,a,a);
```

输出结果为：-1,177777,ffff

④ u 格式符：以十进制形式输出无符号整数，输出长整型时用 lu。

⑤ c 格式符：用来输出一个字符，也可以指定输出字符的宽度。例如：

```
printf("%c,%3c",'a','b');
```

输出结果为：a,␣␣b

⑥ s 格式符：用来输出指定的字符串。s 格式符有以下几种用法。

- %s：原样输出给定的字符串。例如：

  ```
  printf("%s","GOOD");
  ```

  输出结果为：GOOD

- %ms：m 为输出字符串所占的列数。如果字符串的位数小于 m，字符串左端补以空格；如果字符串的位数大于 m，字符串将原样输出。例如：

  ```
  printf("%2s%6s","Good","night");
  ```

  输出结果为：Good␣night

- %-ms：如果字符串长度小于指定的宽度，字符串向左边靠，在字符串的右边补空格。例如：

  ```
  printf("%-6s","free");
  ```

  输出结果为：free␣␣

● %m.ns：输出占 m 列，只输出字符串中左端 n 个字符。这 n 个字符输出在 m 列的右侧，字符串的左侧补空格。

● %-m.ns：输出占 m 列，只输出字符串中左端 n 个字符。这 n 个字符输出在 m 列的左侧，字符串的右侧补空格。如果 n 大于 m，将保证 n 个字符全部正常输出。例如：

```
printf("%5.4s,%-5.3s,%2.4s","Shang","Shang","Shang");
```

输出结果为：␣Shan,Sha␣␣,Shan

需要说明的是，在输出的字符串中，如果包含字符“\0”，输出字符时，遇到“\0”将结束字符的输出。例如：

```
printf("%s","bei\0jing");
```

输出结果为：bei

⑦ f 格式符：以小数形式输出单、双精度实数。有以下几种用法。

● %f：不指定字段宽度，由系统自动指定，使整数部分全部输出，并输出 6 位小数。单精度实数的有效数字位数一般为前 7 位数字，双精度实数的有效数字位数一般为前 16 数字位。例如：

```
float x=11111.111;
double y=2222222222222222.2222;
printf("%f,%f\n",x*2,y*3);
```

输出结果为：22222.226562,6666666666666666.667200

● %m.nf：指定输出的数据共占 m 列，其中有 n 位小数。如果数值长度小于 m，将在输出的数值左端补空格。

● %-m.nf：与%m.nf 基本相同。不同的是，如果数值长度小于 m，将在输出的数值右端补空格。例如：

```
float a=345.6789;
printf("%7.1f ,%-7.2f\n",a,a);
```

输出结果为：␣␣345.7, 345.68␣

⑧ e 或 E 格式符：以指数形式输出实数，用 e 时指数以 e 表示，如 1.2e3；用 E 时指数以 E 表示，如 1.2E3。

⑨ g 或 G 格式符：用来输出实数，它根据数值的大小，自动选%f 格式或%e 格式，且不输出无意义的零。用 G 时，若以指数形式输出，指数以大写 E 表示。

⑩ p 格式符：输出变量的内存地址。

⑪ 普通字符：在显示中起提示作用，输出时原样输出。例如：

```
int a=10,b=20;
printf("a=%d,b=%d\n",a,b) ;
```

其中的“a=”和“,b=”均为普通字符，它们将原样输出。

输出结果为：a=10,b=20

注意：

1）除了 X、E、G 外，其他格式字符必须用小写字母，如%d 不能写成%D。

2）可以在“格式控制”字符串中包含转义字符，如 printf("%d\t%d\n",123,789);

3）如果需要输出字符“%”，应该在“格式控制”字符串中用连续两个%表示。例如：

```
printf("%.2f%%\n",27.9) ;
```

输出结果为：27.90%

（2）输出表列

输出表列中给出了各个输出项，各输出项之间用逗号隔开。要求格式说明和各输出项在数量和类型上应该一一对应。例如：

```
printf("max=%d,min=%d",a,b);
```

双引号中的两个“%d”是格式说明，表示指定的变量 a 和 b 按十进制整型输出，双引号中其余内容是普通字符，原样输出。“a,b”为输出表列，变量之间用逗号隔开。假设 a 和 b 的值分别是 10 和 7，则输出结果为 max=10,min=7。

【例 3-3】 分析下面程序的输出结果。

```
#include <stdio.h>
void main()
{
   int a=65,b=66;
   printf("%d␣%d\n",a,b);
   printf("a=%d,b=%d\n",a,b);
   printf("%c,%c\n",a,b);
}
```

程序运行结果如下：

```
65␣66
a=65,b=66
A,B
```

在上例中，3 次输出 a 和 b 的值，但由于格式控制部分不同，输出的结果也不相同。

【例 3-4】 格式字符应用实例。

```
#include <stdio.h>
void main()
{
   int a=65;
   float b=12.1234567;
   double c=12345.1234567;
   char d= 'A';
   printf("a=%d,%4d,%-4d,%o,%x,%c\n",a,a,a,a,a,a);
   printf("b=%f,%lf,%3.4f,% -6.1f,%e\n",b,b,b,b,b);
   printf("c=%lf,%f,%8.4lf \n",c,c,c);
```

```
    printf("d=%c,%3c,% -4c,%d\n",d,d,d,d);
}
```

程序运行结果如下：

```
a=65, ␣␣65,65␣␣,101,41,A
b=12.123457,12.123457,12.1235,12.1␣␣,1.21235e+01
c=12345.123457, 12345.123457, 12345.1235
d=A, ␣␣A,A␣␣␣,65
```

分析：本例中第 1 个 printf 函数以 6 种格式输出整型变量 a 的值，其中"%4d"要求输出宽度为 4，而 a 值为 65，只占两位，故在 65 的左侧补 2 个空格；"%-4d"也要求输出宽度为 4，但是空格补在了 65 的右侧；"%c"要求输出 65 对应的字符 A。第 2 个 printf 函数以 5 种格式输出实型变量 b 的值。其中"%f"和"%lf"的输出结果相同，说明"l"符对"f"类型无影响；"%3.4lf 指定输出宽度为 3，精度为 4，由于变量 b 实际长度超过 3 位，故整数部分原样输出，小数位数超过 4 位的部分被截去。第 3 个 printf 函数输出双精度实数，其中"%8.4lf"由于指定精度为 4 位，故截去了超过 4 位的部分。第 4 个 printf 函数以 4 种格式输出字符 A，其中"%d"要求输出字符 A 对应的整数 65。

说明：一个值在 0～255 范围内的整数，也可以用字符形式输出，在输出前，系统会将该整数作为 ASCII 码转换成相应的字符；反之，一个字符数据也可以用整数形式输出。

注意：

1）使用 printf 函数时，格式说明与输出项从左到右在类型上必须一一对应匹配。

2）使用 printf 函数时，格式说明与输出项的个数应相同，若格式说明少于输出项，则多余的输出项不输出；相反，对于多余的格式将输出不定值。

3）在格式控制中，可以包含任意的合法的字符（如转义字符）。

使用 printf 函数时，要注意输出表列中的求值顺序。不同的编译系统不一定相同，可以从左到右，也可以从右到左。Turbo C++ 3.0 是按从右到左进行的。

【例 3-5】 分析输出表列中的求值顺序。

```
#include <stdio.h>
void main()
{
  int i=6;
  printf("%d,%d,%d,%d\n",--i,++i,i++,i--);
}
```

程序运行结果如下：

```
6,7,5,6
```

分析：从程序运行结果可知，printf 函数对输出表列中各量求值的顺序是自右至左进行的。先求解 i--，结果为 6，i 自减 1 后为 5；再求解 i++，结果为 5，i 自增 1 后为 6；然后求解++i，结果为 7，i 的值也为 7；最后求解--i，结果为 6，i 的值也为 6。求值顺序虽是自右至左，但输出顺序还是从左至右，因此输出结果是 6,7,5,6。

2．scanf 函数（格式输入函数）

scanf 函数的功能是按指定的格式从终端输入数据，并将输入的数据存放到指定的存储单元中。scanf 函数是标准库函数，与 printf 函数相同。C 语言允许在使用 scanf 函数之前不必包含 stdio.h 文件。scanf 函数的一般形式为：

```
scanf("格式控制",地址表列);
```

“格式控制”的含义同 printf 函数，“地址表列”是由若干个地址组成的表列，可以是变量的地址，也可以是字符串的首地址或者是数组的首地址。例如：

```
scanf("%d%d",&a,&b);
```

“%d%d”表示要按十进制整数形式输入两个数据。输入数据时，在两个数据之间用一个或多个空格间隔，也可以用〈Enter〉键或〈Tab〉键间隔。&是地址运算符，&a 指 a 在内存中的地址，&b 指 b 在内存中的地址。scanf 函数的作用是将输入的两个整型数据分别存放到变量 a 和变量 b 所表示的存储单元中。

变量的地址和变量值是不同的，如“a=17;”中，a 是变量名，17 是变量的值，&a 是变量 a 的地址。变量的地址是 C 编译系统分配的，用户不必关心具体的地址是多少。

（1）格式控制

在 scanf 函数中，“格式控制”部分的作用与 printf 函数相似，用于说明输入数据的类型及格式。以%开始，以一个格式字符结束，中间可以插入附加的字符。

常用的格式字符及其功能如下。

- d,i：输入有符号的十进制整数。
- u：输入无符号的十进制整数。
- o：输入无符号的八进制整数。
- x,X：输入无符号的十六进制整数。
- f：输入实型数，可以用小数形式或指数形式输入。
- c：输入单个字符。
- s：输入字符串，将字符串送到一个字符数组中，在输入时以非空白字符开始，以第一个空白字符结束。

scanf 函数的“格式控制”部分中，可以使用的附加格式说明字符有：

- l：用于输入长整型数据（如%ld、%lo、%lx）及 double 型数据（如%lf 或%le）。
- h：用于输入短整型数据（如%hd、%ho、%hx）。
- m：指定输入数据所占宽度（列数）。

例如：

```
scanf("%3d%2d",&a,&b);
```

若输入 1234567，将把 123 赋给变量 a，把 45 赋给变量 b，其余部分被截去。

- *：表示本输入项在读入后不赋给相应的变量。

例如：

```
scanf("%2d␣%*2d␣%3d",&a,&b);
```

若输入 10␣11␣123，将把 10 赋给变量 a，11 被跳过，123 赋给变量 b。"%*2d" 表示读入 2 位整数但不赋给任何变量。

（2）地址表列

"地址表列"中给出各变量的地址，地址是由地址运算符"&"后跟变量名组成的，各地址之间用逗号隔开。例如：

```
scanf("%d%d%d%d",&a,&b,&c,&d);
```

说明：

1）scanf 函数中的"地址表列"部分必须是变量的地址，不能是变量名。如"scanf("%d%d",a,b);"是错误的。

2）如果"格式控制"部分只有格式说明，输入多个数值数据时，数据之间的间隔可用一个或多个空格、〈Tab〉键或〈Enter〉键作间隔。

如果在"格式控制"中除了格式说明以外还有其它字符，在输入数据时应输入与这些字符相同的字符。例如：

```
scanf("%d,%d",&a,&b);
```

输入数据方法：7,8↙

再如：

```
scanf("a=%d,b=%d",&a,&b);
```

输入数据方法：a=7,b=8↙

如果在"格式控制"中加入空格作为间隔，输入数据时，各数据之间要加相等个数的空格字符或更多个空格字符。例如：

```
scanf ("%d␣%d",&a,&b);
```

输入数据方法：20␣30↙或者 20␣␣␣30↙

如果输入的数值数据中存有非法数据时，如按"%d"输入"17B"时，字符 B 即为非法数据，编译时碰到非法数据即认为该数据结束。

3）scanf 函数中没有精度控制，如"scanf("%6.2f",&a);"是非法的。不能用此语句输入小数为 2 位的实数。

4）使用%c 格式说明符输入字符数据时，凡是从键盘输入的字符，包括空格等均作为有效字符接收。例如：

```
scanf("%c%c%c",&a,&b,&c);
```

如果输入 e␣f␣g↙，则把'e'赋给变量 a，'␣'赋给变量 b，'f'赋给变量 c。当输入 efg 时，才能把'e'赋给 a，'f'赋给 b，'g'赋给 c。

5）在输入数据时，遇到以下情况时该数据认为结束。

- 遇到空格、〈Tab〉键或〈Enter〉键。
- 按指定的宽度结束，如"%2d"，只取 2 列。
- 遇到非法输入。

【例 3-6】 格式输入与格式输出函数的应用。

```
#include <stdio.h>
void main()
{
   int a,b,c;
   char ch1,ch2;
   float d,e;
   scanf("%2d%3d%d",&a,&b,&c);
   scanf("%c%c",&ch1,&ch2);
   scanf("%f%f",&d,&e);
   printf("a=%d,b=%d,c=%d\n",a,b,c);
   printf("ch1=%c,ch2=%c\n",ch1,ch2);
   printf("d=%f,e=%f\n",d,e);
}
```

程序运行情况如下：

```
如果输入：101612AB3.5␣6↙
运行结果：a=10,b=161,c=2
          ch1=A,ch2=B
          d=3.500000,e=6.000000
```

3.1.4 顺序结构程序设计应用举例

【例 3-7】 输入两个小写字母，输出其 ASCII 码和对应的大写字母。

```
#include <stdio.h>
void main()
{
   char ch1,ch2;
   printf("input character ch1,ch2: ");        /*输出提示信息*/
   ch1=getchar();
   scanf("%c",&ch2);
   printf("%d,%d\n%c,%c\n",ch1,ch2,ch1-32,ch2-32);
}
```

程序运行情况如下：

```
input character ch1,ch2:ab↙
97,98
A,B
```

分析：输入小写字母 a 和 b 后，分别把字母 a 和 b 赋给字符变量 ch1 和 ch2，然后将他们的 ASCII 码和对应的大写字母输出。

【例 3-8】 已知圆的半径 r=10，试用 C 语言编程求圆的周长 p=2πr 和圆的面积 $s=\pi r^2$。

```
#include <stdio.h>
void main()
{
   float pi,r,p,s;
```

```
    r=10;pi=3.14;
    p=2*pi*r;                     /*把圆的周长赋给变量 p*/
    s=pi*r*r;                     /*把圆的面积赋给变量 s*/
    printf("p=%.2f \n",p);
    printf("s=%.2f \n",s);
}
```

程序运行结果如下：

```
p=62.80
s=314.00
```

【例 3-9】 计算任意两个整数的和、差。

```
#include <stdio.h>
void main()
{
    int a,b,c,d;
    scanf("%d%d",&a,&b);
    c=a+b;
    d=a−b;
    printf("%d+%d=%d,%d−%d=%d\n",a,b,c,a,b,d);
}
```

程序运行情况如下：

如果输入：12␣9↙
运行结果：12+9=21,12−9=3

3.2 选择结构程序设计

选择结构是 3 种基本结构之一，它的作用是根据给定的条件进行判断，以决定执行某个分支程序段。

3.2.1 关系运算符与关系表达式

关系运算实际上就是"比较运算"，将两个数进行比较，判断比较的结果是否符合指定的条件。

1．关系运算符

关系运算符是双目运算符，用来比较两个运算量之间的关系。关系运算的结果是"真"或"假"，且只能是二者之一。

C 语言提供了 6 种关系运算符，它们是：

<（小于）　　　　　<=（小于或等于）
>（大于）　　　　　>=（大于或等于）
==（等于）　　　　　!=（不等于）

前 4 种关系运算符（<、<=、>、>=）的优先级相同，后两种关系运算符（==、!=）的优先级也相同。前 4 种关系运算符的优先级高于后 2 种。关系运算符的优先级低于算术运算符，高于赋值运算符。关系运算符的结合方向是自左至右。

2. 关系表达式

关系表达式就是指用关系运算符将两个表达式（可以是算术表达式、赋值表达式、字符表达式、关系表达式等）连接起来的式子。如 10>20、'A'+1<'D'、3==7 都是合法的关系表达式。因运算量也可以是一个关系表达式，所以关系表达式出现了嵌套的情况，如 a>(b>c), a!=(c==d)等。

关系表达式的值是一个逻辑值，如果满足给定的条件，关系表达式的值为“真”，用“1”表示；如果不满足给定的条件，关系表达式的值为“假”，用“0”表示。例如，30>2 为“真”，其值为 1；表达式'A'+1<'D'为“真”，其值为 1（因为字符 A 的 ASCII 码值加 1 之后小于字符 D 的 ASCII 码值）；表达式 13==9 为“假”，其值为 0。

当关系运算符两边的值类型不一致时，系统将自动进行转换。转换规则与双目运算中的类型转换规则相同。

3.2.2 逻辑运算符与逻辑表达式

关系表达式只适用于描述单一的条件，对于较复杂的复合条件就需要将若干个关系表达式连接起来才能描述。如描述“x 大于 0 且不等于 5”，就需要将两个关系表达式 x>0 和 x!=5 连接起来，这时就需要用到逻辑运算符了。

1. 逻辑运算符

C 语言提供了以下 3 种逻辑运算符。

&&（逻辑与）: 是双目运算符，当两个运算量都为真（非 0 值）时，运算结果才为真（“1”代表真），其他情况运算结果均为假（“0”代表假）。即真&&真=真，真&&假=假，假&&真=假，假&&假=假。例如，表达式 4>2&&5 的值为 1。

||（逻辑或）: 是双目运算符，当两个运算量都为假时，运算结果才为假，其他情况运算结果均为真。即真||真=真，真||假=真，假||真=真，假||假=假。例如，表达式 3>4||9<10 的值为 1。

!（逻辑非）: 是单目运算符，在非 0 值（真）前加逻辑非，运算结果为假，在 0 前加逻辑非，运算结果为真。例如，表达式!(8>0)的值为 0，表达式!(4>7)的值为 1。

逻辑运算符说明如下。

- 逻辑运算符的优先级次序为：! →&&→||。
- 逻辑与、逻辑或的结合性为自左至右，逻辑非的结合性为自右至左。
- 逻辑运算符与前面介绍过的运算符的优先次序（由高到低）为：逻辑非（!）→算术运算符→关系运算符→逻辑与（&&）运算符→逻辑或（||）运算符→赋值运算符。

2. 逻辑表达式

逻辑表达式是用逻辑运算符将关系表达式或逻辑量连接起来的符合 C 语法的式子。如 (a>b)&&(3>4)、!(b==c)、a||(d<c)都是合法的逻辑表达式。一个逻辑表达式中可以包含多个逻辑运算符，如 x>y||x!=z&&!a。逻辑表达式常用于流程控制语句。

参与逻辑运算的量为非零值或整数零，非零值和整数零分别表示运算量为“真”或“假”。C 语言编译系统在表示逻辑运算结果时，用“1”代表“真”，用“0”代表“假”。

表 3-1 为逻辑运算的运算规则，用它表示当 a 和 b 的值为不同组合时，各种逻辑运算所得到的值。

表 3-1　逻辑运算规则

a	b	!a	!b	a&&b	a||b
非 0	非 0	0	0	1	1
非 0	0	0	1	0	1
0	非 0	1	0	0	1
0	0	1	1	0	0

参与逻辑运算的量不但是非零值或整数零，也可以是任何类型的数据，如字符型、实型或指针型等，但最终以非 0 和 0 来判定它们属于“真”或“假”。

求解逻辑表达式时，并不是所有逻辑运算符都被执行，只有在必须执行下一个逻辑运算符才能求出表达式的解时，才执行该运算符。如表达式 a&&b||c，只有 a 为真时，才判别 b 的值；只有当 a&&b 为假时，才判别 c 的值。例如“int a=3,b=7;”，逻辑表达式 a!= b||++a 的值为 1，变量 a 的值仍为 3。因为“a!= b”的值为真，对于逻辑或运算来说，有一个运算量为真，逻辑或表达式的值就为真，所以，逻辑运算符后面的“++a”没被运算。

再次强调一点，对于逻辑与（&&）运算符来说，只有其左边的值为真（非 0）时，才继续进行其右边的运算；对于逻辑或（||）运算符来说，只有其左边的值为假（0）时，才继续进行其右边的运算。

【例 3-10】　逻辑运算应用。

```
#include <stdio.h>
void main()
{
  int i=1,j=2,k=3;
  int n1,n2,n3;
  float x=3.0,y=0.85;
  n1=k&&j<i;
  n2=- -i||i+j-k;
  printf("%d,%d\n",n1,n2);
}
```

程序运行结果如下：

```
0,1
```

3.2.3　if 语句的 3 种形式

用 if 语句可以构成选择结构。if 语句的流程控制方式是：根据给定的条件进行判定，由判定的结果决定执行给出的两种操作之一。C 语言提供了 3 种形式的 if 语句。

1．if 语句

if 语句的一般形式为：

```
if(表达式) 语句
```

if 语句的执行过程为：首先计算 if 后面圆括号中的表达式的值，若为非 0 值（真），则执行语句，然后脱离本选择结构，继续执行 if 语句的下一条语句；如果表达式的值为 0 值（假），则不执行 if 语句，直接执行 if 语句的下一条语句。图 3-2 为 if 语句的执行流程图。

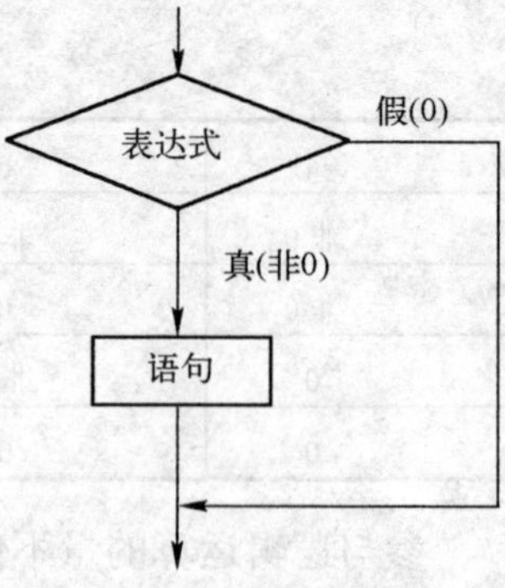

圆括号中的表达式一般是关系表达式或逻辑表达式，用于描述选择结构的条件，但表达式也可以是其他任意的数值类型表达式，包括整型、实型、字符型等。

图 3-2　if 语句流程图

【例 3-11】　随机输入两个整数，输出其中的较小数。

```
#include <stdio.h>
void main()
{
  int a,b,min;
  scanf("%d%d",&a,&b);
  min=a;                    /*把 a 的值给 min*/
  if (min>b)                /*如果 min 大于 b，把 b 的值给 min*/
    min=b;
  printf("min=%d",min);
}
```

程序运行情况如下：

```
如果输入：17␣119↙
运行结果：min=17
```

2．if…else 语句

if…else 语句的一般形式为：

```
if(表达式) 语句 1
else 语句 2
```

if…else 语句的执行过程：首先计算 if 后面圆括号中的表达式的值，若为非 0 值（真），则执行语句 1，然后脱离本选择结构，继续执行 if 语句的下一条语句；如果表达式的值为 0 值（假），则执行语句 2，然后脱离本选择结构，继续执行 if 语句的下一条语句。if…else 语句的执行过程如图 3-3 所示。

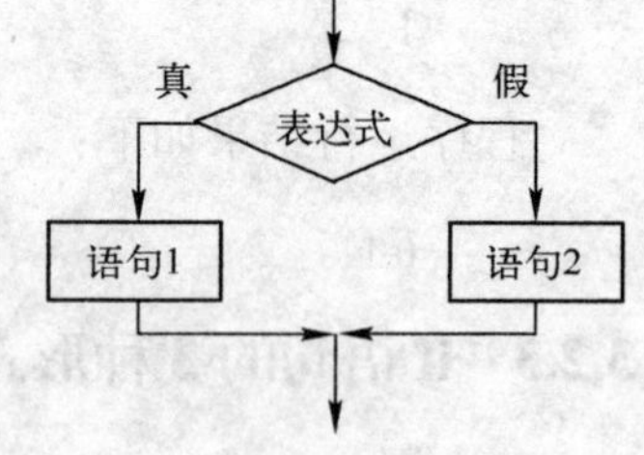

图 3-3　if…else 语句流程图

语句 1 为 if 子句，语句 2 为 else 子句，这些子句只允许是一条语句，若需要多条语句时，应该使用花括号“{}”把多条语句括起来组成复合语句。需要注意的是，else 不是一条独立的语句，它只是 if 语句的一部分，因此，在程序中 else 不能单独出现，必须和 if 配对使用。

【例 3-12】　将例 3-11 输出两个整数中的小数，改用 if…else 语句来完成。

```
#include <stdio.h>
void main()
```

```
{
   int a, b;
   scanf("%d%d",&a,&b);
   if(a<b)
      printf("min=%d\n",a);
   else
      printf("min=%d\n",b);
}
```

3．if…else…if 语句

前两种形式的 if 语句一般都用于两个分支的情况。当有多个分支选择时，可采用 if…else…if 语句，其一般形式为：

```
if(表达式 1) 语句 1
else if(表达式 2) 语句 2
   else if(表达式 3) 语句 3
      …
         else if(表达式 n-1) 语句 n-1
            else 语句 n
```

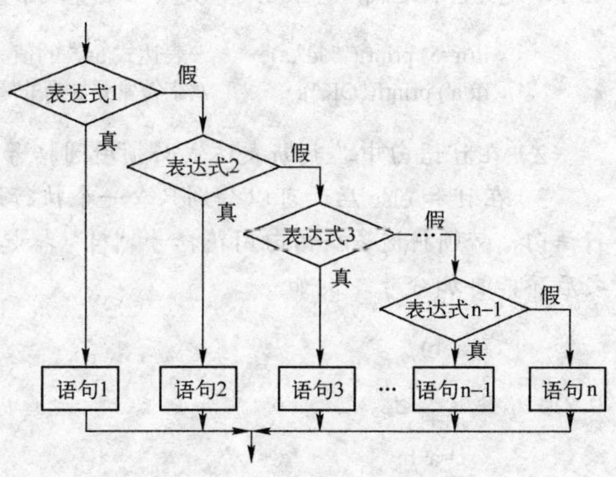

图 3-4 if…else…if 语句流程图

if…else…if 语句的执行过程是：依次判断表达式的值，当出现某个值为真（非 0）时，则执行其对应的语句，然后跳到整个 if 语句之外继续执行后续语句。如果所有表达式的值均为假，则执行语句 n。然后继续执行 if 的后续语句。if…else…if 语句的执行流程图如图 3-4 所示。

【例 3-13】 随机输入一个字符，判别该字符的类别。

```
#include <stdio.h>
void main()
{
   char c;
   printf("input a character: ");
   c=getchar();                              /*输入任意一个字符*/
   if(c>='0'&&c<='9')                        /*如果是数字，输出相关信息*/
      printf("This is a digit.\n");
   else if(c>='a'&&c<='z')                   /*如果是小写英文字母，输出相关信息*/
         printf("This is a small letter.\n");
      else if(c>='A'&&c<='Z')                /*如果是大写英文字母，输出相关信息*/
            printf("This is a capital letter. \n");
         else
            printf("This is an other character.\n");
}
```

程序运行情况如下：

如果输入：d↙
运行结果：This is a small letter.
如果输入：7↙
运行结果：This is a digit.
如果输入：#↙
运行结果：This is an other character.
……

本程序是根据输入字符的 ASCII 码值来判别输入字符的类型。

说明：

1）在 3 种形式的 if 语句中，if 关键字之后均为表达式。表达式通常是逻辑表达式或关系表达式，也可以是其它表达式，甚至还可以是一个变量或常量。只要表达式的值为非零，即为“真”。例如：

```
if(a=5) printf("%d",a);        /*表达式 a=5 的值为非零，所以，if 子句被执行*/
if('a') printf("OK");          /*字符常量'a'为非零，if 子句被执行*/
```

2）在 if 语句中，判断表达式必须用圆括号括起来，在 if 语句之后必须加分号。

3）在 if 和 else 后面可以分别只含一个执行语句，也可以有多个执行语句，如果有多个执行语句，必须把这多个语句用花括号“{}”括起来组成一个复合语句。但要注意的是在“}”之后不能再加分号。例如：

```
if(a>b)
{
  a++;
  c=a-b;
}
else
  c=b-a;
```

4）else 子句不能作为语句单独使用，它必须是 if 语句的一部分，与 if 配对使用。

3.2.4　if 语句的嵌套

在 if 语句中又包含了一个或多个 if 语句称为 if 语句的嵌套。下面列举常用的几种二重嵌套形式。

形式 1：

```
if(表达式 1)
  if(表达式 2 )
    语句 1
  else
    语句 2
else
  语句 3
```

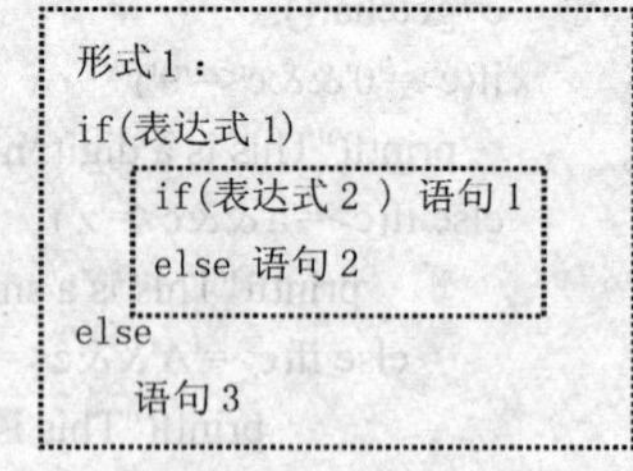

形式 1：
if(表达式 1)
if(表达式 2) 语句 1
else 语句 2

形式 2：

```
if(表达式 1)
```

```
  if(表达式 2 )
    语句 1
  else
    语句 2
```

如果对形式 2 作适当处理，if 语句的嵌套发生了改变，请见形式 3。

形式 3：

```
if(表达式 1)
{
  if(表达式 2 )
    语句 1
}
else
  语句 2
```

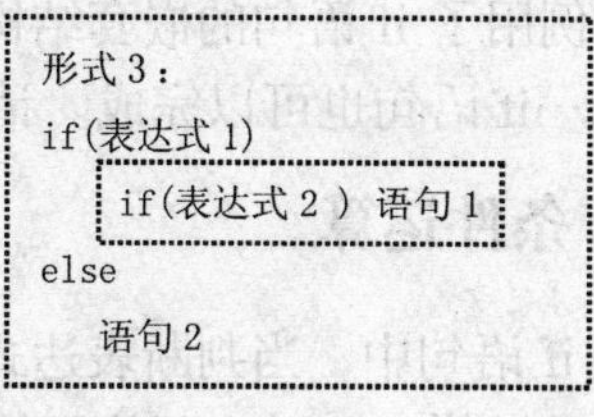

形式 4：

```
if(表达式 1)
  if(表达式 2 )
    语句 1
  else
    语句 2
else
  if(表达式 3 )
    语句 3
  else
    语句 4
```

```
形式 4：
if(表达式 1)
    if(表达式 2 ) 语句 1
    else 语句 2
else
    if(表达式 3 ) 语句 3
    else 语句 4
```

以上只是列举出 if 语句嵌套中的几种形式。在 if 语句的嵌套形式中，将会出现多个 if 和多个 else 重叠的情况，这时要特别注意 if 和 else 的配对问题。C 语言规定，else 总是和它上面离它最近的未配对的 if 配对。当 if 与 else 的数目不一样时，可加花括号来确定配对关系。

【例 3-14】 比较两个字符型数据的大小关系。

```
#include <stdio.h>
void main()
{
  char a,b;
  scanf("%c%c",&a,&b);
  if(a!=b)
    if(a>b) printf("%c>%c\n",a,b);
    else printf("%c<%c\n",a,b);
  else printf("%c=%c\n",a,b);
}
```

程序运行情况如下：

如果输入：ae↙

运行结果：a<e
如果输入：nb↙
运行结果：n>b
如果输入：aa↙
运行结果：a=a

本例用了 if 语句的嵌套结构。采用嵌套结构实质上是为了进行多分支选择，这种问题用 if…else…if 语句也可以完成。请读者使用 if…else…if 语句改写【例 3-14】。

3.2.5 条件运算

在 if 语句中，当判断表达式的值为“真”或“假”时，都只执行单个的赋值语句且给同一个变量赋值，此时，可使用简单的条件运算来实现。

条件运算符由两个符号“？”和“:”组成，要求有 3 个操作对象，称为三目运算符，它是 C 语言中唯一的三元运算符。条件表达式的一般形式为：

```
表达式 1?表达式 2:表达式 3
```

求值规则是：先求解表达式 1 的值，如果表达式 1 的值为真（非 0），则以表达式 2 的值作为整个条件表达式的值；如果表达式 1 的值为假（0），则以表达式 3 的值作为整个条件表达式的值。条件表达式的执行过程如图 3-5 所示。

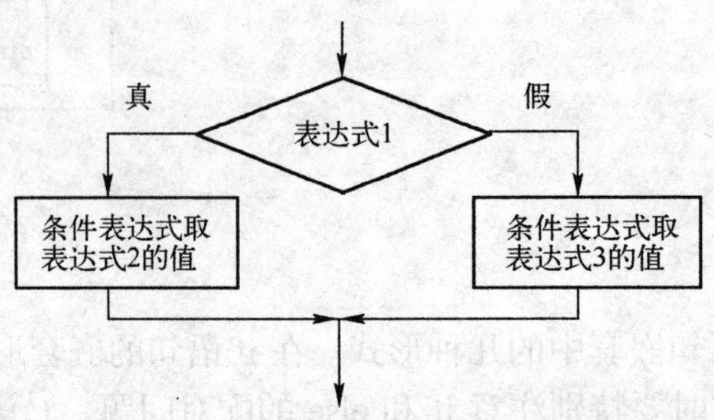

图 3-5　条件表达式的执行过程

表达式 1 通常为关系表达式或逻辑表达式，用于描述条件表达式中的条件；表达式 2 和表达式 3 可以是常量、变量或表达式。

例如：

```
if(a>b) max=a;
else max=b;
```

可用条件表达式写成:

```
max=(a>b)?a:b;
```

其执行语义是：若 a>b 为真，把 a 赋给 max，否则把 b 赋给 max。

说明：

1）条件表达式通常用于赋值语句之中。

2）条件运算符的运算优先级低于关系运算符和逻辑运算符，仅高于赋值运算。因此，可以将上述的 max=(a>b)?a:b 改写成：max=a>b?a:b。

3）条件运算符“?:”是一对运算符，不能分开单独使用。

4）条件运算符的结合方向是自右至左。

例如：

```
a>b?a:c>d?c:d
```

应理解为：

```
a>b?a:(c>d?c:d)
```

这也是条件表达式嵌套的情形，即条件表达式的表达式 3 又是一个条件表达式。

【例 3-15】 用条件表达式实现：输出 a、b、c 三个变量中的最大值。

```
#include <stdio.h>
void main()
{
   int a,b,c,max;
   scanf("%d%d%d",&a,&b,&c);
   max=a>b?a:b;                    /*把变量 a,b 中的大数赋给变量 max*/
   max=c>max?c:max;                /*max 再与 c 比较，把最大数赋给 max*/
   printf("max=%d\n",max);
}
```

程序运算情况如下：

```
如果输入：29␣16␣79↙
运行结果：max=79
```

3.2.6 switch 语句

在实际问题中常常用到多分支的选择，例如，学生成绩的分类、某单位职工的职称工资分类等。对于这种问题可以用嵌套的 if 语句来完成，但如果分支较多，嵌套的 if 语句层数会太多，将导致程序冗长而且降低了程序的可读性。

C 语言提供了一种专门用于处理多分支结构的条件选择语句，称为 switch 语句。switch 语句的一般形式为：

```
switch(表达式)
{
   case 常量表达式 1: 语句 1;
   case 常量表达式 2: 语句 2;
    …
   case 常量表达式 n: 语句 n;
   default : 语句 n+1;
}
```

switch 语句的执行过程为：首先计算 switch 后面圆括号中表达式的值，将该值与各个 case

的常量表达式的值相比较，当圆括号中的表达式的值与某个 case 后面的常量表达式的值相等时，就执行该 case 后面的语句，然后不再进行判断，继续执行后面所有 case 后的语句和 default 后的语句。如果圆括号中的表达式的值与所有 case 后的常量表达式均不相同时，则只执行 default 后的语句。执行后退出 switch 语句，继续执行 switch 后面的语句。

【例 3-16】 输入 1～7 之间任意一个数字，输出其对应表示星期的英文单词。

```
#include <stdio.h>
void main()
{
  int a;
  printf("please input 1 ~ 7 number: ");
  scanf("%d",&a);
  switch (a)
  {
      case 1:printf("Monday\n");
      case 2:printf("Tuesday\n");
      case 3:printf("Wednesday\n");
      case 4:printf("Thursday\n");
      case 5:printf("Friday\n");
      case 6:printf("Saturday\n");
      case 7:printf("Sunday\n");
      default:printf("error\n");
  }
}
```

程序运行情况如下：

```
如果输入：4↙
运行结果：Thursday
          Friday
          Saturday
          Sunday
          error
```

从上面程序的输出结果可知，当输入 4 后，执行了 case 4 以及以后的所有语句。为了避免上述情况，C 语言提供了 break 语句，专用于跳出 switch 语句。

修改【例 3-16】，在每一个 case 语句之后增加一个 break 语句，执行对应的 case 语句之后，均可跳出 switch 语句，从而避免输出不应有的结果。程序改写如下：

```
#include <stdio.h>
void main()
{
  int a;
  printf("please input 1 ~ 7 number: ");
  scanf("%d",&a);
  switch (a)
  {
```

```
        case 1:printf("Monday\n");break;
        case 2:printf("Tuesday\n"); break;
        case 3:printf("Wednesday\n"); break;
        case 4:printf("Thursday\n"); break;
        case 5:printf("Friday\n"); break;
        case 6:printf("Saturday\n"); break;
        case 7:printf("Sunday\n"); break;
        default:printf("error\n");
    }
}
```

程序运行情况如下：

如果输入：4↙
运行结果：Thursday

说明：

1）switch 后面的表达式，ANSI 标准允许它为任何类型。
2）每个 case 后的常量表达式的值互相之间不能相同，否则会出现互相矛盾的现象。
3）在 case 后，允许有多个语句，可以不用{}括起来，会自动顺序执行各语句。
4）各个 case 和 default 子句的先后顺序可以变动，而不会影响程序执行结果。
5）最后的一个分支 default 子句可以不加 break 语句。

3.2.7 选择结构程序设计举例

【例 3-17】 输入 3 个整数，将它们按由小到大的顺序输出。

```
#include <stdio.h>
void main()
{
  int x,y,z,t;
  scanf("%d%d%d",&x,&y,&z);
  if (x>y)
     {t=x;x=y;y=t;}              /*交换 x,y 的值*/
  if(x>z)
     {t=x;x=z;z=t;}              /*交换 x,z 的值*/
  if(y>z)
     {t=y;y=z;z=t;}              /*交换 y,z 的值*/
  printf("from small to big: %d %d %d\n",x,y,z);
}
```

程序运行情况如下：

如果输入：51␣24␣17↙
运行结果：from small to big: 17␣24␣51

【例 3-18】 输入两个整数分别给 a 和 b，当 a 大于 b 时，如果 a 是 b 的倍数则输出该倍数，否则输出其余数。

```
#include <stdio.h>
void main()
{
   int a,b,c;
   scanf("%d,%d",&a,&b);
   if(a>b)
      if(a%b==0)
         printf("%d/%d=%d\n",a,b,a/b);
      else
         printf("%d%%%d=%d\n",a,b,a%b);
}
```

程序运行情况如下：

如果输入：36,6↙
运行结果：36/6=6
如果输入：17,9↙
运行结果：17%9=8

【例 3-19】 输入运算数和四则运算符，输出计算结果。

```
#include <stdio.h>
void main()
{
   int a,b;
   char c;
   scanf("%d%c%d",&a,&c,&b);
   switch(c)
   {
      case '+': printf("%d+%d=%d\n",a,b,a+b);break;
      case '-': printf("%d-%d=%d\n",a,b,a-b);break;
      case '*': printf("%d*%d=%d\n",a,b,a*b);break;
      case '/': printf("%d/%d=%d\n",a,b,a/b);break;
      default: printf("input error\n");
   }
}
```

程序运行情况如下：

如果输入：12/6↙
运行结果：12/6=2

3.3 循环结构程序设计

循环结构是结构化程序设计的基本结构之一，它和顺序结构、选择结构共同作为各种复杂程序的基本构造单元。循环结构可以使计算机反复执行某些语句，从而解决了需要进行的大量的重复处理。循环结构在解决实际问题中具有极为广泛的应用。

C 语言提供了 3 种实现循环的语句：while 语句、do…while 语句、for 语句。

3.3.1 while 语句

while 语句用来实现“当型”循环结构，其特点是：先判断循环条件，后执行循环体语句。其一般形式为：

```
while(循环条件)
    循环体语句
```

先判断循环条件，如果循环条件成立（值为非 0），执行循环体语句，直到循环条件不成立（值为 0）时，退出循环体，执行后继语句。while 语句的流程图如图 3-6 所示。

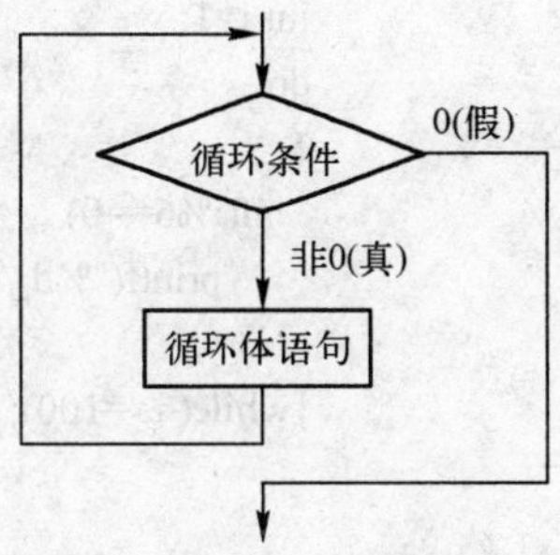

图 3-6 while 语句流程图

【例 3-20】 编写程序求出 1 ~ 100 之间所有能被 6 整除的数。

```
#include <stdio.h>
void main()
{
  int i=1;
  while( i<=100)                    /*变量 i 的取值范围是 1～100*/
  {
    if(i%6==0)                      /*判断 i 能否被 6 整除*/
      printf("%d␣",i);              /*输出能被 6 整除的数*/
    i++;                            /*修改循环控制变量取值*/
  }
}
```

程序运行结果如下：

```
6␣12␣18␣24␣30␣36␣42␣48␣54␣60␣66␣72␣78␣84␣90␣96
```

说明：

1）循环条件一般为关系表达式或逻辑表达式，也可以为其他表达式，只要其值为非 0，就执行循环体。

2）循环体语句如果包含一个以上的语句，应该用花括弧“{}”将它们括起来，以复合语句形式出现。如果不加花括弧，while 循环语句的范围只到其后第 1 个分号处。

3）在 while 语句中应有使循环趋向于结束的语句，否则循环将永远进行下去，成为死循环。比如，【例 3-20】中的“i++;”语句，最终会使 i>100，使循环结束。

3.3.2 do…while 语句

do…while 语句用来实现“直到型”循环结构，其特点是：先执行一次循环体语句，然后判断循环条件是否成立。do…while 语句的一般形式为：

```
do
    循环体语句
while(循环条件);
```

先执行一次循环体语句，再判断循环条件。如果循环条件成立（值为非 0），将返回继续执行循环体语句，如此反复，直到循环条件不再成立（值为 0）为止。此时退出循环体，执行循环后面的语句。do…while 语句的执行流程图如图 3-7 所示。

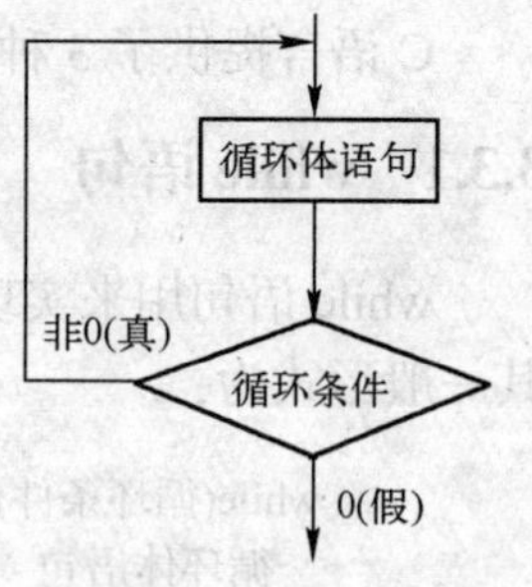

图 3-7　do…while 语句流程图

【例 3-21】　用 do…while 语句改写【例 3-20】。

```
#include <stdio.h>
void main()
{
  int i=1;
  do
  {
    if(i%6==0)
      printf("%d␣",i);
    i++;
  }while( i<=100);
}
```

可见，如果循环条件成立，对同一个问题可以用 while 循环语句处理，也可以用 do…while 循环语句处理。

说明：

1）do 是 C 语言的关键字，必须和 while 联合使用。

2）while 后面括号中的表达式可以是任意合法的表达式，由它来控制循环是否执行。

3）do…while 循环语句的最后面要有分号，不能忽略不写，它表示 do…while 语句的结束。

4）while 语句先判断循环条件，然后执行循环体，所以 while 语句有时循环体一次也不执行；而 do…while 语句是先执行循环体，后判断循环条件，所以，do…while 语句至少要执行一次循环体。

3.3.3　for 语句

for 语句是循环控制结构中使用最广泛的一种循环控制语句。它不仅可以用于循环次数已经确定的情况，而且可以用于循环次数不确定而只给出循环结束条件的情况。for 语句的一般形式：

```
for(表达式 1;表达式 2;表达式 3)
  循环体语句
```

其语义是：先求解表达式 1，再求解表达式 2，如果表达式 2 的值为真（非 0），则执行循环体语句，然后求解表达式 3。之后，再去求解表达式 2，即判断循环条件是否为真，如果为真，继续执行循环体语句，然后求解表达式 3。如此反复，直到表达式 2 的值为假（0），即循环条件不再成立为止。此时，退出循环结构，执行循环语句后面的语句。for 语句流程图如图 3-8 所示。

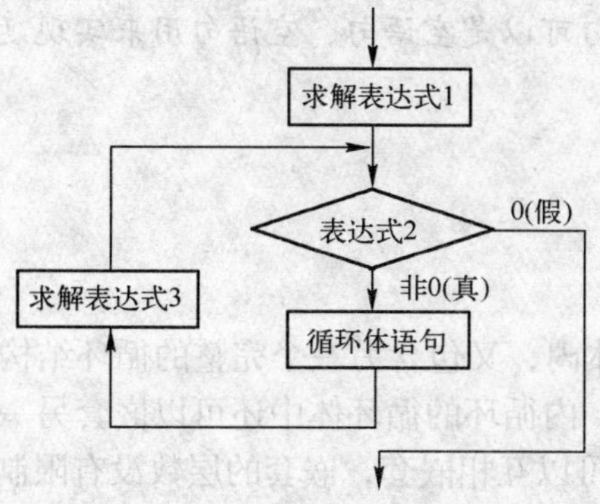

图 3-8　for 语句流程图

表达式 1 一般为赋值表达式，用于进入循环之前给循环变量赋初值；表达式 2 一般为关系表达式或逻辑表达式，用于执行循环的条件判定；表达式 3 一般为赋值表达式或自增、自减表达式，用于修改循环变量的值。下面用便于理解的方式表示 for 语句：

```
for(循环变量赋初值;循环条件;循环变量增值)
  循环体语句
```

例如：

```
for(i=1;i<=10;i++) p=p*i;                /*求 1~10 的积*/
```

【例 3-22】　用 for 循环语句改写【例 3-20】。

```
#include <stdio.h>
void main()
{
  int i;
  for(i=1; i<=100; i++)
  {
    if(i%6==0)
    printf("%d␣",i);
  }
}
```

说明：

1）for 语句中的表达式 1、表达式 2 和表达式 3 均可缺省，或全部缺省，但其中的分号不能略。如果缺省表达式 1，应在 for 语句之前给循环变量赋初值；如果缺省表达式 3，一般在循环体中设有循环变量的修改部分，确保循环能正常结束；如果缺省了表达式 2，循环条件被认为始终为真，循环将无终止地进行下去。当 3 个表达式全部缺省时，for 语句表示为 for(;;)语句，相当于 while(1)语句。

2）表达式 1 和表达式 3 可以是一个简单的表达式，也可以是逗号表达式，如“for(i=1,s=0;i<=20;i++,i++) s=s+i;”；还可以是与循环变量无关的其他表达式。

3）表达式 2 一般是关系表达式或逻辑表达式，也可以是数值表达式或字符表达式，只要其值为非零，就执行循环体。

4）for 语句的循环体语句可以是空语句。空语句用来实现延时，即在程序执行中等待一定的时间。例如：

```
for(i=0;i<1000;i++);
```

3.3.4 循环的嵌套

在一个循环结构的循环体内，又包含另一个完整的循环结构，称为循环的嵌套。通常把里面的循环结构称为内循环。内循环的循环体中还可以嵌套另一个循环结构，这就是多层循环。上述的 3 种循环语句都可以互相嵌套，嵌套的层数没有限制，但一般用得较多的是二重循环或三重循环。下面列举循环嵌套中的 3 种嵌套样式。

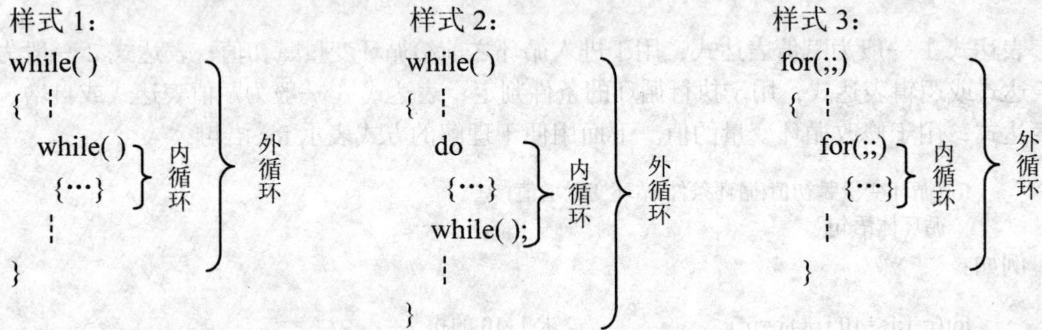

注意：使用循环嵌套时，一个循环结构应该完整地嵌套在另一个循环体中，不允许循环体间交叉。嵌套的外循环和内循环的循环控制变量不得同名，但并列的内、外循环允许有同名的循环控制变量。

【例 3-23】 从 3 个红球、5 个白球、6 个黑球中任意取出 8 个球，且其中必须有白球，输出所有可能的方案。

```
#include <stdio.h>
void main()
{
  int a,b,c;
  printf("\n red\t white\t black\n");
  for(a=0;a<=3;a++)                    /*a 为红球的个数，a 的取值范围 0 ~ 3*/
    for(b=1;b<=5;b++)                  /*b 为白球的个数，b 的取值范围 1 ~ 5*/
    {
      c=8-a-b;                         /*c 为黑球的个数，c 的值是 8-a-b */
      if(c>=0&&c<=6)
        printf("%d\t %d\t %d\t\n",a,b,c);
    }
}
```

运行结果如下：

```
red    white    black
```

```
0          2          6
0          3          5
0          4          4
0          5          3
1          1          6
1          2          5
1          3          4
1          4          3
1          5          2
2          1          5
2          2          4
2          3          3
2          4          2
2          5          1
3          1          4
3          2          3
3          3          2
3          4          1
3          5          0
```

设变量 a、b、c 分别表示红球、白球、黑球的个数。用外 for 语句表示红球分别是 0、1、2、3 个时的不同情况，用内嵌 for 语句表示白球的不同情况。因要求每次选出的球中必须有白球，即白球应该至少有一个，所以内嵌 for 语句初值表达式 b=1，b 的最大值是 5。当红球和白球被确定之后，黑球应该是 c=8-a-b 个。由于黑球共有 6 个，所以要通过 c>=0&&c<=6 来判断黑球的个数是否符合条件，如果符合条件，将分别输出所有可能的选择方案。

说明：

1）使用循环嵌套时，为避免嵌套的层次关系混乱，程序可采用缩格的书写形式。

2）对于嵌套的循环结构，外循环执行一次，内嵌的循环执行一遍。

3.3.5 break 语句和 continue 语句

1. break 语句

前面学习 switch 语句时已知，使用 break 语句可以使流程跳出 switch 语句体。在循环结构中，使用 break 语句可以使程序流程从循环体内跳到循环体外，提前结束所在层循环，接着执行该循环结构后面的语句。break 语句的一般形式为：

```
break;
```

说明：

1）break 语句只能用于循环语句和 switch 语句中，不能出现在其它地方。

2）break 语句只能跳出一层循环，即从当前循环层中跳出。如果要跳出多层循环，可使用 goto 语句。goto 语句称为无条件转向语句，其一般形式为：

```
goto 语句标号;
```

goto 语句的作用是把程序的执行转向到语句标号所在的位置，这个语句标号必须与此 goto 语句在同一个函数内。如果过多使用 goto 语句，将使程序的流程没有了规律，所以一般不提倡使用 goto 语句。

【例 3-24】 从键盘随机输入 20 个整数，计算它们的累加和。如果在输入过程中输入了-1，则立即停止输入，输出此时的累加和。

```
#include <stdio.h>
void main()
{
  int a,num,sum=0;
  for(a=1;a<=20;a++)
  {
    printf("\nplease input number:");
    scanf("%d",&num);
    if(num==-1)
      break;                  /*如果输入的数据是-1，执行 break 语句，结束 for 循环*/
    sum=sum+num;
  }
  printf("sum=%d\n",sum);
}
```

程序运行情况如下：

```
please input number:10
please input number:20
please input number:-10
please input number:17
please input number:-1
sum=37
```

2. continue 语句

continue 语句的作用是结束本次循环，即跳过循环体中尚未执行的语句，提前进入下一次循环条件的判定。continue 语句的一般形式为：

```
continue;
```

【例 3-25】 打印 100 以内个位数为 6 且能被 3 整除的所有自然数。

```
#include <stdio.h>
void main()
{
  int a,b;
  for(a=0; a<=9;a++)     /*变量 a 的取值范围是 0～9*/
  {
    b=a*10+6;            /*用变量 b 表示 100 以内所有个位数为 6 的数*/
    if(b%3!=0)
      continue;          /*如果 b 不能被 3 整除，中断本次循环*/
```

```
            printf("%5d",b);
        }
    }
```

程序运行结果如下：

␣␣␣␣6␣␣␣36␣␣␣66␣␣␣96

分析：100 以内个位数是 6 的数有 6、16、26、36、46、56、66、76、86、96，在循环体中用“b=a*10+6;”语句表示这些数，这里要求 a 的值由 0 逐次变为 9，因此循环条件为 a<=9。如果 b 不能被 3 整除，就执行 continue 语句，中断本次循环，不输出 b 的值；如果 b 能被 3 整除，将跳过 continue 语句，输出 b 的值。

说明：

1）continue 只能用于循环语句中。

2）循环嵌套时，break 语句和 continue 语句只影响包含它们的最内层循环，与外层循环无关。

3）continue 语句只结束本次循环，下次循环继续进行；而 break 语句的作用是结束其所在的整个循环过程。

3.3.6 循环结构程序设计举例

【例 3-26】 编写程序，求解 n!。

```
#include <stdio.h>
void main()
{
  int i, n;
  long f=1;                          /*将累乘器 f 初始化为 1*/
  printf("Input n: ");
  scanf("%d", &n);
  for(i=1; i<=n; i++)
    f *= i;                          /*实现累乘*/
  printf("%d!=%ld\n",n,f);
}
```

程序运行情况如下：

```
Input n: 7↙
7!=5040
```

【例 3-27】 编写程序，求 Fibonacci 数列的前 40 个数。

分析：Fibonacci 数列是一个递推问题。该数列第 1、2 个数分别为 1，从第 3 个数开始，该数是其前面两个数之和，可以用通式表示为：

$f_1=1 \quad (n=1)$

$f_2=1 \quad (n=2)$

$f_n=f_{n-1}+f_{n-2} \quad (n\geqslant 3)$

程序代码如下：

```
#include <stdio.h>
void main()
{
  long int f1=1,f2=1;                  /*定义并初始化数列的前 2 个数*/
  int i=1;                             /*定义并初始化循环控制变量 i*/
  for( ; i<=20; i++ )                  /*每组 2 个数，20 组 40 个数，所以 i<=20*/
  {
    printf("%13ld%13ld", f1, f2);      /*输出当前 2 个 Fibonacci 数*/
    if(i%2==0)                         /*输出 2 次（4 个数）后换行*/
      printf("\n");
    f1+=f2; f2+=f1;                    /*求解 2 个新的 Fibonacci 数*/
  }
}
```

程序运行结果如下：

```
        1            1            2            3
        5            8           13           21
       34           55           89          144
      233          377          610          987
     1597         2584         4181         6765
    10946        17711        28657        46368
    75025       121393       196418       317811
   514229       832040      1346269      2178309
  3524578      5702887      9227465     14930352
 24157817     39088169     63245986    102334155
```

这是一个有趣的古典数学问题：有一对兔子，从出生后第 3 个月起，每个月都生一对兔子，小兔子长到第 3 个月后，每个月又生一对兔子。设所有兔子不死，问每个月的兔子总数是多少？

【例 3-28】　编写程序，输出所有个位数字的立方和等于 1099 的所有三位整数。

分析：如果定义变量 a 来表示任意一个三位数，该三位数的个位数字表示为 a-a/10*10，十位数字表示为 (a-a/100*100)/10，百位数字表示为 a/100。程序代码如下：

```
#include <stdio.h>
void main()
{
  int a,b,c,d;
  for(a=100;a<=999;a++)
  {
    b=a-a/10*10;                       /*获得个位数字*/
    c=(a-a/100*100)/10;                /*获得十位数字*/
    d=a/100;                           /*获得百位数字*/
    if(d*d*d+c*c*c+b*b*b==1099)
      printf("%d%d%d\t",d,c,b);
```

```
    }
    printf("\n");
}
```

程序运行结果如下：

379␣␣␣␣␣397␣␣␣␣␣739␣␣␣␣␣793␣␣␣␣␣937␣␣␣␣␣973

【例 3-29】 输出 100 ~ 200 之间能被 12 整除的所有数。

```
#include <stdio.h>
void main()
{
    int a;
    for(a=100;a<=200;a++)
    {
        if(a%12!=0)
            continue;
        printf("%5d",a);
    }
}
```

程序运行结果如下：

␣␣108␣␣120␣␣132␣␣144␣␣156␣␣168␣␣180␣␣192

【例 3-30】 编写程序，输出 200 ~ 300 之间所有的素数。

分析：素数是只能被 1 和它本身整除的数。采用的算法是：让 200 ~ 300 之间所有数被 2 到该数开平方根除。如果该数不能被指定区域内的任意数整除，当循环结束后，还需要进一步判断循环是否由于循环条件为假时结束的，如果是，该数就是素数。如果 200 ~ 300 之间某个数能被 2 到该数开平方根之间任意一个数整除，将提前结束循环。经过判断，如果循环是由于某种情况提前结束的，则该数不是素数。程序代码如下：

```
#include <stdio.h>
#include <math.h>
void main()
{
    int a,k,i,n=0;
    for(a=200;a<=300;a++)
    {
        k=sqrt(a);
        for(i=2;i<=k;i++)
            if(a%i==0) break;
        if(i>k)
        {
            printf("%d ",a);
            n=n+1;
        }
```

```
        if(n%10==0)                          /*控制每行输出 10 个数*/
          printf("\n");
    }
    printf("\n");
}
```

程序运行结果如下：

```
211␣223␣227␣229␣233␣239␣241␣251␣257␣263
269␣271␣277␣281␣283␣293
```

【例 3-31】 从键盘输入 7 名学生的 3 门功课成绩，分别统计出每个学生的平均成绩。

```
#include <stdio.h>
void main()
{
  int a, b;
  float score,sum,average;
  for(a=1;a<=7;a++)                    /*用变量 a 控制学生的个数，取值范围 1～7*/
  {
    sum=0;
    for(b=1;b<=3;b++)                  /*用变量 b 控制成绩输入的次数，最多输入 3 门成绩*/
    {
      scanf("%f",&score);
      sum= sum+score;                  /*实现 3 门成绩的累加*/
    }
    average=sum/3;                     /*求 3 门成绩的平均成绩*/
    printf("No.%d average=%4.1f\n",a,average);    /*输出每个学生的编号及平均成绩*/
  }
}
```

程序运行情况如下：

```
60␣70␣80
No.1 average=70.0
90␣80␣79
No.2 average=83.0
76␣89␣94
No.3 average=86.3
……
```

该程序用嵌套循环完成。内循环完成每位同学 3 门成绩的输入和求和，外循环求解出每位同学的平均成绩并输出。

3.4 实训

一、实训目的

- 掌握 C 语言基本语句的使用。

- 掌握C语言中数据输入、数据输出的常用控制方法。
- 掌握关系、逻辑和条件运算符及表达式的求值规则。
- 掌握顺序、选择、循环3种基本结构和执行过程。
- 掌握选择语句的嵌套使用、循环嵌套的结构和执行过程。
- 掌握switch语句的正确格式和执行规则。
- 掌握break语句、continue语句的用法和区别。
- 能熟练地使用3种基本结构解决实际问题。

二、实验内容

1．上机运行下面的程序，观察并分析各个输出格式控制字符的使用方法。

```
#include <stdio.h>
void main()
{
   int a=35;
   float b=138.3576278;
   double c=35648256.3645687;
   char d='p';
   printf("a=%d,%5d,%o,%x\n",a,a,a,a);
   printf("b=%f,%lf,%5.2lf,%e\n",b,b,b,b);
   printf("c=%lf,%f,%8.2lf\n",c,c,c);
   printf("d=%c,%8c\n",d,d);
}
```

2．上机运行下面的程序，按格式要求输入数据，观察并分析输出结果。

```
#include <stdio.h>
void main()
{
   int a,b;
   char ch1,ch2;
   float c,d;
   scanf("%d,%d",&a,&b);
   scanf("ch1=%c,ch2=%c",&ch1,&ch2);
   scanf("%f,%e",&c,&d);
   printf("a=%d,b=%d",a,b);
   printf("ch1=%c,ch2=%c",ch1,ch2);
   printf("c=%f,d=%f",c,d);
}
```

3．分析下面程序能否正确执行，上机调试后的运行结果是什么？

```
#include <stdio.h>
void main()
{
   int x,y;
   x=2;y=3;
```

```
    printf(x+y=%d\n,x+y);
}
```

4．运行下面的程序，观察关系表达式、逻辑表达式的值，并注意整型变量 a 的值的变化。注意：1 表示“真”，0 表示“假”。

```
#include <stdio.h>
void main()
{
    int a;
    a=23>5;
    printf("a=%d\n",a);
    a=(23>5)&&(10<7);
    printf("a=%d\n",a);
}
```

5．分析下面提供的 4 个程序段能否正确表示以下的数学函数，分别编写程序进行验证。

$$y=\begin{cases}-1 & x<0\\ 0 & x=0\\ 1 & x>0\end{cases}$$

程序段 1：

```
if(x<0) y=-1;
else if(x==0) y=0;
     else y=1;
```

程序段 2：

```
if(x>=0)
  if(x>0) y=1;
  else y=0;
else y=-1;
```

程序段 3：

```
y=-1;
if(x>=0)
  if(x>0) y=1;
  else y=0;
```

程序段 4：

```
y=0;
if(x!=0)
  if(x>0) y=1;
  else y=-1;
```

6．上机运行下面的程序，分析程序的功能及输出结果。

```
#include <stdio.h>
void main()
{
    int a,b,c,s;
    a=1; b=1; c=1; s=0;
    while(c<9)
    {
        b=b*a;
        s=s+b;
        ++c;
    }
```

```
    printf("s=%d\n",s);
}
```

7．分析下面程序的运行结果，并上机调试程序，检验结果是否正确。

```
#include <stdio.h>
void main()
{
  int a=5;
  while(--a)
    printf("%d\t",a-=2);
}
```

8．上机运行下面的程序，注意循环条件，分析程序的功能及输出结果。

```
#include <stdio.h>
void main()
{
  int a=6,b=0;
  do
  {
    a+=2;
    b+=a;
    if(b>20) break;
  }while(a=14);
  printf("%d,%d\n",a,b);
}
```

9．编写程序并上机运行：输入三角形的三条边，求三角形的面积。

提示：设三角形的三条边为 a、b、c。

（1）求三角形面积的代数式为：$s=\frac{1}{2}(a+b+c)$，$area=\sqrt{s\times(s-a)\times(s-b)\times(s-c)}$，在 C 程序中表示为：area=sqrt(s*(s-a)*(s-b)*(s-c));，其中 s=1.0/2*(a+b+c);

（2）程序中应包含预处理命令：#include <math.h>。

（3）考虑到实际情况，变量 a、b、c、s、area 均应定义成实型。

（4）输入一组数据 6、7、8，观察程序运行结果。

（5）输入一组数据 4、5、12，观察程序运行情况，分析这组数据是否有效。

10．输入某学生的成绩，输出成绩的等级，等级情况如下：

90～100：A 级

80～89：B 级

70～79：C 级

60～69：D 级

60 以下：E 级

（1）使用 if 语句的嵌套编写程序并上机运行。

程序段参考如下，如果去掉程序段中的的所有花括号，观察程序运行结果有无变化。

```
if(score>100||score<0) printf("Intput error!\n");
else
{
   if(score>=90) printf("grade is A");
   else
   {
      if(score>=80) printf("grade is B");
      else
      {
         if(score>=70) printf("grade is C");
         else
         {
            if(score>=60) printf("grade is D");
            else printf("grade is E");
         }
      }
   }
}
```

（2）用 switch 语句编写程序并上机运行。

程序段参考如下：

```
s=score/10;
if(s>10||s<0)
   printf("intput error!\n");
else
{
   switch(s)
   {
      case 10:
      case 9: printf("grade is A");break;
      case 8: printf("grade is B");break;
      case 7: printf("grade is C");break;
      case 6: printf("grade is D");break;
      default: printf("grade is E");
   }
}
```

11．分别使用 3 种循环语句编写程序求解：1+2+3+…+50。

提示：

（1）使用 while 语句

```
while(i<=50)
 {
    sum=sum+i;
    i++;
```

```
}
```

（2）使用 do…while 语句

```
do
{
    sum=sum+i;
    i++;
} while(i<=50);
```

（3）使用 for 语句

```
for(i=1;i<=50;i++)
   sum=sum+i;
```

12．上机运行下面的程序，分析程序循环的次数和输出结果。

```
#include <stdio.h>
void main()
{
   int i;
   for(i=1;i<=7;++i)
      switch(i)
      {
         case 1: printf("i=1\n");break;
         case 2: i=1;
         case 3:printf("i=3\n");i+=2;break;
         case 4: printf("i=%d\n",i++);break;
      }
}
```

3.5 习题

一、选择题

1．以下合法的 C 语言赋值语句是________。

A．a=b=58　　B．a*b;　　C．a=8,b=7　　D．++i;

2．有以下程序，其中%u 表示按无符号整数输出：

```
main()
{
  unsigned int x=0xffff;
  printf("%u\n",x);
}
```

程序运行后的输出结果是____________。

A．-1　　B．65535

C．32767　　D．0xffff

3．表达式 66!=199 的值是________。

A．true　　B．flase　　C．0　　D．1

4．为表示关系 x>y≥z 应使用的 C 语言表达式是________。

A．x>y&&y>=z　　B．x>yANDy>=z

C．x>y>=z　　D．x>y&y>=z

5．下列运算符的优先级最低的是________。

A．逗号运算符　　B．关系运算符

C．复合赋值运算符　　D．逻辑运算符

6．以下关于逻辑运算符两侧运算对象的叙述中正确的是________。

A．只能是整数 0 或 1　　B．可以是任意合法的表达式

C．只能是关系表达式　　D．只能是整数 0 或非 0 整数

7．设有定义“int a=2,b=3,c=4;”，则以下选项中，值为 0 的表达式是________。

A．a&&b　　B．(a>b)&&!c||1

C．(!a==1)&&(!b==0)　　D．a||(b+b)&&(c−a)

8．以下能正确定义且赋初值的语句是________。

A．int x=y=2;　　B．char c=32;

C．float x=x+1.1;　　D．double x=8.9e1.1

9．以下叙述中正确的是________________。

A．调用 printf 函数时，必须要有输出项

B．调用 putchar 函数时，必须在之前包含头文件 stdio.h

C．在 C 语言中整数可以以十二进制、八进制或十六进制的形式输出

D．调用 getchar 函数读入字符时，可以在键盘上输入字符所对应的 ASCII 码

10．若定义 a、b 为整型变量，下列不合法的输入语句是__________。

A．scanf("%d%d",a,b);　　B．scanf("%d%d",&a,&b);

C．scanf("%d,%d",&a,&b);　　D．scanf("a=%d,b=%d",&a,&b);

11．下列说法错误的是__________。

A．表达式语句由表达式加上分号“;”组成

B．控制语句用于控制程序的流程，以实现程序的各种结构方式

C．把多个语句用花括号“{}”括起来组成的一个复合语句，复合语句内的各条语句都必须以分号“;”结尾，在花括号“}”外也必须加分号

D．只有分号“;”组成的语句称为空语句，空语句是什么也不执行的语句

12．若有如下语句：

```
int a1,a2;
char b1,b2;
scanf("%d%c%d%c",&a1,&b1,&a2,&b2);
```

如果为 a1 和 a2 赋数值 10 和 20，为变量 b1 和 b2 赋字符 X 和 Y。以下所示的输入形式正确的是________。

A．10␣X␣20␣Y〈Enter〉　　B．10␣X20␣Y〈Enter〉

C．10␣X〈Enter〉
20␣Y〈Enter〉

D．10X〈Enter〉
20Y〈Enter〉

13．若有 “int x,a,b,c;”，则下列语句中合法的 if 语句是________。

A．if(a<>b) x++;　　　　B．if(a=<b) x++;

C．if(a!=b) x++;　　　　D．if(a=>b) x++;

14．下面程序的运行结果是________。

```
#include <stdio.h>
void main()
{
   int a=2,b=1,c=3;
   if(a<b)
      if(b==1)c=0;
      else c+=1;
   printf("%d\n",c);
}
```

A．0　　　B．1　　　C．3　　　D．4

15．下面程序的运行结果是________。

```
#include <stdio.h>
void main()
{
   int a=4;
   while(--a);
      printf("%d\t",a-=2);
}
```

A．0　　　B．1　　　C．-2　　　D．死循环

16．下面关于 break 语句的描述，正确的是________。

A．break 语句只能用于循环体中

B．break 语句可以一次跳到多个嵌套循环体之外

C．在循环结构中可以根据需要使用 break 语句

D．在循环结构中必须使用 break 语句

17．对 for(表达式 1;;表达式 3)可理解为________。

A．for(表达式 1;1;表达式 3)　　　　B．for(表达式 1;0;表达式 3)

C．for(表达式 1;表达式 1;表达式 3)　　　　D．for(表达式 1;表达式 3;表达式 3)

18．若 a 为整型变量，则以下循环执行次数是__________。

```
for(a=1;a==2;) printf("%d",a++);
```

A．0　　　B．1　　　C．2　　　D．无限次

19．下面不是无限循环的语句是________。

A．for(a=0,b=1;b>++a;b=c++) c=b;

B．for(a=10 ; ;a--);

C．while(1) a--;

D．for(a=6;a=1;a--) c+=a;

20．下面程序段的循环情况是________。

```
int k=9;
while(k>=0) --k;
```

A．while 循环执行 9 次　　B．while 循环执行 10 次

C．循环执行无限次　　D．循环体语句一次也不执行

21．下面程序段的循环情况是________。

```
int x=10;
do
{
   x=x/x;
}while(!x);
```

A．循环执行一次　　B．循环执行两次　　C．有语法错误　　D．是死循环

22．下面程序段的运行结果是________。

```
int a=0;
while(a++<=1);
printf("%d",a);
```

A．1　　B．2　　C．无数次　　D．有语法错误

23．有以下程序段：

```
int a,t=1,s=0;
scanf("%d",&a);
do
{
   s+=t;
   t-=2;
}while(t!=a);
```

为了使程序不陷入死循环，从键盘输入的数据应该是________。

A．任意正偶数　　B．任意正奇数　　C．任意负偶数　　D．任意负奇数

24．下面程序的运行结果是________。

```
#include <stdio.h>
void main()
{
   int x=9;
   for(;x>0;x--);
    if(x%3==0)
      printf("%d",--x);
}
```

A．-1　　　　　B．741　　　　　C．0　　　　　D．852

二、填空题

1．从程序流程的角度看，C 语言程序分为 3 种基本结构，它们是________、________和________。

2．getchar 函数是________函数，它的功能是____________。putchar 函数是________函数，它的功能是____________。使用这两个函数前必须在该函数前或文件开头加上包含命令____________。

3．在 printf 函数的格式控制字符串中，除格式说明和转义字符外，其它的提示字符在输出时____________。

4．复合语句是将多个语句用________括起来组成一个语句。

5．已知代数式 $\frac{e^{x^2+y^2}}{|x-y|}$，其对应的 C 语言表达式为____________。

6．已知“char ch='$';int i=1,j;”，执行 j=!ch&&i++以后，i 的值为________。

7．表示关系“12<x<60 或 x<0”的 C 语言表达式是____________。

8．已有定义“int a=10,b=20;”，要求用 printf 函数以 a=10,b=20 的形式输出，完整的输出语句为____________________。

9．执行以下程序时输入 123456789〈Enter〉，则输出结果是________。

```
#include <stdio.h>
void main()
{
   int a=10,b=20;
   scanf("%2d%3d",&a,&b);
   printf("%d,%d\n",a,b);
}
```

10．有以下程序：

```
#include <stdio.h>
void main()
{
   char a,b,c,d;
   scanf("%c,%c,%d,%d",&a,&b,&c,&d);
   printf("%c,%c,%c,%c\n",a,b,c,d);
}
```

若运行时从键盘上输入：6,5,65,66〈Enter〉，则输出结果是________。

11．设有定义“float a=123.4567;”，执行以下语句后的输出结果是________。

```
printf("%f\n",(int)(a*100+0.5)/100.0);
```

12．执行如下程序段后，a、b、c 的值分别是______、______和______。

```
int a=5,b=7,c=9;
if(a>c||b<--c) b=a;a=c;c=b;
```

13．下面程序的运行结果是________。

```
#include <stdio.h>
void main()
{
  int a=11,b=23,c=15;
  if(c=a+b)
    printf("yes\n");
  else
    printf("no\n");
}
```

14．下面程序的运行结果是________。

```
#include <stdio.h>
void main()
{
  int n=0,m=1,x=2;
  if(!n) x-=1;
  if(--m) x-=2;
  if(x) x-=3;
  printf("%d\n",x);
}
```

15．下列程序段的输出结果是________。

```
int n='c';
switch(n++)
{
  default: printf("error");break;
  case 'a':
  case 'b': printf("good");break;
  case 'c': printf("pass");
  case 'd': printf("warn");
}
```

16．下面程序的运行结果是________。

```
#include <stdio.h>
void main()
{
  int a,b,c;
  a=0;b=5;c=3;
  while(c-->0&&++a<5)
    b=b-1;
  printf("%d,%d,%d\n",a,b,c);
}
```

17．执行下面程序段后，x 的输出结果是__________。

```
int x=5;
while(x>1)
{
  x--;x--;
  printf("%d\t",x);
}
```

18．执行下面程序段后，c 的输出结果是____________。

```
int a,b,c;
for(a=0,b=7;a<=b;a++,b--)
  c=a+b;
printf("%d\n",c);
```

19．下面程序的功能是打印 100 以内个位数为 8 且能被 4 整除的所有数。请填写缺少的 C 语句。

```
#include <stdio.h>
void main()
{
  int a,b;
  for(a=0;____________;a++)
  {
    b=a*10+8;
    if(______________) continue;
    printf("%d\t",b);
  }
}
```

20．鸡兔共有 40 只，脚共有 100 个，下面程序是计算鸡兔各有多少只。请填写缺少的 C 语句。

```
#include <stdio.h>
void main()
{
  int x,y;
  for(x=1;x<=39;x++)
  {
    y=40-x;
    if(________________) printf("%d,%d\n",x,y);
  }
}
```

21．下面程序的功能是计算 s=1+12+123+1234+12345。请填写缺少的 C 语句。

```
#include <stdio.h>
void main()
{
  int p=0,s=0,i;
  for(i=1;i<=5;i++)
```

```
    {
      p=i+__________;
      s=s+p;
    }
    printf("s=%d\n",s);
}
```

22．下面程序的功能是输出如下形式的方阵，请填写缺少的C语句。

```
13  14  15  16
 9  10  11  12
 5   6   7   8
 1   2   3   4
```

```
#include <stdio.h>
void main()
{
    int i,j,a;
    for(j=4;j_________;j--)
    {
      for(i=1;i<=4;i++)
      {
        a=(j-1)*4+______;
        printf("%5d",a);
      }
      printf("\n");
    }
}
```

23．以下程序运行后，输出#的个数是__________。

```
#include <stdio.h>
void main()
{
    int i,j;
    for(i=1;i<6;i++)
      for(j=2;j<=i; j++)
        putchar('#');
}
```

三、程序分析题

1．写出下面程序的运行结果。

```
#include <stdio.h>
void main()
{
    int i=-100, j=200;
    printf(" (1)%d%d\n",i, j);
    printf(" (2)i=%d,j=%d\n",i, j);
```

```
    printf(" (3)i=%d\n(4)j=%d\n",i,j);
}
```

2．写出下面程序的运行结果。

```
#include <stdio.h>
void main()
{
    int a=100,b=101;
    printf("%d,%d\n",a,b);
    printf("%c,%c\n",a,b);
    printf("%c,%c\n",a-32,b-32);
}
```

3．写出下面程序的运行结果。

```
#include <stdio.h>
void main()
{
    char c;
    int n=100;
    float f=10;
    double x;
    x=f*=n/=(c=50);
    printf("%d,%f \n",n,x);
}
```

4．分析变量 a、b、c 值的变化情况，写出程序的运行结果。

```
#include <stdio.h>
void main()
{
    int a=4,b=5,c=6,d;
    d=!(a++/b)||--c&&c+b--;
    printf("%d,%d,%d,%d\n",d,a,b,c);
}
```

5．分析下面程序实现的功能。

```
#include <stdio.h>
void main()
{
    int a,b,c,max,min;
    printf("input three numbers: ");
    scanf("%d%d%d",&a,&b,&c);
    if(a>b)
        {max=a;min=b;}
    else
```

```
        {max=b;min=a;}
      if(max<c)
          max=c;
      else
          if(min>c)
              min=c;
      printf("max=%d\nmin=%d",max,min);
    }
```

6．写出下面程序的运行结果。

```
#include <stdio.h>
void main()
{
   int a,b,c=0;
   for(a=0;a<5;a++)
   {
      for(b=3;b>0;b--)
      {
         if(b%2) break;
         a++;
      }
      a++;
   }
   printf("%d\n",a);
}
```

7．写出下面程序的运行结果。

```
#include <stdio.h>
void main()
{
   int a,b=6;
   for(a=b;a>=2; a--)
      switch(a/b)
      {
         case 0:
         case 1:printf("$");break;
         case 2:printf("#");
      }
}
```

8．写出下面程序的运行结果。

```
#include <stdio.h>
void main()
{
   int a=1,s=2;
```

```
    do
    {
      s+=++a;
      if(s%3==0) continue;
      else a++;
    }while(s<9);
    printf("%d\n",a);
}
```

9．写出下面程序的运行结果。

```
#include <stdio.h>
void main()
{
  int a=12345,b;
  while(a!=0)
  {
    b=a%10;
    printf("%d",b);
    a/=10;
}
```

10．写出下面程序的运行结果。

```
#include <stdio.h>
void main()
{
  int a=0,b=5,c=3;
  while(c-->0&&++a<5)
    b=b-1;
  printf("%d,%d,%d\n",a,b,c);
}
```

11．写出下面程序的运行结果。

```
#include <stdio.h>
void main()
{
  int k;
  for(k=1;k<=50;k++)
  {
    if(k++%5==0)
      if(++k%8==0)
        printf("%d\n",k);
  }
  printf("\n");
}
```

四、编写程序题

1．输入一个 3 位正整数，以倒序形式输出它的各位数（如输入 123，输出 321）。

2．输入一个华氏温度，要求输出对应的摄氏温度（保留两位小数）。

提示：考虑到实际问题，在 C 语言中表示为 c=5.0/9.0*(F−32)，其中 F 为华氏温度。

3．编写程序，求解一元二次方程 $ax^2+bx+c=0$ 的根（假设 $b^2-4ac \geqslant 0$）。

4．编写一个计算售票收款数目的小程序。

要求：每张票零售价格为 20 元，团体票价格为 15 元，一次购票数目为 20 张以上时按团体票出售。对输入的购票数目计算并输出相应的购票款的数额。

5．输入一个正整数，计算并输出这个正整数的各位数字之和（如输入 179，则各位数字之和为 1+7+9=17）。

6．随机输入 4 个数，编写程序将 4 个数按从大到小的顺序输出。

7．编写程序，输出 1990 年～2006 年之间所有的闰年年份。

提示：闰年的条件是能被 4 整除但不能被除 100 整除，或者能被 400 整除。即 (year%4==0&&year%100!=0)||(year%400==0)。

8．编写程序，求解 1!+2!+…+10!。

9．编写程序，输出所有“水仙花数”。

提示：“水仙花数”是指一个三位数，其各位数字立方和等于该数本身。如 153 是水仙花数，因为 $153=1^3+5^3+3^3$。

10．编写程序，判断 n 是否为素数。

11．编写程序，从键盘上连续输入若干个字符，直到输入回车符为止。统计并输出所输入的空格、大写字母、小写字母及其它字符的个数。

12．每个桃子 0.5 元，第 1 天买 2 个桃子，从第 2 天开始，每天买前一天的 2 倍，直到购买的桃子达到不超过 100 的最大值。编写程序求每天平均花多少元钱。

提示：使用循环结构完成购买符合条件的桃子所花费的总费用。若设 buy 为每天购买桃子的个数，根据程序的要求，循环条件应为 buy<=100;，循环体中应该包含 3 条语句，一条语句累计求解买桃子的费用（sum+=0.5*buy;），另外两条语句分别实现天数的递增（day++;）和每天购买桃子的个数（buy*=2;）。

第4章 数 组

前面介绍的数据类型均属于基本数据类型，每个变量对应着一个存储单元。在程序设计中，为了处理方便，把具有相同类型的若干变量按有序的形式组织起来。这些按序排列的相同类型的数据元素的集合称为数组。在C语言中，数组属于构造数据类型。一个数组可以分解为多个数组元素，这些数组元素可以是基本数据类型或是构造类型。因此按数组元素的类型不同，数组又可分为数值数组、字符数组、指针数组、结构体数组等各种类别。

本章的主要内容包括：

- 一维数组的定义、初始化及数组元素的引用
- 二维数组的定义、初始化及数组元素的引用
- 字符数组的定义、初始化及数组元素的引用
- 字符串处理函数

4.1 一维数组

4.1.1 一维数组的定义

在C语言中使用数组必须先进行定义。一维数组定义的一般形式为：

```
类型说明符 数组名[常量表达式];
```

其中，“类型说明符”用来说明数组元素的数据类型，可以是任何一种基本数据类型或构造数据类型；“数组名”是用户定义的标识符；“常量表达式”表示数组元素的个数，即数组的长度。例如：

```
int a[10];
```

定义长度为10的整型数组，数组名是a，数组可以存放10个整型数据，下标从0开始。这10个元素是：a[0]、a[1]、a[2]、a[3]、a[4]、a[5]、a[6]、a[7]、a[8]、a[9]。C编译程序将为a数组在内存中开辟10个地址连续的存储单元。因为每个整型数据占2个字节，所以开辟10×2=20个字节的内存单元。数组元素在内存中按顺序存放。再如：

```
float b[10],c[5];
```

定义两个长度分别是10和5的实型数组，数组名分别是b和c。

说明：

1）常量表达式是用方括号括起来的，不能用圆括号，如“int num(10);”是错误的。

2）方括号中只允许是常量表达式，不能出现变量或含有变量的表达式。即在C语言中不允许对数组的大小作动态定义，数组的长度必须是固定的。下面的定义是错误的：

```
int c;
scanf("%d",&c);
int a[c];
```

3）在程序中，可以用符号常量表示数组长度，如:

```
#define N 10
char ch[N];
```

4.1.2 一维数组元素的引用

数组元素是组成数组的基本单元。数组元素也是一种变量，代表内存中的一个存储单元。一维数组元素的引用形式为：

数组名[下标]

其中，“下标”表示该元素在数组中的位置（顺序号），它可以是整型常量、整型变量或整型表达式。如 a[0]、a[i+j]、a[i++]等都是合法的数组元素的引用。

数组元素通常也称为下标变量。必须先定义数组，才能使用下标变量。例如，定义一维数组 a 为“int a[10]”，则 a[0]，a[1]，a[2]，a[3]，a[2*2]，a[5]，a[6]，a[3+4]，a[8]，a[9]都是合法的数组元素引用。引用元素 a[10]是不合法的，因为数组下标的下限固定为 0，上限为数组长度减 1。

说明：虽然数组定义和数组元素的引用形式有些相似，但是两者的含义完全不同。数组定义时方括号中指定的是一维数组的长度，即数组中元素的个数；而数组元素引用时方括号中的下标表示的是该元素在数组中的位置。另外，数组定义时方括号中只能是常量或常量表达式，而数组元素引用时，方括号中可以是常量，变量或表达式。

C 语言编译系统不进行数组边界检查。对数组元素引用时，如果下标超出边界，编译时系统不会提示有错误，但程序将得不到正确结果。保证数组元素引用时不超出边界是十分重要的。

【例 4-1】 一维数组元素的引用。

```
#include <stdio.h>
void main()
{
    int i,num[10];
    for(i=0;i<10;i++)                /*使 num[0]～num[9]的值分别为 1~10*/
      num[i]=i+1;
    for(i=0;i<10;i++)                /*输出数组中各个元素的值*/
      printf("%3d",num[i]);
}
```

程序运行结果如下：

```
␣␣1␣␣2␣␣3␣␣4␣␣5␣␣6␣␣7␣␣8␣␣9␣10
```

需要注意的是，在C语言中只能逐个使用下标变量，不能一次引用整个数组。上例中输出有10个元素的数组时，必须使用循环语句逐个输出各个元素，而不能用一条语句输出整个数组。如下面的用法是错误的：

```
printf("%3d",num);
```

说明：数组名代表数组在内存中存储的首地址，即num等价于&num[0]。地址是常量。

4.1.3 一维数组的初始化

给数组赋值的方法除了用赋值语句对数组元素逐个赋值外，还可采用初始化赋值和动态赋值的方法。

数组初始化赋值是指在数组定义时给数组元素赋予初值。数组初始化是在编译阶段进行的，这样将减少运行时间，提高效率。一维数组初始化的一般形式为：

```
类型说明符 数组名[常量表达式]={值1,值2,值3,……,值n};
```

在花括号中的各数据依次为各元素的初值，各个初值之间用逗号间隔开。例如：

```
int num[10]={1,2,3,4,5,6,7,8,9,10};
```

经过这样的定义和初始化之后，num[0]=1，num[1]=2，num[2]=3，num[3]=4，num[4]=5，num[5]=6，num[6]=7，num[7]=8，num[8]=9，num [9]=10。

除了给全部元素赋初值外，也可以只给部分元素赋初值。例如：

```
int num[10]={1,2,3,4,5};
```

“{}”中值的个数少于元素个数，执行完之后，num[0]=1，num[1]=2，num[2]=3，num[3]=4，num[4]=5，而后5个元素自动赋0。

说明：

1）只能给数组元素逐个赋值，不能给数组整体赋值。例如：给数组num的10个元素全部赋初值为2，只能定义为“int num [10]={2,2,2,2,2,2,2,2,2,2};”，不能定义为“int num[10]=2;”

2）给数组的全部元素赋初值时，可以不指定数组长度。例如：

```
int num [5]={1,2,3,4,5};
```

可以改写成：

```
int num[]={1,2,3,4,5};
```

花括号中的初值个数为5，系统会按此自动定义数组num的长度为5。但若提供的初值个数与数组的长度不同时，数组的长度是不能省略的。

3）对数组元素初始化若写成如下形式：

```
int num[3];
num[3]={10,20,30};
```

是错误的。

4.1.4　一维数组应用举例

【例 4-2】　从键盘输入 10 个整数，输出其中的最大数。

```
#include <stdio.h>
void main()
{
  int i,m,max,num[10];
  printf("Please enter 10 Numbers:\n");
  for(i=0;i<10;i++)                    /*为数组元素赋初值*/
    scanf("%d",&num[i]);
  max=num[0];                          /*假设 num[0]为最大的数*/
  m=0;
  for(i=1;i<10;i++)                    /*求数组中的最大数*/
    if(num[i]>max)
    {
      max=num[i];
      m=i;
    }
  printf("The max number:num[%d]=%d\n",m,max);
}
```

程序运行情况如下：

如果输入：3␣9␣10␣100␣4␣6␣-60␣-30␣2␣1↙
运行结果：The max number:num[3]=100

分析：第 1 个 for 循环给一维数组 num 各元素赋值，第 2 个 for 循环的循环体是选择结构语句，用来完成最大数的求解，其中变量 max 存放当前的最大数，变量 m 存放当前最大数的数组元素的下标。

【例 4-3】　将数组中的数据 1、3、4、-1、58、60、-2、10、5、98 按逆序重新存放并输出。

```
#include <stdio.h>
void main()
{
  int i,t;
  int a[10]={1,3,4,-1,58,60,-2,10,5,98};    /*将指定的 10 个数存放在数组 a 中*/
  printf("The original numbers are:");
  for(i=0;i<10;i++)                          /*输出交换前数组 a 中的数据*/
    printf("%3d",a[i]);
  for(i=0;i<5;i++)                           /*完成数组 a 中 10 个数据的逆序存放*/
  {
    t=a[i];
    a[i]=a[9-i];
    a[9-i]=t;
  }
  printf("\nThe exchanged numbers are: ");
```

```
    for(i=0;i<10;i++)                          /*输出交换后数组 a 中的数据*/
      printf("%3d",a[i]);
}
```

程序运行结果如下：

```
The original numbers are:␣␣1␣␣3␣␣4␣-1␣58␣60␣-2␣10␣␣5␣98
The exchanged numbers are:␣98␣␣5␣10␣-2␣60␣58␣-1␣␣4␣␣3␣␣1
```

分析：定义长度为 10 的整型数组 a。变量 i 表示数组元素的下标，在第 2 个 for 循环中，i 的初值为 0，a[i]即为 a[0]，a[9-i]即为 a[9]，第 1 次循环将这两个数组元素的值进行了交换。然后 i 增 1，完成 a[1]和 a[8]的交换，……，直到 a[4]和 a[5]交换完毕，此时循环条件不成立，退出循环，完成数组元素的逆序存放。

【例 4-4】 某个班有 15 名学生，求出该班级英语考试的平均成绩及高于平均成绩的学生人数。

```
#include <stdio.h>
void main()
{
  int english[15],i,num;                        /*定义长度为 15 的整型数组 english*/
  float sum,aver;
  sum=0;
  printf("Please input the student's score:\n");
  for(i=0;i<15;i++)                             /*输入学生成绩，并计算总成绩*/
  {
    scanf("%d",&english[i]);
    sum=sum+english[i];
  }
  aver=sum/15;                                  /*计算平均成绩*/
  num=0;
  for(i=0;i<15;i++)                             /*统计成绩高于平均成绩的人数*/
    if(english[i]>=aver)
      num++;
  printf("Average=%.2f\n",aver);
  printf("%d students>%.2f ",num,aver);
}
```

程序运行情况如下：

```
Please input the student's score:

如果输入：78␣98␣78␣90␣76␣85␣92␣47␣59␣61␣89␣69␣38␣71␣56↙
运行结果：Average=72.47
          8 students>72.47
```

【例 4-5】 用选择排序法对输入的 6 个数按从小到大的顺序排序。

选择法排序的算法是：设有 10 个数，将第 1 个数与第 2～10 个数一一比较，如果第 1 个数比被比较的其他数大，则将小的数与第 1 个数交换，使第 1 个数成为 10 个数中最小的数。

第 2 轮将第 2 个数与第 3 至第 10 个数一一比较，如果第 2 个数比被比较的其他数大，则将小的数与第 2 个数交换，使第 2 个数成为 10 个数中的次小数，依此类推，直到最后将 10 个数按由小到大的顺序排列好。

```
#include <stdio.h>
#define N 6
void main()
{
  int a[N];
  int i,j,t;
  for(i=0;i<N;i++)
     scanf("%d",&a[i]);
  for(j=0;j<N-1;j++)
     for(i=j+1;i<N;i++)
       if(a[j]>a[i])
         {
           t=a[j];
           a[j]=a[i];
           a[i]=t;
         }
  printf("The sorted numbers are:");
  for(i=0;i<N;i++)
     printf("%4d",a[i]);
}
```

程序运行情况如下：

如果输入：3␣7␣5␣6␣8␣0
运行结果：␣␣␣0␣␣␣3␣␣␣5␣␣␣6␣␣␣7␣␣␣8

4.2 二维数组

上节介绍的数组只有一个下标，为一维数组。在实际问题中有很多数组是二维的，甚至是多维的。二维数组元素有两个下标，用来标识它在二维数组中的位置。本节只介绍二维数组，多维数组可由二维数组类推而得到。

4.2.1 二维数组的定义

由两个下标组成的数组称为二维数组。二维数组定义的一般形式为：

类型说明符 数组名[常量表达式 1][常量表达式 2];

其中，“类型说明符”和“数组名”的用法与一维数组相同；“常量表达式 1”指定数组的行数；“常量表达式 2”指定数组的列数。例如：

```
int a[3][4];
```

定义一个名为 a 的二维数组，该数组为 3 行 4 列，每个元素都是整型。数组 a 中共有 3

×4 个元素，能存放 3×4=12 个整数。数组 a 的逻辑结构如下：

	第 1 列	第 2 列	第 3 列	第 4 列
第 1 行	a[0][0]	a[0][1]	a[0][2]	a[0][3]
第 2 行	a[1][0]	a[1][1]	a[1][2]	a[1][3]
第 3 行	a[2][0]	a[2][1]	a[2][2]	a[2][3]

在 C 语言中，二维数组可以看成是一个特殊的一维数组，它的每个元素又是包含若干个元素的一维数组。例如，把上面的数组 a 看成由 a[0]，a[1]，a[2]三个元素组成的一维数组，其中每个元素又是由 4 个整型元素组成的一维数组，如，a[0]包含 a[0][0]，a[0][1]，a[0][2]，a[0][3]四个元素；a[1]包含了 a[1][0]，a[1][1]，a[1][2]，a[1][3]四个元素。

二维数组中的元素在内存中占用一系列连续的存储单元，其存储顺序为“按行存储”，即在内存中先顺序存放第 1 行的元素，再存放第 2 行的元素，……。

4.2.2 二维数组元素的引用

二维数组元素也称为双下标变量，引用二维数组元素时，需要两个下标去确定位置。二维数组元素引用的一般形式为：

```
数组名[下标 1][下标 2]
```

“下标 1”指定数组元素所在的行，“下标 2”指定数组元素所在的列。如有以下定义：

```
int a[3][4];
```

则 a[2][3]表示二维数组 a 中第 3 行第 4 列的数组元素。

下标必须是整型常量，整型变量或整型表达式。数组元素可以出现在表达式中，也可以被赋值。如：

```
a[i][j]=a[i-1][j-1]+a[i-1][j];          /*下标为整型表达式*/
a[1][2]=10;                             /*给第 2 行第 3 列的元素赋值为 10*/
```

说明：对于二维数组，使用下标时同样要注意下标的界限。行下标和列下标的下限都为 0，上限分别为行数减 1 和列数减 1。所以，在程序的编写过程中，不要犯以下这种错误：

```
int a[5][6];
a[5][6]=9;
```

4.2.3 二维数组的初始化

可以用下面两种方法对二维数组进行初始化。

（1）分行给二维数组赋初值。例如：

```
int a[3][4]={{10,20,30,40},{50,60,70,80},{90,100,110,120}};
```

这是一种比较直观的方法，把第 1 个花括号内的数据依次赋给第 1 行的元素，第 2 个花括号内的数据赋给第 2 行的元素，依此类推。

采用这种方式也可以对数组的部分元素赋初值。例如：

```
int a[3][4]={{2},{5,6},{1,5,8}};
```

通过这样的初始化，对第 1 行的第 1 个元素 a[0][0]赋值为 2；对第 2 行的第 1 元素 a[1][0]赋值为 5，第 2 个元素 a[1][1]赋值为 6；对第 3 行的前 3 个元素分别赋值为 1、5、8，其余元素自动赋值为 0。这种方法适用于非 0 元素少的数组，这样就不必把所有的 0 都写出来。

（2）将所有数据写在一个花括号内，按数组元素在内存中的存放顺序对各元素赋初值。例如，int a[3][4]={10,20,30,40,50,60,70,80,90,100,110,120}。

当花括号内数据的个数少于数组元素的个数时，先把初值依次赋值给数组前面的元素，其余的自动赋值为 0。例如，int a[3][4]={10,20,30,40,50,60,70}。

赋值后数组各元素为：

```
10  20  30  40
50  60  70   0
0    0   0   0
```

说明：如果对全部元素赋初值，则定义数组时可以省略行数的指定，但是列数的指定不能省略。例如：

```
int a[3][4]={10,20,30,40,50,60,70,80,90,100,110,120};
```

也可以这样定义：

```
int a[][4]={10,20,30,40,50,60,70,80,90,100,110,120};
```

系统会根据数据的总个数分配内存空间，花括号中一共有 12 个数据，指定列数是 4 列，即可以确定行数为 3 行。

【例 4-6】 二维数组应用。

```
#include <stdio.h>
void main()
{
  int i,j;
  int a[2][3]={1,2,3,4,5,6};          /*定义一个 2 行 3 列的二维数组，并进行初始化*/
  for(i=0;i<2;i++)                    /*通过循环嵌套对数组元素进行访问*/
    for(j=0;j<3;j++)
      printf("a[%d][%d]=%d\n",i,j,a[i][j]);
}
```

程序运行结果如下：

```
a[0][0]=1
a[0][1]=2
a[0][2]=3
a[1][0]=4
a[1][1]=5
a[1][2]=6
```

注意：二维数组元素的引用需要两个下标进行确定，一般使用二重循环对二维数组元素进行操作。

4.2.4 二维数组应用举例

【例 4-7】 求下面两个矩阵的乘积矩阵。

$$a=\begin{pmatrix}1 & 3 & 5\\ 2 & 4 & 6\end{pmatrix} \qquad b=\begin{pmatrix}1 & 2 & 3\\ 4 & 5 & 6\\ 7 & 8 & 9\end{pmatrix}$$

提示：两个矩阵相乘的算法是：设矩阵 A 有 M×Z 个元素，矩阵 B 有 Z×N 个元素，则矩阵 C=A×B 有 M×N 个元素。矩阵 C 中的任意元素的值通过下面的公式得到：

$$C[i][j]=\sum_{k=1}^{z}(A[i][k]\times B[k][j]) \quad (i=1,2,\cdots,M;\ j=1,2,\cdots,N)$$

程序代码如下：

```
#include <stdio.h>
void main()
{
  int i,j,k,c[2][3];                              /*定义二维数组 c，用作存放乘积的矩阵*/
  int a[2][3]={{1,3,5},{2,4,6}};                  /*定义二维数组 a，并对其进行初始化*/
  int b[3][3]={{1,2,3},{4,5,6},{7,8,9}};          /*定义二维数组 b，并对其进行初始化*/
  for(i=0;i<2;i++)                                /*用二重循环完成乘积矩阵的求解*/
    for(j=0;j<3;j++)
    {
      c[i][j]=0;
      for(k=0;k<3;k++)
        c[i][j]=c[i][j]+a[i][k]*b[k][j];
    }
    for(i=0;i<2;i++)                              /*输出乘积矩阵*/
    {
      for(j=0;j<3;j++)
        printf("%4d",c[i][j]);
      printf("\n");
    }
}
```

程序运行结果如下：

```
  48  57  66
  60  72  84
```

【例 4-8】 将一个二维数组的行元素和列元素进行互换，将互换后的结果存放到另一个二维数组中，输出两个数组的值。

```
#include <stdio.h>
void main()
```

```
{
    int a[2][3]={{1,3,5},{2,4,6}},b[3][2];
    int i,j;
    for(i=0;i<2;i++)                          /*矩阵元素互换*/
        for(j=0;j<3;j++)
            b[j][i]=a[i][j];
    printf("array a:\n");                     /*输出数组 a*/
    for(i=0;i<2;i++)
    {
        for(j=0;j<3;j++)
            printf("%2d",a[i][j]);
        printf("\n");
    }
    printf("array b:\n");                     /*输出数组 b*/
    for(i=0;i<3;i++)
    {
        for(j=0;j<2;j++)
            printf("%2d",b[i][j]);
        printf("\n");
    }
}
```

程序运行结果如下：

```
array a:
␣1␣3␣5
␣2␣4␣6
array b:
␣1␣2
␣3␣4
␣5␣6
```

分析：矩阵 a 进行行元素与列元素互换后的矩阵为矩阵 b。一个 2 行 3 列的矩阵行、列元素互换后为 3 行 2 列的矩阵。通过观察不难发现，对于同一个数据，只是行标和列标进行了交换。

【例 4-9】 打印出以下的杨辉三角形（要求打印 7 行）。

```
1
1  1
1  2  1
1  3  3   1
1  4  6   4   1
1  5  10  10  5   1
1  6  15  20  15  6  1
```

提示：这是一个矩阵，需要定义一个 7 行 7 列的二维数组来存放数据。下面的问题就是如何给二维数组的每个元素赋值。杨辉三角形存在这样两个规律：一个是第 1 列（即列下标为 0）的值全为 1，并且每一行行下标和列下标相等的元素值为 1。另一个规律是除了值为 1

的元素之外，其他元素的值都是该元素的前一行前一列的值与前一行同一列的值的和。即 a[i][j]=a[i-1][j-1]+a[i-1][j]。

程序代码如下：

```
#include <stdio.h>
void main()
{
   int a[7][7],i,j;                 /*定义 7 行 7 列的数组 a*/
   for(i=0;i<7;i++)                 /*对每一行的列下标为 0 的元素赋值为 1*/
      a[i][0]=1;
   for(i=0;i<7;i++)                 /*对每一行的行下标和列下标相等的元素赋值为 1*/
      a[i][i]=1;
   for(i=2;i<7;i++)                 /*通过运算为数组的其他元素赋值*/
      for(j=1;j<i;j++)
         a[i][j]=a[i-1][j-1]+a[i-1][j];
   for(i=0;i<7;i++)                 /*输出数组 a 中各元素的值*/
   {
      for(j=0;j<=i;j++)
         printf("%3d",a[i][j]);
      printf("\n");
   }
}
```

4.3 字符数组与字符串

用来存放字符型数据的数组是字符数组。字符数组有和其它数组相同的特点，但字符数组也有特殊的用途：字符数组中的每一个数组元素存放一个字符，可以通过字符数组来存放字符串。

4.3.1 字符数组的定义、引用及初始化

1．字符数组的定义

字符数组的定义形式和前面介绍的数组的定义形式相同，只是将字符数组的数据类型定义成 char 型。例如：

```
char c[10];
```

字符数组也可以是二维数组或多维数组。例如：

```
char c[2][3];              /*定义 2 行 3 列的二维字符数组 c*/
```

由于字符型数据和整型数据可以互相通用，所以也可以将字符数组定义如下：

```
int ch1[7];
int ch2[2][2];
```

这样定义是合法的，但是浪费空间。因为每个整型数据分配 2 个字节的空间，而每个字符型数据只分配 1 个字节的空间。

2．字符数组的初始化

对字符数组初始化最容易理解的方式是把字符逐个赋给数组中的各个元素。例如：

```
char ch[7]={'p','r','o','g','r','a','m'};
```

赋值后各元素的值为：ch[0]='p'；ch[1]='r'；ch[2]='o'；ch[3]='g'；ch[4]='r'；ch[5]='a'；ch[6]='m'。

初始化字符数组时，如果花括号中的字符个数小于数组的长度，多余元素将自动赋值'\0'。例如：

```
char ch[10]={'p','r','o','g','r','a','m'};
```

数组元素 ch[7]、ch[8]、ch[9]自动赋值为'\0'。

如果花括号中的字符个数等于数组的长度，数组长度可以省略。例如：

```
char ch[ ]={'p','r','o','g','r','a','m'};
```

系统会根据后面提供的字符个数自动认定数组长度是 7。

3．字符数组元素的引用

字符数组元素的引用与前面介绍的一维数组和二维数组的数组元素的引用方式相同。

【例 4-10】 依次输出字符数组中各元素的值。

```
#include <stdio.h>
void main()
{
  char ch1[9]={'T','h','a','n','k',' ','y','o','u'};
  int i;
  for(i=0;i<9;i++)
    printf("%c",ch1[i]);
}
```

程序运行结果如下：

```
Thank you
```

【例 4-11】 输出二维字符数组中各元素的值。

```
#include <stdio.h>
void main()
{
  char c1[5][5]={{' ',' ','*',' ',' '},{' ',' ','*',' ',' '},{'*','*','*','*','*'},{' ',' ','*',' ',' '},{' ',' ','*',' ',' '}};
  int i,j;
  for(i=0;i<5;i++)
  {
    for(j=0;j<5;j++)
      printf("%c",c1[i][j]);
```

```
        printf("\n");
    }
}
```

程序运行结果：

```
    *
    *
*****
    *
    *
```

4.3.2 字符串

在C语言中没有专门的字符串变量，通常用一个字符数组来存放一个字符串。字符串总是以'\0'作为串的结束符，当把一个字符串存入一个数组时，需要把'\0'也存入数组，并以此作为该字符串是否结束的标志。字符串有了结束标志，字符数组的长度就显得不那么重要了。

说明：字符串一定要用字符数组来存放，但是字符数组里面存放的并不一定都是字符串，要看有没有'\0'。只有有'\0'，才将其看成字符串。例如：

```
char ch1[9]={'T','h','a','n','k',' ','y','o','u'};
```

ch1 中存放的就不是字符串。

C语言允许用字符串的方式对数组作初始化赋值。例如：

```
char ch1[8]={"student"};
```

或

```
char ch1[8]="student";
```

采用字符串的形式给字符数组初始化时，系统会自动在字符串的最后加上'\0'。所以，定义字符数组时应估计实际字符串的长度，保证数组长度始终大于字符串实际长度，否则系统会报错。

要注意下面数组的区别：

```
char c1[ ]={'G','o','o','d'};
char c2[ ]= "Good";
```

同样都是省略了数组的长度，系统会为 c1 分配 4 个字节的存储空间，分别用来存放'G', 'o', 'o'，'d'；但会为 c2 分配了 5 个字节的存储空间，分别用来存放'G', 'o', 'o', 'd', '\0'。

采用字符串方式后，字符数组的输入输出将变得简单方便。除了上述用字符串赋初值的办法外，还可以用 scanf 函数和 printf 函数的%s 格式一次性输入或输出一个字符串。例如：

```
char c[7];
```

```
scanf("%s",c);
```

如果输入字符串 Thanks，内存中数组 c 的存储状态如图 4-1 所示。

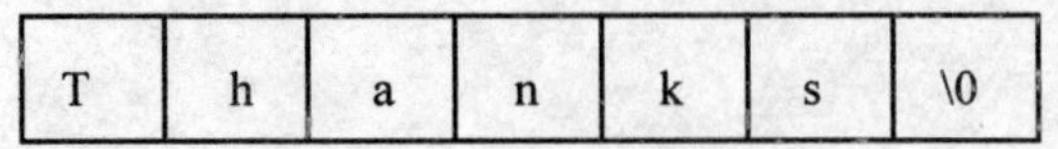

T	h	a	n	k	s	\0

图 4-1 数组 c 在内存中的存储状态

执行“printf("%s",c);”语句，输出时遇到字符串结束标志'\0'就停止输出，输出结果是 Thanks，输出的字符中不包括结束标志符'\0'。

为字符数组输入字符串时应注意：

1）用%s 格式符输入字符串时，scanf 函数的输入项是字符数组名，无需再加取地址符“&”，因为数组名表示的就是数组的首地址。例如：

```
char ch1[10];
scanf("%s",ch1);
```

2）用%s 格式符输入字符串时，遇到空格或者回车认为该字符串输入结束。所以，用%s 格式符接收字符串，无法接收带有空格的字符串。例如：

```
char ch1[17];
scanf("%s",ch1);
```

从键盘上输入：

```
How old are you?↙
```

这时，并没有接收从键盘上输入的所有字符，而只将第 1 个空格前的字符串"How"存入到 ch1 字符数组中，数组中未被赋值的元素的值自动置'\0'。数组 ch1 在内存中的存储状态如图 4-2 所示。

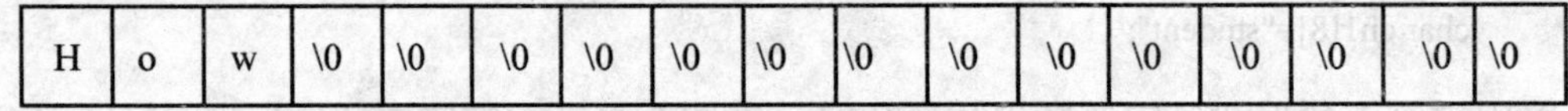

H	o	w	\0	\0	\0	\0	\0	\0	\0	\0	\0	\0	\0	\0	\0	\0

图 4-2 数组 ch1 在内存中的存储状态

4.3.3 常用的字符串处理函数

C 语言的标准函数库中提供了一些专门用来处理字符串的函数，使用这些函数可大大减轻编程的负担。下面介绍几种常用字符串处理函数。

1．字符串输出函数 puts

字符串输出函数 puts 的调用格式为：

```
puts(字符数组名);
```

功能：输出指定的字符串，输出后自动换行。例如：

```
char ch1[]="student", ch2[]="school";
```

```
puts(ch1); puts(ch2);
```

输出结果是：

```
student
school
```

运行第 1 个 puts 函数，输出字符串“student”。运行第 2 个 puts 函数，将字符串“school”在下一行输出，这是因为 puts 函数输出字符串之后会自动换行。

如果执行下面的程序段：

```
char ch1[ ]="student", ch2[ ]="school";
printf("%s",ch1);
printf("%s",ch2);
```

输出结果是：

```
studentschool
```

说明：puts 函数完全可以由 printf 函数代替。当需要按一定格式输出时，通常使用 printf 函数。puts 函数也可以这样使用，如“puts("student");”，直接输出字符串“student”。

2．字符串输入函数 gets

字符串输入函数 gets 的调用形式为：

```
gets(字符数组名);
```

功能：输入一个字符串到指定字符数组中，以回车结束。例如：

```
char ch1[20];
gets(ch1);
```

从键盘上输入：

```
student↙
```

把字符串“student”存放到字符数组 ch1 中，并在字符串的后面自动添加字符串结束标志'\0'。

因 gets 函数在接收字符串时以回车符当作字符串输入结束标志，所以可以用它来接收带有空格的字符串。如果有如下输入：

```
How old are you? ↙
```

将字符串"How old are you? "全部送给字符数组 ch1，并且添加字符串结束标志。

【例 4-12】 字符串输入、输出函数应用示例。

```
#include <stdio.h>
void main()
{
  char ch1[20],ch2[20];
```

```
    printf("Input string1: ");
    gets(ch1);
    printf("Input string2: ");
    scanf("%s",ch2);
    puts(ch1);
    printf("%s",ch2);
}
```

程序运行情况如下：

```
Input string1:How old are you? ↙
Input string2:How old are you? ↙
How old are you?
How
```

请读者根据前面介绍的知识分析：输入相同的字符串，为什么程序的输出结果不同。

说明：puts 函数和 gets 函数一次只能输出或输入一个字符串，而 printf 函数和 scanf 函数一次可以输出或输入多个字符串。

3．字符串复制函数 strcpy

strcpy 是 String Copy 的缩写，用来完成字符串的复制。strcpy 函数的调用形式为：

```
strcpy(字符数组 1,字符串 2);
```

功能：将字符串 2 复制到字符数组 1 中去。例如：

```
char str1[8];
strcpy(str1, "student");
```

执行以上语句后，字符数组 str1 中存放的内容如图 4-3 所示。

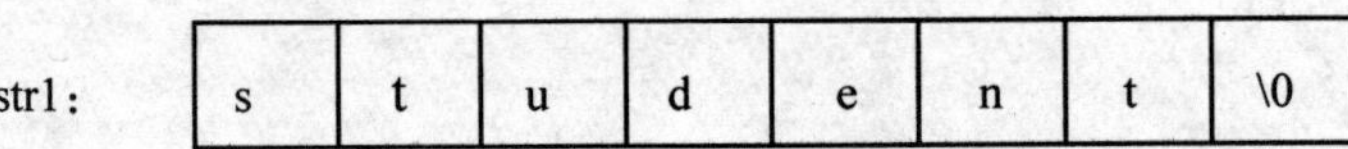

str1:	s	t	u	d	e	n	t	\0

图 4-3　字符数组 str1 中存放的内容

“字符串 2”也可以是字符数组名，例如：

```
char str1[10],str2[8]= "student";
strcpy(str1,str2);
```

将字符数组 str2 中的内容复制到字符数组 str1 中。

注意：

1）字符数组 1 必须定义得足够大，能够有足够的空间去存放被复制的字符串。

2）复制的时候，会连同字符串 2 后面的'\0'一起复制到字符数组 1 中去。

3）将一个字符数组的值或字符串赋值给另一个字符数组，不能直接用赋值运算符进行赋值。例如：

```
str1="student";
str1=str2;
```

这两种用法都是错误的。

4）字符串的复制还有另外一个函数 strncpy。格式如下：

```
strncpy(字符数组 1,字符数组 2,n);
```

其功能是将字符数组 2 的前 n 个字符复制到字符数组 1 中。例如：

```
strncpy(str1,str2,3);    /*将 str2 中的前 3 个字符复制到 str1 中*/
```

4．字符串连接函数 strcat

strcat 是 String Catenate 的缩写，用来完成将一个字符串连接到另一个字符串的后面。strcat 函数的调用形式如下：

```
strcat(字符数组 1,字符数组 2);
```

其功能是把字符数组 2 中的字符串连接到字符数组 1 中字符串的后面。

【例 4-13】 字符串连接函数应用示例。

```
#include<string.h>
#include <stdio.h>
void main()
{
  char str1[15]= "My name is ";
  char str2[5];
  gets(str2);
  strcat(str1,str2);
  puts(str1);
}
```

程序运行情况如下：

如果输入：Tom↙
运行结果：My name is Tom

程序运行过程中，通过 strcat 函数将字符数组 str1 和字符数组 str2 中的字符串连接起来。它们的存储情况如图 4-4 所示。

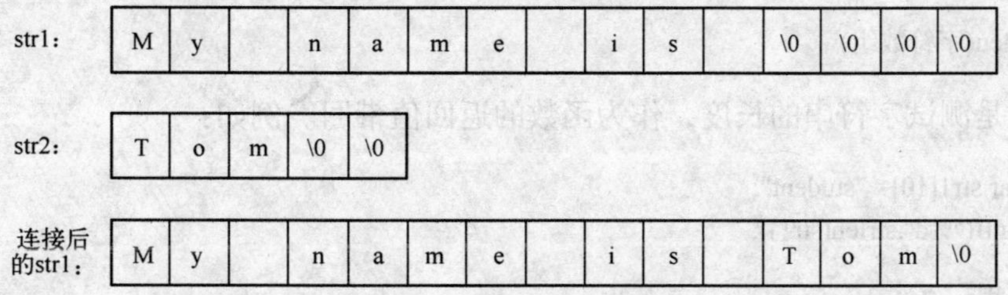

图 4-4 字符存储情况

注意：

1）字符数组 1 应该定义得足够大，用它来存放连接后的字符串。

2）连接前，两个字符串后面均有字符串结束标志'\0'。在连接的过程中，将字符串 1 后面的'\0'删去，只在连接后的新字符串的后面保留'\0'。

5．字符串比较函数 strcmp

strcmp 是 String Compare 的缩写，用来完成字符串比较功能。

字符串也是可以比较大小的。字符串的比较原则为：对两个字符串自左至右逐个字符进行比较（按 ASCII 码值大小比较），直到出现第 1 个不相同的字符或遇到字符串结束标志为止。如果出现不相同的字符，则以第 1 个不相同的字符的比较结果为准；若全部字符相同，认为两个字符串相等。例如：

"a">"A"，"B"<"C"，"student">"string"，"this">"that"。

strcmp 函数的调用格式为：

```
strcmp(字符数组 1,字符数组 2)
```

其功能是对字符数组 1 中的字符串（下面称字符串 1）和字符数组 2 中的字符串（下面称字符串 2）进行比较，比较的结果由函数值带回。

如果字符串 1=字符串 2，函数值为 0。

如果字符串 1>字符串 2，函数值为一个正整数。

如果字符串 1<字符串 2，函数值为一个负整数。

通过判断函数值是等于 0、大于 0 还是小于 0，得到字符串比较的结果。例如：

```
if(strcmp(str1,str2)= =0)
   printf("Two strings are equal");
```

注意：只能通过字符串比较函数对两个字符串的大小进行比较，不能用以下的形式对字符串的大小进行比较。

```
if(str1= =str2) …
if(str1>str2)…
if(str1<str2)…
```

6．测试字符串长度函数 strlen

strlen 是 String Length 的缩写。strlen 函数的调用格式为：

```
strlen(字符数组)
```

其功能是测试字符串的长度，作为函数的返回值带回。例如：

```
char str1[10]= "student";
printf("%d",strlen(str1));
```

执行结果：7

注意：函数得到的是字符串中实际字符的个数，不包括'\0'。

strlen 函数也可以直接对字符串进行测试。例如：

strlen("student");

说明：使用上面介绍的字符串处理函数时，程序前面必须加上#include <string.h>。

4.3.4 字符数组应用举例

【例 4-14】 将字符数组 str1 中下标为奇数的字符复制到字符数组 str2 中，并将 str2 中的字符串输出。

提示：按照题目要求，就是将 str1[1]的字符赋值给 str2[0]，将 str1[3]的字符赋值给 str2[1]，将 str1[5]的字符赋值给 str2[2]，依此类推。不难发现这样的规律：str2[i]=str1[2*i+1]。

程序代码如下：

```
#include <string.h>
#include <stdio.h>
void main()
{
  char str1[20],str2[10];
  int i,n;
  gets(str1);                              /*输入字符串 str1*/
  for(i=0;;i++)                            /*复制字符串*/
      if(str1[2*i+1]!='\0')
         str2[i]=str1[2*i+1];
      else
      {
         str2[i]='\0';
         break;
      }
   n=strlen(str2);
   for(i=0;i<n;i++)                        /*输出字符串 str2*/
      printf("%c",str2[i]);
}
```

程序运行情况如下：

如果输入：student↙
运行结果：tdn

【例 4-15】 对输入的 3 个字符串进行比较，找出其中最大的字符串并将其输出。

```
#include <string.h>
#include <stdio.h>
void main()
{
  char str1[20],str2[20],str3[20];
  char max[20];
```

```
    gets(str1);gets(str2);gets(str3);      /*输入 3 个字符串*/
    if(strcmp(str1,str2)>0)                /*比较 str1 和 str2，将其中比较大的复制到 max 中*/
       strcpy(max,str1);
    else
       strcpy(max,str2);
    if(strcmp(str3,max)>0)                 /*比较 max 和 str3，若 str3 较大，将其复制到 max 中*/
       strcpy(max,str3);
    puts(max);                             /*输出最大的字符串*/
    }
```

程序运行情况如下：

如果输入：China↙

Chinese↙

Char↙

结果如下：Chinese

【例 4-16】 输入一行字符，统计出其中包含的单词个数，单词之间用空格隔开。

提示：将字符串存入数组中，从第 1 个字符开始，依次取出一个字符，判断是否是单词开始。如果当前字符不是空格，而前一个字符是空格，则表示一个新单词开始。

程序编写如下：

```
#include <stdio.h>
void main()
{
   char st[40],last=' ',ch;
   int i=0,nw=0;
   printf("Enter a string:");
   gets(st);                                  /*输入字符串*/
   for(i=0;(ch=st[i])!='\0';i++)              /*判断单词个数*/
   {
      if(ch!=' ')                             /*如果当前字符不是空格*/
         if(last==' ')                        /*并且前一个字符是空格*/
            nw++;                             /*单词个数加 1*/
      last=ch;                                /*当前字符赋值给 last 变量*/
   }
   printf("The string has %d words. ",nw);
}
```

程序运行情况如下：

如果输入：I love my homeland! ↙

运行结果：The string has 4 words.

分析：程序中的 i 是循环变量，nw 存放单词的个数。用变量 last 表示上一次取出的字符，因为从数组中取第一个字符时，是第 1 个新单词开始，所以 last 需要赋初值为空格。变量 ch 表示当前判断的字符。通过循环，从字符数组中依次取出一个字符，如果 ch 不是空格，并且

last 是空格，表示新单词开始，所以 nw 加 1。然后，将 ch 赋给 last，ch 继续向下进行取值，直至 ch 为'\0'，字符串结束为止。

4.4 实训

一、实训目的

- 掌握一维数组的定义、初始化及数组元素的引用。
- 理解二维数组的定义、初始化及数组元素的引用。
- 掌握字符数组的定义、初始化及数组元素的引用。
- 理解字符串处理函数的使用方法。
- 能够熟练地运用数组解决实际问题。

二、实验内容

1．上机运行并分析下面程序的运行结果，试用其它方法输出字符数组 str 的值。

```
#include <stdio.h>
#include <string.h>
void main()
{
  char str[19]= "\nVVAVV\nVABAV\nABBBA";
  puts(str);
}
```

2．上机运行并分析下面程序的运行结果。

```
#include <stdio.h>
void main()
{
  char str[]="1a2b3c";
  int k;
  for(k=0;str[k]!='\0';k++)
    if(str[k]>='0'&&str[k]<='9')
      printf("%c",str[k]);
  printf("\n");
}
```

3．上机运行并分析下面程序的运行结果。

```
#include <stdio.h>
void main()
{
  int i,a[10];
  for(i=0;i<10;)
    a[i++]=i;
  for(i=9;i>=0;i--)
    printf("%3d",a[i]);
}
```

4．上机运行下面的两个程序，观察并分析程序的运行结果为何不同。

（1）

```
#include <stdio.h>
void main()
{
  int a,b;
  int num[2][3]={{1,2,3},{4,5,6}};
  for(a=0;a<2;a++)
  {
    for(b=0;b<3;b++)
      printf("%4d",num[a][b]);
    printf("\n");
  }
}
```

（2）

```
#include <stdio.h>
void main()
{
  int a,b;
  int num[2][3]={{1,2,3},{4,5,6}};
  for(a=0;a<2;a++)
    for(b=0;b<3;b++)
    {
      printf("%4d",num[a][b]);
      printf("\n");
    }
}
```

5．上机运行并观察程序输出的图形特点。

```
#include <stdio.h>
void main()
{
  int num[6][6],i,j;
  for(i=1;i<6;i++)
    for(j=1;j<6;j++)
      num[i][j]=(i/j)*(j/i);
  for(i=1;i<6;i++)
  {
    for(j=1;j<6;j++)
      printf("%2d",num[i][j]);
    printf("\n");
  }
}
```

4.5 习题

一、选择题

1．以下关于数组的描述正确的是__________。

A．数组的大小是固定的，但数组元素的数据类型可以不同

B．数组的大小是可变的，但数组元素的数据类型必须相同

C．数组的大小是可变的，但数组元素的数据类型可以不同

D．数组的大小是固定的，但数组元素的数据类型必须相同

2．引用数组元素时，数组下标允许是__________。

A．整型常量　　　　B．整型表达式

C．整型常量或整型表达式　　　　D．任何类型表达式

3．若定义如下数组“int num[10];”，则对数组 num 元素正确的引用方法是__________。

A．num[4.3]　　　　B．num(5)

C．num[10]　　　　D．num[3-2]

4．下面可以对数组 num 进行正确初始化的语句是__________。

A．int num[5]=(0,0,0,0,0);　　　　B．int num[5]={};

C．int num[5]={0};　　　　D．int num[5]=0,0,0,0,0;

5．下面可以对二维数组 num 进行正确初始化的语句是__________。

A．int num[2][]={{0,0,0},{1,1,1}};　　　　B．int num[][3]={{0,0,0},{1,1,1}};

C．int num[2][3]={{0,0,0},{1,1},{2}};　　　　D．int num[][3]= {{0,0,0},{}{2}};

6．对以下语句正确的理解是__________。

```
int num[10]={1,2,3,4,5};
```

A．将 5 个初值依次赋给 num[1]到 num[5]

B．将 5 个初值依次赋给 num[0]到 num[4]

C．将 5 个初值依次赋给 num[6]到 num[10]

D．非法语句

7．下面语句的执行结果是__________。

```
char str[15]= "china\nBeijing";
printf("%d",strlen(str));
```

A．15　　　　B．14　　　　C．13　　　　D．12

8．下面语句的执行结果是__________。

```
char str[5]={'a', 'b', '\0', 'c', '\0'};
printf("%s",str);
```

A．'a' 'b'　　　　B．ab␣c　　　　C．ab　　　　D．a␣b

9．判断字符串 a 和 b 是否相等，应该使用__________。

A．if(a==b)　　　　B．if(a=b)　　　　C．if(strcmp(a,b))　　　　D．if(strcpy(a,b))

10．若定义如下数组：

```
char a[ ]="abcdef";
char b[ ]={'a','b','c','d','e','f'};
```

下面说法中正确的是________。

A．数组 a 和数组 b 的长度相等

B．数组 a 的长度小于数组 b 的长度

C．数组 a 的长度大于数组 b 的长度

D．不可能比较出数组 a 和数组 b 的长度

11．有两个字符数组 a、b，以下正确的输入语句是________。

A．gets(a,b);　　B．scanf("%s%s",a,b);

C．scanf("%s%s",&a,&b);　　D．gets('a');gets('b');

12．下面的程序段运行结果是________。

```
char a[4],b[ ]="Good!";
a=b;
printf("%s",a);
```

A．Good!　　B．Good　　C．Goo　　D．编译出错

13．下面程序的运行结果是________。

```
#include <stdio.h>
#include <string.h>
main()
{
   char a[7]="A0\0a0\0";
   int i,j;
   i=sizeof(a);
   j=strlen(a);
   printf("%d %d\n",i,j);
}
```

A. 2 2　　B.7 6　　C.7 2　　D.6 2

二、填空题

1．C 语言中，数组元素引用时下标的下限为__________。若定义 float b[6]，则数组 b 下标的上限是________。

2．C 语言中，数组名是一个__________常量，不能对其进行赋值运算和自加、自减运算。

3．C 语言中，二维数组元素在内存中的存放顺序是______________。

4．在程序中使用了字符串处理函数，必须在程序的开头写上语句______________。

5．若定义“int [2][3]={{5,6},{3,2}};”，初始化后，a[1][1]得到的初值是______。

6．运行下面程序时，若从键盘输入：B33〈Enter〉，程序输出结果为：________。

```
#include <stdio.h>
void main()
```

```
{
   char a,b;
   a=getchar();
   scanf("%d",&b);
   a=a-'A'+'0';
   b=b*2;
   printf("%c %c\n",a,b);
}
```

7．下面的程序要求以每行 4 个数据的形式输出 num 数组，请填写缺少的语句。

```
#define M 20
#include <stdio.h>
void main()
{
   int num[M],i;
   for(i=0;i<M;i++)
      scnaf("%d", ____________);
   for(i=0;i<M;i++)
   {
      if(__________)
         ________________
      printf("%3d",num[i]);
   }
   printf("\n");
}
```

三、程序分析题

1．分析并写出下面程序的运行结果。

```
#include <stdio.h>
void main()
{
   int i,j,p,q,s,a[10];
   printf("input 10 numbers:");
   for(i=0;i<10;i++)
      scanf("%d",&a[i]);
   for(i=0;i<10;i++)
   {
      p=i;q=a[i];
      for(j=i+1;j<10;j++)
         if(q<a[j])
         {
            p=j;
            q=a[j];
         }
      if(i!=p)
```

```
        {
           s=a[i];
           a[i]=a[p];
           a[p]=s;
        }
        printf("%d",a[i]);
    }
}
```

2．分析下面程序的运行结果。

```
#include <stdio.h>
#include <string.h>
void main()
{
   char ch[]="abc",x[3][4];
   int i;
   for(i=0;i<3;i++)
      strcpy(x[i],ch);
   for(i=0;i<3;i++)
      printf("%s",&x[i][i]);
   printf("\n");
}
```

3．分析下面程序的运行结果。

```
#include <stdio.h>
void main()
{
   int a[4][4]={{1,2,3,4},{5,6,7,8},{11,12,13,14},{15,16,17,18}};
   int i=0,j=0,s=0;
   while(i++<4)
   {
      if(i==2||i==4)
         continue;
      j=0;
      do
      {
         s+=a[i][j];
         j++;
      }while(j<4);
   }
   printf("%d\n",s);
}
```

四、编写程序题

1．运用数组求出 100 之内能被 5 整除的数。

2．有 10 个数已按由小到大的顺序排列好。要求输入一个数，把它插入到原有数列中，而且仍然保持原有的顺序，并输出新的数组。

3．已知一维数组 a 中存放了 10 个互不相同的整数，从键盘任意输入一个整数 x，从数组 a 中删除与 x 相同的元素，然后输出数组 a。

4．求一个 3×3 矩阵对角线元素之积。

5．求出数组周边元素的平均值。例如，若 a 数组的值为：

0　1　2
3　4　5
6　7　8

求出来的平均值为 4.0((0+1+2+5+8+7+6+3)/8=4.0)。

6．打印“魔方阵”。魔方阵是指每一行、每一列和对角线之和均相等的方阵。例如，3 阶魔方阵为：

8　1　6
3　5　7
4　9　2

要求：打印 3 阶、5 阶、7 阶魔方阵。

7．任意输入一字符串，求该字符串的长度（不用 strlen 函数）。

8．编写程序，在一个字符数组中查找一个指定的字符，若数组中含有该字符，则输出该字符在数组中第一次出现的位置（下标值），否则输出-1。

9．输入两个字符串 a 和 b。两个字符串对应位置中的字符，把 ASCII 码值大的或相等的字符依次存放到 c 数组中，形成一个新的字符串。例如，若 a 中的字符串为 aBCDeFgH，b 中的字符串为 ABcd，则 c 中的字符串应为 aBcdeFgH。

第5章　函　数

通过对前面内容的学习，读者可以编写C程序来解决一些简单的问题了。但是，仅用前面所学的知识来解决比较复杂的问题，常常会使程序变得庞大而且很复杂，也难于理解。如果对较复杂的问题细化成一些独立的模块分别处理，问题就会变得简单，程序也很清晰，而且能避免一些错误，这就是模块化程序设计思想。在C语言中，用函数实现程序模块的功能。

一个C程序可由一个主函数和多个定义的函数构成，每个函数均实现一个特定的功能。定义函数也有助于程序代码的重用和整个程序的结构化。

本章的主要内容包括：

- 函数的概述、定义、调用与返回值
- 函数的嵌套调用
- 函数的递归调用
- 数组作为函数参数
- 变量的作用域和存储类别
- 内部函数和外部函数

5.1 函数概述

一个大型问题往往需要分解成若干个功能单一、规模较小的子问题，即将问题模块化。模块化是程序设计技术中的一项重要方法。在C程序设计中，函数是具有独立功能的程序模块，一个实用的C语言程序源代码往往由许多个函数组成，这些函数相当于其他高级语言的子程序，它们都是根据实际任务，由用户自己编写实现一定功能。对程序进行模块化，不仅提高程序设计的易读性和可维护性，而且还可以把经常用到的一些运算和操作定义成通用函数，供随时调用，大大地减轻了程序员编写代码的工作量，提高了编程效率。

一个C程序由一个或多个程序模块组成，每一个程序模块作为一个源程序文件被多个C程序共用。一个源程序文件由一个或多个函数及其他有关内容（如命令行、数据定义等）组成，在程序编译时是以源程序文件为单位进行编译的，不是以函数为单位进行编译的。

在C语言中，可从不同的角度对函数分类。

1）从函数定义的角度看，函数可分为库函数和用户定义函数两种。

- 库函数：由C系统提供，用户无需定义，也不必在程序中作类型说明，只需在程序前包含有该函数原型的头文件即可在程序中直接调用。如printf、scanf、getchar、putchar、gets、puts等函数均属此类。
- 用户定义函数：用户根据需要编写的函数。对于用户定义函数，不仅要在程序中定义函数本身，而且在主调函数模块中还必须对该被调函数进行类型说明，然后才能使用。

2）从主调函数和被调函数之间数据传送的角度看，函数分为无参函数和有参函数两种。

- 无参函数：函数定义、函数说明及函数调用中均不带参数，主调函数和被调函数之间不进行参数传送。此类函数通常用来完成一组指定的功能，可以返回或不返回函数值。

- 有参函数：在函数定义及函数说明时都有参数，称为形式参数（简称为形参）。在函数调用时也必须给出参数，称为实际参数（简称为实参）。进行函数调用时，主调函数将把实参的值传送给形参，供被调函数使用。

3）C 语言的函数兼有其他语言中的函数和过程两种功能，从这个角度看，又可把函数分为有返回值函数和无返回值函数两种。

- 有返回值函数：此类函数被调用执行完后将向调用者返回一个执行结果，称为函数返回值。由用户定义的这种要返回函数值的函数，必须在函数定义和函数说明中明确返回值的类型。
- 无返回值函数：此类函数用于完成某项特定的处理任务，执行完成后不向调用者返回函数值。这类函数类似于其他语言的过程。由于函数无需返回值，用户在定义此类函数时可指定它为“空类型”，空类型的说明符为“void”。

一个 C 源程序包含一个或多个函数，但只能有一个主函数 main。所有的函数定义，包括主函数 main 在内，都是平行的、相互独立的，一个函数不会从属于另一个函数，即函数不允许嵌套定义。也就是说，在一个函数的函数体内，不能再定义另一个函数。

函数之间允许递归调用，也允许嵌套调用。主函数可以调用其他函数，但是，主函数不允许被其他函数调用，其他函数之间可以互相调用。同一个函数可以被一个或多个函数调用任意多次。因此，C 程序的执行总是从 main 函数开始，完成对其他函数的调用后再返回到 main 函数，最后由 main 函数结束整个程序。

5.2 函数的定义

从主调函数和被调函数之间数据传送的角度来看，可把函数分为无参函数和有参函数两种。

1. 无参函数的定义

无参函数是不带参数的函数，调用无参函数时，主调函数和被调函数之间不进行数据传送。无参函数通常用来完成一组指定的功能，可以返回或不返回函数值。无参函数的定义形式为：

```
类型标识符  函数名()
{
    变量声明部分
    语句序列部分
}
```

第 1 行是函数的首部，其中，“类型标识符”指明函数的类型，函数的类型实际上是函数返回值的类型，如果函数没有返回值，则其类型说明符应为 void；“函数名”是由用户定义的标识符，函数名后有一个空括号，其中没有参数，但括号不可少。花括号“{}”中的内容称为函数体，其中“变量声明部分”是对函数体内部所用到的变量的类型说明；“语句序列部分”是实现函数功能的核心部分，是由 C 语言的基本语句构成。

【例 5-1】 定义一个函数，要求实现求解两个数之和的功能。

```
#include <stdio.h>
int sum()                              /*定义整型无参函数 sum*/
{
  int a,b,c;
  scanf("%d%d",&a,&b);
  c=a+b;
  return(c);                           /*返回变量 c 的值*/
}
void main()
{
  int a;
  a=sum();                             /*将 sum 函数返回的值赋给变量 a*/
  printf("%d\n",a);
}
```

程序运行情况如下：

如果输入：10␣4↙
运行结果：14

本程序由 2 个函数组成：主函数 main()和自定义函数 sum()。sum 函数是无参函数，它的类型是整型，将得到一个整型函数值。sum 函数的功能是将输入的两个数求和，将求得的和通过 return 语句返回到主调函数 main()中，然后在主调函数中输出。return 语句的具体使用将在后面详细介绍。

【例 5-2】 定义一个函数，用于输出提示信息。

```
#include <stdio.h>
void output()
{
  printf("************\n");
  printf("* C program *\n");
  printf("************\n");
}
void main()
{
  output();
}
```

程序运行结果如下：

```
************
* C program *
************
```

本程序由两个函数组成：主函数 main()和自定义函数 output()。output 函数的类型是无类型 void，系统保证不会使 output 函数返回任何值。也就是说，在调用函数（本程序是 main 函数）中禁止使用被调用函数（本程序是 output 函数）的返回值，此时在 output 函数的函数体中不允许出现 return 语句。

2. 有参函数的定义

有参函数也称带参函数，这些参数称为形式参数。当主调函数调用有参函数时也必须给出参数，这些参数称为实际参数。进行函数调用时，主调函数将把实参的值传送给形参，供被调函数使用。定义有参函数的一般形式为：

```
函数类型标识符  函数名(类型名  形式参数 1, 类型名  形式参数 2,……)
{
  变量声明部分
  语句序列部分
}
```

【例 5-3】 定义一个函数，求出两个数中的大数。

```
#include <stdio.h>
int max(int x, int y)                    /*定义整型函数 max*/
{
  if (x>y)                               /*通过判断返回两个数中的大数*/
    return x;
  else
    return y;
}
void main()
{
  int a,b,c;
  scanf("%d%d",&a,&b);
  c=max(a,b);                            /*调用自定义的 max 函数，并将该函数返回值赋给变量 c*/
  printf("max=%d\n",c);
}
```

程序运行情况如下：

如果输入：10␣75↙
运行结果：max=75

自定义的 max 函数是一个整型函数，其返回的函数值一定是一个整数。max 函数的形式参数是 x 和 y，x 和 y 的具体值是由主调函数（main 函数）在调用自定义的 max 函数时传送过来的，即 x 接收了主函数中 a 的值，y 接收了主函数中 b 的值。max 函数体中的 return 语句将把 x 和 y 中的大数作为 max 函数的值返回给主调函数，然后在主调函数中输出所求最大值。

说明：

1）在同一个程序中，函数名必须唯一，不允许出现重名现象。在函数体中，除了形式参数外，用到的其他变量必须在说明部分进行定义，并且允许和其他函数中的变量同名。

2）在定义函数时，如果不指定函数的类型，用 Turbo C 2.0 编译程序时，系统会隐含指定函数类型为 int 型。如果定义整型函数，可以将其函数名前面的类型说明符省略掉。但是，如果用 Turbo C++ 3.0 编译程序时无法通过，因为 C++要求所有函数都必须指定函数类型。所以，建议用户在定义函数时对所有函数都指定函数类型。

3）在C语言程序中，定义的函数可以放在任意位置，既可放在主调函数之前，也可放在主调函数之后。如果把定义的函数放在了主调函数之后，需要先对定义的函数进行声明。声明的作用是把函数名、函数参数的个数和参数类型等信息通知编译系统，以便在遇到函数调用时，编译系统能正确识别函数并检查调用是否合法。有关函数声明的具体内容将在后面专门介绍。

3．空函数

在程序设计过程中，往往需要确定若干个模块，分别由一些函数来实现。在程序设计的第 1 阶段，一般只设计最基本的模块，其他一些次要的功能模块在以后需要时陆续扩充上，这样可将准备扩充功能的地方写上一个空函数。空函数没有被编写，只是让其先占用一个位置，需要扩充时用一个编好的函数代替它即可。命名空函数的函数名时，尽量做到见名知义。

定义空函数的好处是整个程序的结构清楚，可读性好，方便于以后扩充程序的新功能，并且对程序结构影响不大。空函数的一般定义形式为：

```
类型说明符 函数名()
{ }
```

例如：

```
void shell()                /*定义 shell 函数*/
{ }                         /*函数体为空*/
```

在主调函数中调用 shell 函数时，该函数什么也不做，没有任何实际作用，等以后扩充函数功能时补充上即可。

5.3 函数的调用与返回值

5.3.1 函数的调用

定义的函数随时可以被其他函数调用，当函数被调用时，主调函数和被调函数之间才能进行数据的传递。函数调用的一般形式为：

```
函数名(实际参数表列);
```

“实际参数表列”中的参数可以是常数、变量、表达式或其他构造类型数据，各实参之间用逗号隔开。

在 C 语言中，可以用以下 3 种方式调用函数。

1．函数表达式

函数作为表达式中的一项出现在表达式中，函数返回值参与表达式的运算。这种调用方式要求函数有返回值。例如：

```
c=6*min(a,b);
```

函数 min 是赋值表达式的一部分，把 max 函数的返回值乘以 6 之后再赋给变量 c。

【例 5-4】　定义函数，求解 2*n!的值。

```
#include <stdio.h>
int product(int m)                    /*定义整型函数 product，m 是形参*/
{
   int k,p=1;
   for(k=1;k<=m;k++)                  /*m 的值与主调函数中 n 的值一致*/
      p=p*k;
   return p;                          /*将 p 的值按整型数返回到调用处*/
}
void main()
{
   int n,c;
   printf("input n=");
   scanf("%d",&n);
   c=2*product (n);                   /*函数调用出现在赋值表达式中，n 是实参*/
   printf("2*%d!=%d\n",n,c);
}
```

程序运行情况如下：

```
input n=6↙
2*6!=1440
```

被调用函数 product 的功能是用来求解 n!，该函数中 m 的值是由主调函数中 n 的值传递过去的。在主调函数中，product 函数作为表达式语句“c=2*product (n);”中的一部分被调用。

2．函数语句

把函数调用作为一个语句，这种方式不需要函数有返回值，只要求函数完成一定的操作。例如：

```
printstar();
```

前面介绍的【例 5-2】中，就是使用函数语句“output();”来调用函数的。现把【例 5-4】改写如下：

```
#include <stdio.h>
void product (int m)                  /*定义 product 函数，其类型是无类型 void*/
{
   int k,p=1,c;
   for(k=1;k<=m;k++)                  /*m 的值与主调函数中 n 的值一致*/
      p=p*k;
   c=2*p;
   printf("2*%d!=%d\n",m,c);
}
void main()
{
   int n,c;
   printf("input n=");
   scanf("%d",&n);
```

```
    product (n);                    /*以函数语句的方式调用 product 函数*/
}
```

该程序和【例 5-4】的运行结果完全一样。"product(n);"作为一条语句出现在主调函数 main 中，当程序执行到该语句时，即调用 product 函数。product 函数的功能是求解 2*n!的值（形参 m 接收了实参 n 传递过来的值），被调函数的值没有返回给主调函数，而是直接通过 printf 函数输出。

3．作为函数参数

函数作为另一个函数调用的实际参数出现。这种情况是把该函数的返回值再作为另一个函数的实参进行传送，此时要求该函数必须有返回值。例如：

```
x=man(c,add(a,b));
```

把 add 调用函数的返回值又作为 man 函数的实际参数来使用。

再如：

```
printf("2*%d!=%d\n",n,2*product(n));
```

请读者根据以上提供的输出函数改写【例 5-4】，并观察改写后程序的运行结果。

说明：

1）调用函数时，函数名必须与所调用的函数名字完全一致。

2）调用函数时，函数的实参个数与形参个数必须一致。

3）C 语言规定，函数必须先定义后调用。

5.3.2 被调函数的声明

在 C 语言程序中，如果把自定义的函数放在主调函数的后面，当主调函数调用自定义函数之前，一般要在主调函数前面或在主调函数的局部变量声明部分增加对被调用函数的声明（即函数原型），向编译系统声明将要调用此函数，并将有关信息通知编译系统。如果不对被调函数进行声明，编译程序时将无法进行正确性检查，往往出现错误信息。被调函数的声明称为函数原型。

声明函数原型的一般形式为：

```
函数类型说明符 被调函数名(参数类型 形参 1,参数类型 形参 2,……);
```

或

```
函数类型说明符 被调函数名(参数类型,参数类型,……);
```

例如：

```
int min(int a,int b);
```

或

```
int min(int,int);
```

函数原型的主要作用是：利用它在程序的编译阶段，对调用函数的合法性进行全面检查。由于编译系统不检查参数名，所以，函数原型括号内可以给出形参的类型和形参名，也可以只给出形参类型。

【例 5-5】 定义一个函数，用“*”构成一个直角三角形图案。

```
#include <stdio.h>
void main()
{
  void export(int n);          /*函数原型，对被调用的 export 函数进行声明*/
  int k;
  for(k=1;k<=8;++k)
    export(k);                 /*调用 export 函数*/
}
void export(int n)             /*定义 export 函数*/
{
  int j;
  for(j=0;j<n;j++)
    printf("*");
  printf("\n");
}
```

程序运行结果如下：

```
*
**
***
****
*****
******
*******
********
```

由以上程序可知，函数原型与被调函数首部写法一致，只是在函数原型的后面要加分号。调用函数时，实参类型必须与函数原型中的形参类型一致。

说明：

1）函数定义和函数声明不同，函数定义是对函数功能的确定，包括指定函数类型、函数名、形参及其类型、函数体等，它是一个完整的、独立的函数单位。而函数声明的作用是把函数的名字、函数的类型，形参的类型、个数和顺序通知编译系统，以便在调用该函数时系统按此进行对照检查。

2）如果被调用函数的定义出现在主调函数之前，编译系统已经知道了定义的函数信息，并对函数的调用作正确性检查，所以可以不必再进行函数声明。

3）函数声明可以直接照写定义的函数的首部，然后在其后添加一个分号。

4）如果已经在文件的开头（在所有函数之前），且在函数外预先对所要调用的函数进行了声明，则在以后的主调函数中，可以不再对被调函数作声明，直接调用被调函数即可。例如：

```
void str();                    /*在所有函数之前、函数体之外对 str 函数进行声明*/
```

```
float max(float a,float b);   /*在所有函数之前、函数体之外对 max 函数进行声明*/
main()                        /*在 main 函数中不需要再对被调函数进行声明*/
{
  ……
  str();                      /*调用 str 函数*/
  m=max(a, b);                /*调用 max 函数*/
  ……
}
void str()                    /* 定义 str 函数*/
{
  ……
}
float max(float a,float b)    /*定义 max 函数*/
{
  ……
}
```

5.3.3 函数的返回值

函数的返回值是指函数被调用之后，执行函数体中的程序段所取得的并返回给主调函数的值。函数的返回值是通过 return 语句返回到主调函数的。return 语句的一般形式为：

```
return (表达式);
```

或

```
return 表达式;
```

return 后面可以是一个具体值，也可以是一个表达式。一个函数中可以有多个 return 语句，执行到哪一个 return 语句，哪一个语句就起作用。

在定义函数时，指定的函数类型一般应该和 return 语句中的表达式类型一致，例如【例 5-4】中，product 函数和变量 p 均为整型，通过 return 语句把 p 的值作为 product 的函数值返回到主调函数中。如果被调用函数的类型和 return 语句中的表达式类型不一致，则以函数类型为准，并自动进行类型转换。即函数类型决定了函数返回值的类型。

【例 5-6】 返回值类型与函数类型不同时的应用。

```
#include <stdio.h>
int min(float x,float y)            /*定义整型的 min 函数，其形参是两个实型参数*/
{
  float z;
  z=x<y?x:y;
  return z;                         /*z 变量是实型量，将转换为整型量返回到调用处*/
}
void main()
{
  float a,b;
  int c;
```

```
    scanf("%f%f",&a,&b);
    c= min(a,b);                         /*调用 min 函数*/
    printf("min=%d\n",c);
}
```

程序运行情况如下：

如果输入：5.7␣6.1↙
运行结果：min=5

分析：min 函数定义为整型，而 return 语句中的变量 z 为实型，两者类型不一致。系统先把变量 z 转换为整型量，并由 return 语句把其返回到 main 主调函数中。如果把主调函数中的变量 c 定义成实型，并用“%f”格式符输出其值，输出结果为 5.000000。请读者亲自上机调试，并对运行结果进行分析。

说明：

1）return 语句中表达式的值就是所求的函数值，且其类型必须与被调函数首部所说明的类型一致，如果类型不一致，系统会自动将 return 语句中表达式的值的类型转换为被调函数的类型。

2）return 语句也可以不含表达式，此时，它只能使流程返回到调用函数处，并没有返回确定的函数值。

3）在定义的函数中允许有多个 return 语句，但每次调用只能有一个 return 语句被执行，因此只能返回一个函数值。当执行到 return 语句时，流程就返回到调用该函数处，并返回函数值。

4）在 C 语言中，凡不加类型说明的函数，自动按整型处理，return 将返回一个整型数。

5）不要求有返回值的函数，可以明确定义为无类型函数（类型说明符是 void）。这样，系统保证不使函数带回任何值，此时在函数体中不允许出现 return 语句。

5.4 函数的参数

通过前面内容的学习已知，函数的参数分为形参和实参两种。下面进一步介绍形参、实参的特点及两者之间的关系。

函数的形式参数简称为形参，它出现在函数定义中，在整个函数体内都可以使用，离开该函数则不能使用。函数的实参出现在主调函数中，进入被调函数后，实参变量将不能使用。

形参和实参的功能是作数据传送。主调函数在调用被调函数时，主调函数把实参的值传送给被调函数的形参，从而实现主调函数向被调函数的数据传送。函数参数的传递特点如下：

1）实参和形参各占用独立的存储单元，函数调用时才将实参的值传递给形参单元。

2）只有调用函数时，函数中的形参变量才临时分配内存单元，函数调用结束，形参将立即释放所分配的内存单元。因此，形参只有在函数内部有效，函数调用结束并返回主调函数后，不能再使用形参。

3）实参可以是常量、变量、表达式、地址值等，无论实参是何种类型的量，在进行函数调用时，它们都必须具有确定的值，以便把这些值传送给形参。

4）实参和形参在数量上、类型上、顺序上应严格一致，否则会发生类型不匹配的错误。

5）C 语言规定，函数调用中发生的数据传送是单向的，即只能把实参的值传送给形参，而不能把形参的值反向地传送给实参。

【例 5-7】 函数参数值传递应用。

```
#include <stdio.h>
void main()
{
  void exp(int x,int y);                /*函数声明*/
  int a,b;
  printf("input two numbers:");
  scanf("%d%d",&a,&b);
  printf("a=%d,b=%d\n",a,b);
  exp(a,b);                             /*函数调用*/
}
void exp(int x,int y)                   /*函数定义*/
{
  int z;
  printf("x=%d,y=%d\n",x,y);
  z=x;
  x=y;
  y=z;
  printf("x=%d,y=%d\n",x,y);
}
```

程序运行情况如下：

```
input two numbers:10␣20↙
a=10,b=20
x=10,y=20
x=20,y=10
```

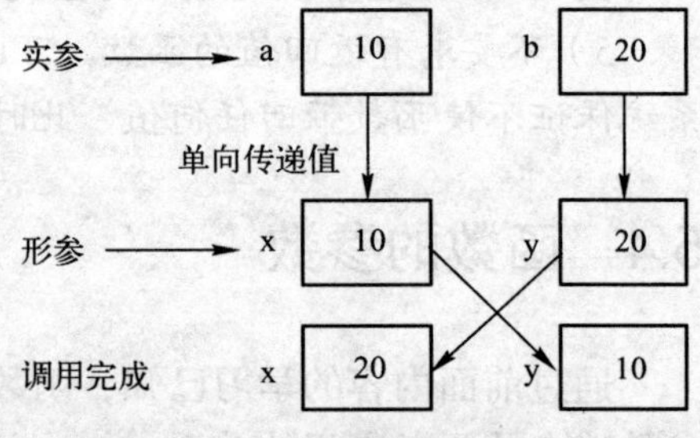

图 5-1 参数的单向传递

分析：被调函数 exp 的功能是交换两个数。在主函数中输入 a、b 的值，如 10 和 20，并把它们作为函数的实参。调用 exp 函数时，将 a 的值 10 传送给 exp 函数的形参 x，b 的值 20 传送给 exp 函数的形参 y。形参 x 和形参 y 的值进行互相交换后，不会对实参 a、b 产生任何影响，也就是说形参的改变不会影响到对应的实参。参数的传递情况如图 5-1 所示。

5.5 函数的嵌套调用

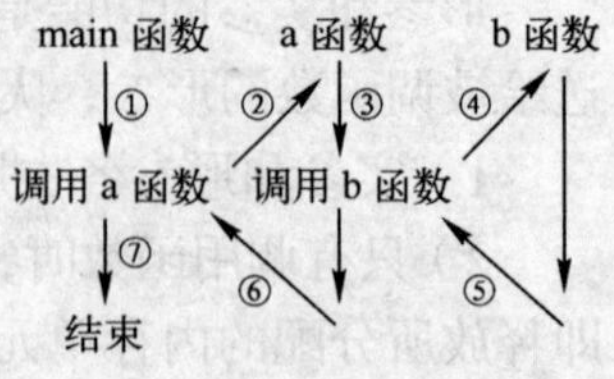

图 5-2 函数的嵌套调用

C 语言的函数定义都是互相平行、独立的，不允许作嵌套的函数定义，即定义函数时，一个函数内不能包含另一个函数。

C 语言允许在一个被调用的函数中出现对另一个函数的调用，即函数的嵌套调用。即在被调函数中又调用其他函数，这与其他语言的子程序嵌套的情形是类似的。嵌套调用表示如图 5-2 所示。

图 5-2 表示了两层嵌套的情形，其执行过程是：先执行 main 函数，当执行到调用 a 函数的语句时，即转去执行 a 函数，执行到调用 b 函数的语句时，又转去执行 b 函数，b 函数执行完毕，返回到 a 函数的断点处继续执行 a 函数尚未执行的部分，直到 a 函数执行完毕。然后再返回到 main 函数的断点处继续执行 main 函数的剩余部分直到结束。

【例 5-8】　运用函数的嵌套调用计算 $2^2!+3^2!$。

提示：可定义两个函数，一个是用于计算平方值的函数 fun1，另一个是用来计算阶乘值的函数 fun2。主函数先调 fun1 求出平方值，再在 fun1 中以平方值为实参，调用 fun2 计算其阶乘值。

程序代码如下：

```
#include <stdio.h>
long fun1(int p)                          /*定义 fun1 函数*/
{
  long fun2(int q);                       /*函数声明*/
  int a;
  long s;
  a=p*p;
  s=fun2(a);                              /*调用 fun2 函数*/
  return s;                               /*返回函数值*/
}
long fun2(int q)                          /*定义 fun2 函数*/
{
  long c=1;
  int i;
  for(i=1;i<=q;i++)
     c=c*i;
  return c;                               /*返回函数值*/
}
void main()
{
  int i;
  long sum=0;
  for(i=2;i<=3;i++)
     sum=sum+fun1(i);                     /*调用 fun1 函数*/
  printf("2²!+3²!=%ld\n",sum);
}
```

程序运行结果：

$2^2!+3^2!=362904$

分析：函数 fun1 在主函数之前定义，所以不必再在主函数中对 fun1 加以说明。在主函数中执行循环语句时，依次调用 fun1 函数，并把 i 值作为实参传送给被调用函数 fun1 的形参 p，求出 i^2 值。在函数 fun1 中对函数 fun2 进行调用，把 i^2 的值作为实参传送给被调函数 fun2，在函数 fun2 中完成求 $i^2!$的计算。函数 fun2 执行完毕，把值（即 $i^2!$）返回给 fun1，再由 fun1

返回给主函数实现累加。考虑到计算结果很大，所以本程序的函数和一些变量的类型定义为长整型，否则会造成计算错误。

5.6 函数的递归调用

C 语言允许在调用一个函数的过程中又出现直接或间接地调用该函数本身，这种调用称为递归调用，把这种函数称为函数的递归函数。例如：

```
int fun(int n)
{
    int a,b;
    scanf("%d",&a);
    b=fun(a);
    return b;
}
```

在调用函数 fun 的过程中，又要调用 fun 函数，这是直接调用本函数，如图 5-3 所示。如果在调用 fun1 函数的过程中又要调用 fun2 函数，而在调用 fun2 函数过程中又要调用 fun1 函数，这是间接调用本函数，如图 5-4 所示。

图 5-3 直接调用本函数　　　　图 5-4 间接调用本函数

从图 5-3 和图 5-4 可以看出，这两种递归调用都是无终止的自身调用，显然这是不正确的，应该出现有限次、有终止的递归调用。为了防止递归调用无终止地进行，必须在函数内有终止递归调用的语句。常用的方法是加 if 语句来控制，满足某种条件后就不再进行递归调用，然后逐层返回。下面通过实例说明递归调用的执行过程。

【例 5-9】 编写程序，用递归法计算 n!。

用递归法计算 n!可用下述公式表示：

$$\begin{cases} n!=1 & (n=0,1 \text{ 时}) \\ n!=n\times(n-1)! & (n>1 \text{ 时}) \end{cases}$$

按以上公式编写程序如下：

```
#include <stdio.h>
long fun(int n)                                    /*定义 fun 函数*/
{
    long f;
    if(n<0)
        printf("%d<0,input error.",n);
    else
```

```
    if(n==0||n==1)
        f=1;
    else
        f=fun(n-1)*n;                                  /*递归调用 fun 函数*/
  return(f);
}
void main()
{
  int n;
  long a;
  printf("input an integer number:");
  scanf("%d",&n);
  a=fun(n);                                            /*调用 fun 函数*/
  printf("%d!=%ld",n,a);
}
```

程序运行情况如下：

```
input an integer number:1↙
1!=1
input an integer number:4↙
4!=24
```

分析：程序中给出的函数 fun 是一个递归函数。主函数调用 fun 函数后，执行 fun 函数。当 n<0、n==0 或 n==1 时都将结束函数的执行，否则就递归调用 fun 函数自身。每次递归调用时实参为 n–1，即把 n–1 的值传给 fun 函数的形参 n，最后当 n–1 的值为 1 时再作递归调用，形参 n 的值也为 1，将使递归终止，然后逐层退回。

其实，求解 n!也可以用递推方法，递推法的特点是从一个已知的事实出发，按一定规律推出下一个事实，再从这个新的已知的事实出发，再向下推出一个新的事实……，这和递归是不同的。如果用递推法求解 n!，即从 1 开始，乘 2，再乘 3，……，一直乘到 n，这种方法容易理解，也容易实现。

5.7 数组作为函数参数

数组用作函数参数有两种形式：一种是把数组元素（又称下标变量）作为函数参数，另一种是把数组名作为函数参数使用。

5.7.1 数组元素作为函数参数

数组元素就是下标变量，它与普通变量没有区别。数组元素只能用作函数实参，其用法与普通变量完全相同：在发生函数调用时，把数组元素的值传送给形参，实现单向值传送。

【例 5-10】 编写一个函数，统计出字符串中字母的个数。

```
#include <stdio.h>
int num(char ch)                               /*定义 num 函数*/
```

```
{
    if(ch>='a'&&ch<='z'||ch>='A'&&ch<='Z')   /*判断 ch 是否为字母,是返回 1,不是返回 0*/
        return (1);
    else
        return (0);
}
void main()
{
    int i,n=0;
    char str[255];                             /*定义长度为 255 的字符型一维数组*/
    printf("Input a string: ");
    gets(str);                                 /*输入字符串*/
    for(i=0;str[i]!='\0';i++)                  /*数组元素作为实参，循环调用 num 函数*/
        if(num(str[i]))                        /*若 num 函数返回 1，进行字母个数累加*/
            n++;
    puts(str);                                 /*输出字符串*/
    printf("n=%d\n",n);                        /*输出字母个数*/
}
```

程序运行情况如下：

```
Input a string:the book.↙
the␣book.
n=7
```

在主函数中使用 for 循环调用定义的 num 函数，数组元素作为实参。在被调函数中，形参是字符型变量，接收主调函数传送来的字符，然后对其判断，如果是字母，将返回 1，否则返回 0。

说明：

1）用数组元素作函数的实参时，要求被调函数的形参类型与数组类型一致即可，并不要求函数的形参也是下标变量。也就是说，对数组元素是按普通变量来处理的。

2）用数组元素作实参，在函数调用时发生的是数值的传送。

5.7.2 数组名作为函数的参数

数组名作函数参数时，要求函数的形参和实参是相同类型的数组或指针变量（指针变量将在后面章节中详细介绍）。数组名表示数组的首地址，当数组名作函数参数时所进行的传送是地址的传送，即把实参数组的首地址传递给形参数组。形参数组取得该首地址之后，形参数组和实参数组共同拥有一段内存空间。形参数组中各元素值如果发生了变化，会使实参数组元素的值同时发生变化。这点与变量作函数参数的情况不同，请读者务必注意。

【例 5-11】 已知某个学生 6 门课程的成绩，求平均成绩。

```
#include <stdio.h>
float average(float n[6])                 /*函数定义，形参是实型数组*/
{
```

```
    int i;
    float aver,sum=n[0];
    for(i=1;i<6;i++)
        sum+=n[i];
    aver=sum/6;
    return aver;
}
void main()
{
    float s[6],av;                          /*声明实型一维数组 s */
    int i;
    printf("Input 6 scores:");
    for(i=0;i<6;i++)
        scanf("%f",&s[i]);
    av=average(s);                          /*数组名 s 作为实参调用 average 函数  */
    printf("average score is %.2f\n",av);
}
```

程序运行情况如下：

```
Input 6 scores:87␣90␣79␣75␣68␣92↙
average score is 81.83
```

分析：本程序定义了一个实型函数 average，其形参是实型一维数组 n，数组长度为 6。在主函数 main 中定义实型一维数组 s，使用 for 循环对数组进行初始化（输入 6 门课程的成绩），然后以数组名 s 作为实参调用 average 函数，这样就把数组 s 的首地址传递给了 average 函数的形参，此时数组 n 和数组 s 共同占用同一块内存单元，如图 5-5 所示。函数 average 的功能是求出 6 门课程的平均成绩，并将其值通过 return 语句返回给主函数后输出。

n[0]	n[1]	n[2]	n[3]	n[4]	n[5]
87	90	79	75	68	92
s[0]	s[1]	s[2]	s[3]	s[4]	s[5]

图 5-5　数组 n 和数组 s 共占同一内存单元

C 编译系统对形参数组大小不作检查，只是将实参数组的首地址传给形参数组，所以形参数组可以不指定大小，在定义数组时在数组名后面跟一个空的方括号。有时为了在被调用函数中处理数组元素的需要，可以另设一个形参，传递需要处理的数组元素的个数。可将【例 5-11】改写如下：

```
#include <stdio.h>
float average(float n[],int m)          /*形参是没指定长度的实型数组 n 和整型变量 m*/
{
    int i;
    float aver,sum=n[0];
    for(i=1;i<m;i++)
        sum+=n[i];
    aver=sum/m;
    return aver;
```

```
    }
    void main()
    {
      float s[6],av;                              /*声明实型一维数组 s */
      int i;
      printf("Input 6 scores:");
      for(i=0;i<6;i++)
         scanf("%f",&s[i]);
      av=average(s,6);                            /*数组名 s 作为实参调用 average 函数 */
      printf("average score is %.2f\n",av);
    }
```

被调用函数 average 中的形参数组 n 没有指定大小，而用形参变量 m 接收实参传送来的 6，表示需要处理的数组元素的个数。

注意：用数组名作函数实参时，被调函数的形参除了是指针变量外（在后面章节中介绍），还可以是数组，且实参数组和形参数组的类型必须一致，否则结果将出错。

5.8 变量的作用域和存储类别

5.8.1 变量的作用域

在讨论函数的形参变量时可知，形参变量只在被调用期间才分配内存单元，调用结束立即释放。这一点表明形参变量只在调用函数内有效，离开该函数就不能再使用了，变量有效性的范围称为变量的作用域。C 语言中所有的变量都有自己的作用域，变量声明的方式不同，其作用域也不同。

C 语言中的变量，按作用域范围可分为两种——局部变量和全局变量。

1．局部变量

局部变量也称为内部变量，是在函数内进行定义说明的。局部变量的作用域仅限于所在的函数，离开该函数后再使用这种变量是非法的。例如：

```
    int max(int a)                  /*变量 a、b、c 只作用于 max 函数*/
    {
         int b,c;
         …
    }
    int min(int x)                  /*变量 x、y、z 只作用于 min 函数*/
    {
         int y,z;
         …
    }
    main()                          /*变量 a、b 只作用于 main 函数*/
    {
         int a,b;
```

```
    …
}
```

需要说明的是 max 函数中定义的 3 个变量 a、b、c 只在 max 函数的范围内有效，或者说 a、b、c 变量限于 max 函数内。同理 x、y、z 的作用域限于 min 函数内。main 函数中的变量 a、b 的作用域限于 main 函数内。虽然 main 函数中的变量和 max 函数中的变量重名，但它们代表不同的对象，在内存中占不同的单元，它们的作用域是不同的。

说明：

1）在主函数中定义的变量只能使用于主函数，不能在其他函数中使用。同理，主函数也不能使用其他函数中定义的变量。因为主函数也是一个函数，它与其他函数是平行关系。

2）形参变量属于被调函数的局部变量，实参变量属于主调函数的局部变量。

3）允许在不同的函数中使用相同的变量名，它们代表不同的对象，分配不同的存储单元，互不干扰，也不会发生混淆。

4）在复合语句中也可以定义变量，该变量的作用域只限于复合语句范围内。

2. 全局变量

在函数外部定义的变量称为全局变量。全局变量也称为外部变量，它不属于哪一个函数，它的有效范围从定义变量的位置开始到本源文件结束。例如：

```
int a,b;                    /*a,b 为全局变量，有效范围从定义处到本源文件结束*/
int fun1(int n)             /*fun1 函数中的局部变量 n,a,b*/
{
   int a,b;
   …
}
float f;                    /*全局变量 f，有效范围从定义处到本源文件结束*/
float fun2()                /*定义函数 fun2*/
{
   …
}
main()                      /*主函数*/
{
   …
}
```

变量 a、b、f 是在函数外部定义的，它们都是全局变量。其中 a、b 定义在源程序最前面，因此在函数 fun1、fun2 及 main 内不加说明也可使用；全局变量 f 定义在函数 fun1 之后，所以它在 fun1 内无效，而在 fun2 和 main 内有效。变量 n、a、b 是在函数 fun1 中定义的局部变量，它们只使用于 fun1 函数。

说明：在同一个源文件中，如果外部变量与局部变量同名，则在局部变量的作用范围内，外部变量被“屏蔽”起来不起作用。

【例 5-12】 编写两个函数，分别求出两个整数的最大公约数和最小公倍数。

```
#include <stdio.h>
int p;                                   /*定义全局变量 p*/
int f1(int x,int y)                      /*定义 f1 函数*/
{
  int t,b;
  if(y>x)
  {
    t=y;
    y=x;
    x=t;
  }
  while((b=x%y)!=0)                      /*求出最大公约数*/
  {
    x=y;
    y=b;
  }
  return y;
}
int f2(int x,int y)
{
  int a;
  a=x*y/p;                               /*求出最小公倍数*/
  return a;
}
void main()
{
  int a,b,z;
  printf("input two numbers:");
  scanf("%d%d",&a,&b);
  p=f1(a,b);
  printf("H.C.F=%d\n",p);
  z=f2(a,b);
  printf("L.C.D=%d\n",z);
}
```

程序运行情况如下：

```
input two numbers:4␣10↙
H.C.F=2
L.C.D=20
```

变量 p 是全局变量，它的作用域从定义的位置起到程序最后。其他变量都是局部变量，虽然有些局部变量重名，但是它们各自作用于所在的函数中。

5.8.2 变量的存储类别

从变量的作用域来分，变量分为全局变量和局部变量；从变量值存在的时间来分，变量分为动态存储变量和静态存储变量。

静态存储变量通常是在变量定义时就分配了存储单元，直到程序执行完毕才会释放，前面介绍的全局变量即属于此类存储方式。动态存储变量是在程序执行过程中，使用它时才分配存储单元，使用完毕立即释放，典型的例子是函数的形式参数，在函数定义时并不给形参分配存储单元，只是在函数被调用时，才予以分配，调用函数完毕立即释放。

在C语言中，对变量的存储类型说明有以下4种。

1．自动变量（auto变量）

函数中的局部变量，如不特别声明，都被分配在内存的动态存储区中，函数中的形参和在函数中定义的变量（包括在复合语句中定义的变量）都属于此类。在调用该函数时系统会给它们分配存储空间，在函数调用结束时就自动释放这些存储空间，这类局部变量称为自动变量。自动变量用关键字auto作存储类别的声明。例如：

```
int fun(int a)                    /*定义 fun 函数，a 为形式参数*/
{
  auto int b=16,c=9;              /*定义 b,c 为自动变量*/
  …
}
```

执行完fun函数后，将自动释放a、b、c所占的存储单元。

说明：关键字auto可以省略，auto不写则隐含确定为“自动存储类别”，属于动态存储方式。如在函数体中声明“auto int a;”与“int a;”是等价的。

2．静态变量（static变量）

有时希望函数中的局部变量的值在函数调用结束后不消失而保留原值，这时就应该指定局部变量为“静态局部变量”，用关键字static进行声明。

静态局部变量所占用的存储单元位于静态存储区中，函数调用结束后，其值不会消失。如果再次调用静态变量所在的函数，不会再给静态变量赋初值，而是保持上一次函数调用时的结果。

【例5-13】 观察静态局部变量值的变化。

```
#include <stdio.h>
fun(int a)
{
  auto b=0;
  static c=7;
  b++;
  --c;
  return (a+b+c);
}
void main()
{
  int a=4,i;
  for(i=0;i<3;i++)
```

```
    printf("%d,",fun(a));
}
```

程序运行结果如下：

```
11,10,9
```

分析：第 1 次调用 fun 函数，fun 函数中 a 值为 4，执行"b++;"和"--c;"语句后，变量 b 和 c 的值分别是 1 和 6，fun 函数的返回值为 11（即 4+1+6）。第 2 次调用 fun 函数，形式参数 a 接收实参传送的值 4，变量 b 重新赋值为 0，因为 c 是静态变量，不会重新赋初值，它保持了第 1 次函数调用后的结果 6，执行"b++;"和"--c;"语句后，b 的值为 1，c 的值 5，fun 函数运行结束，返回值为 10。第 3 次调用 fun 函数，静态变量 c 的值保持了第 2 次调用函数后的结果 5，执行"--c;"语句后，c 的值变为 4，所以，fun 函数第 3 次返回值应为 9（即 4+1+4）。

静态局部变量和 auto 变量的区别总结如下。

1）静态局部变量属于静态存储类别，在静态存储区内分配存储单元。在程序整个运行期间都不释放；auto 变量（即动态局部变量）属于动态存储类别，占动态存储空间，函数调用结束后立刻释放。

2）静态局部变量在程序编译时赋初值，即只赋初值一次；auto 变量是在函数调用时赋初值，每次调用函数均重新赋一次初值，相当于执行了一次赋值语句。

3）定义局部变量时，如果不为静态局部变量赋初值，编译时自动赋初值 0（对数值型变量）或空字符（对字符型变量）；如果不为 auto 变量赋初值，则它的值是一个不确定的值。

3. 寄存器变量（register 变量）

前面介绍的变量都是内存变量，它们都是由编译程序在内存中分配存储单元。为了提高效率，C 语言允许将局部变量所得值放在 CPU 的寄存器中，使用时直接从寄存器中读写，从而提高了效率，这种变量叫"寄存器变量"，用关键字 register 进行声明。例如：

```
register int a;
register char ch;
register float b;
```

【例 5-14】 使用寄存器变量，求解 1 ~ 5 的阶乘。

```
#include <stdio.h>
int fun(int n)
{
  register int k,p=1;                    /*定义寄存器变量 k,p*/
  for(k=1;k<=n;k++)                      /*循环求解 1 ~ 5 的阶乘*/
    p=p*k;
  return(p);
}
void main()
{
  int i;
  for(i=1;i<=5;i++)                      /*循环调用 fun 函数*/
```

```
    printf("%d!=%d\n",i,fun(i));
}
```

程序运行结果如下：

```
1!=1
2!=2
3!=6
4!=24
5!=120
```

说明:

1）只有局部自动变量和形式参数可以作为寄存器变量，而全局变量不可以。另外，局部静态变量也不能定义为寄存器变量。

2）一个计算机系统中的寄存器数目有限，不能定义任意多个寄存器变量。

4．外部变量

外部变量（即全局变量）是在函数的外部定义的，它的作用域是从变量定义处开始，到本程序文件的末尾。如果外部变量不在文件的开头定义，其有效的作用范围只限于定义处到文件终了。如果在定义点之前的函数想引用该外部变量，应该在引用之前用关键字 extern 对该变量作“外部变量声明”，表示该变量是一个已经定义的外部变量。有了此声明，就可以从“声明”处起，合法地使用该外部变量。

【例 5-15】 用 extern 声明外部变量，扩展外部变量在程序文件中的作用域。

```
#include <stdio.h>
float max(float x,float y)
{
  float z;
  z=x>y?x:y;
  return(z);
}
void main()
{
  extern float a,b;
  printf("%.2f\n",max(a,b));
}
float a=96.1234,b=13.786;
```

程序运行结果如下：

```
96.12
```

在程序的最后 1 行定义外部变量 a 和 b，由于外部变量定义的位置是在主函数 main 之后，所以在 main 函数中不能引用它们。如果在 main 函数中用 extern 对 a 和 b 进行“外部变量声明”，就可以把 a 和 b 的值作为实参值传送给被调函数的形参了。

5.9 内部函数和外部函数

在 C 程序中，除了 main 函数以外的其他函数都是为了调用而存在的，这些函数本质上是全局的。一个 C 程序是由许多源程序文件组成的，也可以指定函数不能被其他源文件调用。根据函数能否被其他源文件调用，将函数分为内部函数和外部函数。

5.9.1 内部函数

如果一个函数只能被所在源文件中其他函数调用，而不能被其他源文件中的函数调用，称它为内部函数，有时也称为静态函数。在定义内部函数时，在函数名和函数类型的前面加 static。其一般形式为：

```
static 类型标识符 函数名(形参说明列表)
```

例如：

```
static float fun(float a,float b)
```

使用内部函数，可以使函数的作用域只局限于所在文件，在不同的文件中可以有同名的内部函数，它们彼此互不干扰。需要注意的是，不允许在文件之间调用对方的内部函数。

5.9.2 外部函数

外部函数是指可以被其他文件中的函数调用的函数，在定义函数的时候，如果在函数类型标识符之前加上“extern”，则表明此函数是外部函数。外部函数定义的形式为：

```
extern 类型标识符 函数名(形参说明列表)
```

例如：

```
extern float fun(float a,float b)
```

C 语言规定，如果在定义函数时省略 extern，则隐含为外部函数。本书前面所用到的函数都是外部函数。

5.10 函数应用举例

【例 5-16】 编写函数，验证任意偶数为两个素数之和并输出这两个素数。

提示：如果验证的数放在变量 x 中，可依次从 x 中减去 k，k 从 2 变化到 x/2。

```
#include <stdio.h>
#include "math.h"
int p(int);                          /*函数声明*/
void even(int x)                     /*定义 even 函数*/
{
   int k;
```

```
   for(k=2;k<=x/2;k++)
      if(p(k))
         if(p(x-k))
            printf("%d=%d+%d\n",x,k,x-k);
}
int p(int a)
{
   int k;
   for(k=2;k<=sqrt(a);k++)
      if(a%k==0)
         return 0;              /*若 a 能被指定范围中的某个数整除,即不是素数,返回 0*/
   return 1;
}
void main()
{
   int a;
   printf("Input an even number:");
   scanf("%d",&a);
   if(a%2==0)
      even(a);
   else
      printf("The %d isn't an even number.\n",a);
}
```

程序运行情况如下：

```
Input an even number:8↙
8=3+5
```

【例 5-17】 编写函数，利用原数组空间实现数组的逆置。

```
#include <stdio.h>
void s(int con[])               /*定义 s 函数,其形参为数组*/
{
   int a,b,t;
   a=0;
   b=9;
   while(a<b)
   {
      t=con[a];
      con[a]=con[b];
      con[b]=t;
      a++;
      b--;
   }
}
void main()
{
```

```
    int a[10];
    int k;
    printf("Input 10 numbers to array:");
    for(k=0;k<10;k++)
       scanf("%d",&a[k]);
    s(a);                                       /*数组名 a 作为实参调用 s 函数*/
    printf("now the array is:");
    for(k=0;k<10;k++)
       printf("%3d",a[k]);
}
```

程序运行情况如下：

```
Input 10 numbers to array:5␣9␣10␣6␣11␣18␣2␣80␣21␣30↙
now the array is: ␣30␣21␣80␣␣2␣18␣11␣␣6␣10␣␣9␣␣5
```

【例 5-18】 已知某长方体的长为 l、宽为 w、高为 h，用定义的函数求出长方体的体积及 3 个不同面的面积。

```
#include <stdio.h>
int s1,s2,s3;                               /*定义全局变量 s1,s2,s3*/
int vs( int a,int b,int c)                  /*定义函数 vs*/
{
   int v;
   v=a*b*c;
   s1=a*b;
   s2=b*c;
   s3=a*c;
   return (v);
}
void main()
{
   int v,l,w,h;
   printf("input length,width,height:");
   scanf("%d%d%d",&l,&w,&h);
   v=vs(l,w,h);                             /*调用 vs 函数*/
   printf("v=%d,s1=%d,s2=%d,s3=%d\n",v,s1,s2,s3);
}
```

程序运行情况如下：

```
input length,width,height:2␣3␣4↙
v=24,s1=6,s2=12,s3=8
```

5.11 实训

一、实训目的

- 掌握 C 语言函数的定义、函数的返回值和函数的调用方法。

- 掌握主调函数和被调函数之间的参数传递方式。
- 掌握函数嵌套调用的一般过程及使用方法。
- 了解函数递归调用的几种形式。
- 掌握全局变量、局部变量、动态存储变量与静态存储变量的概念及使用方法。
- 理解内部函数与外部函数的概念及它们的使用特点。

二、实训内容

1．上机调试下面的程序，记录系统给出的出错信息，找出出错原因并改之。

```
#include <stdio.h>
void main()
{
   int x,y;
   printf("%d\n",p(x,y));
}
int p(a,b);
{
   int a,b;
   return(a*b);
}
```

2．上机运行并分析下面的程序，理解函数调用中发生的数据传送是单向的。

```
#include <stdio.h>
void main()
{
   int n;
   int s(int n);
   printf("input a number:");
   scanf("%d",&n);
   s(n);
   printf("n=%d\n",n);
}
int s(int n)
{
   int i;
   for(i=n-1;i>=1;i--)
      n=n+i;
   printf("n=%d\n",n);
}
```

3．上机运行下面的程序，理解全局变量与局部变量同名时的使用情况。

```
#include <stdio.h>
lnt a=3,b=5;
max(int a,int b)
{
   int c;
```

```
    c=a>b?a:b;
    return(c);
}
void main()
{
    int a=8;
    printf("%d\n",max(a,b));
}
```

4. 上机运行下面的程序，请仔细体会全局变量、静态变量的使用。

```
#include <stdio.h>
int c=100;
void s();
void main()
{
    int j;
    for(j=1;j<=5;j++)
    {
        c++;
        printf("%d,",c);
        s();
    }
}
void s()
{
    static int c=10;
    c++;
    printf("%d\n",c);
}
```

如果把 s 函数中的“static int c=10;”改为“int c=10;”，请观察程序的运行结果。

5. 定义 f 函数：

```
int f(int x,int y)
{
    int a;
    a=x;
    if(x>y)
        a=1;
    else
        if(x==y)
            a=0;
        else
            a=-1;
    return a;
}
```

编写 main 函数，在调用 f 函数时，请用不同的实参来进行，分析程序的运行结果。

（1）main()

```
{
  int m=3,n;
  n=f(m,m-1);
  printf("%d\n",n);
}
```

（2）main()

```
{
  int m=3,n;
  n=f(m,++m);
  printf("%d\n",n);
}
```

6．根据要求上机运行并分析下面的程序。

分析内容有：

1）程序采用了什么算法，完成了什么功能。

2）分析数组名作为函数参数时数据的传递情况。

3）形参数组改变对实参数组有无影响。

```
#include <stdio.h>
void sort(int a[],int n)
{
  int j,k,m,t;
  for(j=0;j<n-1;j++)
  {
    m=j;
    for(k=j+1;k<n;k++)
      if(a[k]<a[m])
        m=k;
      t=a[m];a[m]=a[j];a[j]=t;
  }
}
void main()
{
  int n[10],j;
  printf("Input the array:");
  for(j=0;j<10;j++)
    scanf("%d",&n[j]);
  sort(n,10);
  printf("The sorted array:\n ");
  for(j=0;j<10;j++)
    printf("%d,",n[j]);
  printf("\n ");
}
```

7．上机运行下面的程序，分析并掌握数组名作为函数参数时的数据传递，以及局部变量和静态变量的使用方法。

```
#include <stdio.h>
int fun(int a[],int n)
{
   static int sum=0,i;
   for(i=0;i<n;i++)
   {
      sum+=a[i];
      return sum;
   }
}
void main()
{
   int a[]={1,2,3,4,5};
   int b[]={6,7,8,9,10},sum=0;
   sum=fun(a,5)+fun(b,5);
   printf("sum=%d\n",sum);
}
```

5.12 习题

一、选择题

1．下面的叙述中，正确的是__________。

A．函数返回值的类型，由 return 语句中所返回值的类型决定

B．函数返回值的类型，由主调函数的类型决定

C．函数返回值的类型，由定义函数时指定的函数类型决定

D．函数返回值的类型，由实参的类型决定

2．在函数中声明一个变量时，可以省略的存储类型是__________。

A．auto　　B．register　　C．static　　D．extern

3．C 语言中的函数__________。

A．可以嵌套定义　　B．既可以嵌套调用也可以递归调用

C．不可以嵌套调用　　D．可以嵌套调用，但不可以递归调用

4．下面对 C 语言函数的描述中，正确的是__________。

A．函数返回值的类型与其形参的类型应该一致

B．函数必须要有返回值

C．函数被定义为 void 型，该函数体中仍允许使用 return 语句

D．值传递时，只能把实参的值传给形参，而不能把形参传回来给实参

5．下面对建立函数目的的描述，正确的是__________。

A．提高程序的可读性　　B．提高程序的执行效率

C．减少程序的篇幅　　D．减少程序文件所占内存

6．以下正确的函数定义形式是___________。

A．float max(int a;int b); B．float max(int a,int b);

C．float max(int a,b); D．float max(int a,int b)

7．若调用一个函数，此函数中没有 return 语句，正确的说法是___________。

A．没有返回值 B．返回若干个系统默认值

C．能返回一个用户所希望的函数值 D．返回一个不确定的值

8．在 C 语言中，以下正确的说法是___________。

A．实参和与其对应的形参各占用独立的存储单元

B．实参和与其对应的形参占用同一块存储单元

C．只有当实参和与其对应的形参同名时才共占用同一块存储单元

D．形参是虚拟的，不占用存储单元

9．以下正确的说法是___________。

A．定义函数时，形参不需要类型说明

B．return 后边的值不能为表达式

C．如果函数值的类型与返回值类型不一致，以函数值类型为准

D．如果形参与实参的类型不一致，以实参类型为准

10．C 语言规定，简单变量做实参时，它和对应形参之间的数据传递方式是___________。

A．地址传递 B．单向值传递

C．由用户指定传递方式 D．由实参传给形参，再由形参传回给实参

11．若用数组名作为函数调用的实参，传递给形参的是___________。

A．数组第 1 个元素的值 B．数组中全部元素的值

C．数组的首地址 D．数组元素的个数

12．以下不正确的说法是___________。

A．形式参数是局部变量

B．在不同函数中可以使用相同名字的变量

C．在函数内定义的变量只在本函数范围内有效

D．在函数内的复合语句中定义的变量在本函数范围内有效

13．函数 fun((a,b),(j,k,m));调用语句含有实参的个数为___________。

A．1 B．2 C．4 D．5

14．在一个 C 源程序中定义的全局变量，其作用域为_______。

A．所有文件的全部范围 B．所有函数的全部范围

C．所在程序的全部范围 D．由具体定义位置和 extern 说明来决定范围

15．设函数 fun 的定义形式为：

```
void fun(char c,float a)
 {   }
```

则以下对函数 fun 的调用语句中，正确的是_______。

A．fun("out",7.1); B．fun(65,16); C．fun('65',6.9); D．m=fun('A',12.7);

16．下面程序的运行结果是_______。

```
#include <stdio.h>
int fun(int a,int b)
{
   return (a+b);
}
void main()
{
   int a=1,b=2,c=3,sum;
   sum=fun((a++,b--,a+b),c++);
   printf("%d\n",sum);
}
```

A. 9　　B. 8　　C. 7　　D. 6

17. 下面程序的运行结果是________。

```
#include <stdio.h>
void fun2(char a,char b)
{
   printf("%c,%c",a,b);
}
char a='A',b='B';
void fun1()
{
   a='C';
   b='D';
}
void main()
{
   fun1();
   printf("%c,%c,",a,b);
   fun2('E','F');
}
```

A. A,B,E,F　　B. C,D,E,F　　C. A,B,C,D　　D. C,D,A,B

18. 下面程序的运行结果是________。

```
#include <stdio.h>
long fun(int a)
{
   if(a>2)
      return (fun(a-1)+fun(a-2));
   else
      return 2;
}
void main()
{
   printf("%d\n",fun(3));
```

```
    }
```

A. 4　　　　B. 2　　　　C. 6　　　　D. 8

二、填空题

1. 在C语言中调用被定义的函数时，主调函数使用的参数是________，被调函数名后面括弧中的参数是________。

2. 被调函数的返回值是通过函数中的____________语句获得的。

3. 如果不需要被调用函数有返回值，可以把该函数定义成________类型。

4. 用数组名作函数实参时，传递的是________；用变量名作实参时，传递的是_______。

5. 一个变量的____________指明该变量可以使用的程序区域。

6. 在所有函数之外说明的变量称为______________。

7. 若希望函数中的局部变量的值，在函数调用结束后不消失而保留原值，应该指定该局部变量是_________存储类型的。

8. 在一个C语言程序中，main函数出现的位置是__________。

9. 以下程序的功能是用递归方法计算小学生的年龄，已知第1位学生年龄最小，为6岁，其余学生一个比一个大1岁，求第6位学生的年龄。请填写缺少的语句。

递归公式如下：

$$age(n)=\begin{cases}6 & (n=1)\\ age(n-1)+1 & (n>1)\end{cases}$$

```
#include <stdio.h>
int age(int n)
{
  int a;
  if(n==1)
    a=6;
  else
    a=____________;
  return(a);
}
void main()
{
  int a=6;
  printf("age:%d\n",____________);
}
```

三、程序分析题

1. 写出下面程序的运行结果。

```
#include <stdio.h>
void mor()
{
```

```
    int a=3;
    ++a;
    printf("%d\t",a);
}
void main()
{
    mor();
    mor();
}
```

2．写出下面程序的运行结果。

```
#include <stdio.h>
int fun(int j,int k)
{
    int x=6;
    printf("j=%d,k=%d,x=%d\n",j,k,x);
}
void main()
{
    int j=1,x=3,k=5;
    fun(k,6);
    printf("j=%d,k=%d,x=%d\n",j,k,x);
}
```

3．写出下面程序的运行结果。

```
#include <stdio.h>
int fun(int n[])
{
    int a=0;
    while(n[a]<=10)
    {
        printf("%d\t",n[a]);
        a++;
    }
}
void main()
{
    int a[]={6,11,8,10,17,12};
    fun(a+2);
}
```

4．写出下面程序的运行结果。

```
#include <stdio.h>
int m;
void fun1()
{
```

```
    int m=3;
  }
  void fun2()
  {
    m=4;
    fun1();
    m=m*3;
  }
  void main()
  {
    fun2();
    printf("%d\n",m);
  }
```

5．写出下面程序的运行结果。

```
  #include <stdio.h>
  int fun(int a)
  {
    int b=0;
    static int c=3;
    ++b;c++;
    return (a+b+c);
  }
  void main()
  {
    int i,a=5;
    for(i=0;i<3;i++)
       printf("%d %d ",i,fun(a));
  }
```

四、编写程序题

1．编写函数，求解 1～6 的立方值。

2．输入 n 个学生的英语成绩，编写函数求出英语成绩高于英语平均成绩的人数。

3．编写函数，求出一个给定整数的所有因子。如 72=2*2*2*2*3*3。

4．已知方程 $ax^2+bx+c=0$，编写函数分别求解并输出当 $b^2-4ac>0$ 和 $b^2-4ac=0$ 的根。

5. 在主函数中输入一串字符，编写函数将该字符串中的元音字母复制到另一字符串中去，并分别输出两个字符串。

6．用定义的函数将一个实数精确到小数点后第 1 位，可使用公式(x*10+0.5)/10 完成。要求主函数接收返回的函数值，并将该值输出。

7．按照下面的要求，完成程序的编写。

（1）在主函数中输入 10 个无序的整数。

（2）定义函数，在函数中用起泡方法对数据按由小到大的顺序排序。

提示：需要使用嵌套的循环结构完成。起泡法的算法为：将一组数据按由小到大的顺序排序，若按由上至下的顺序将相邻两个数一一比较，小数调到前头，大数下沉，经过第 1 趟比较后，将得到一个“沉底”的最大数。然后对除了最大数之外的其它数进行第 2 趟比较，将得到次大数，该数下沉到倒数第 2 个位置，依此类推，直到只剩下最后一个数为止。如果有 n 个数，将进行 n–1 趟比较。

（3）定义函数，在函数中输入一个整数，用折半查找法查找该数是否存在于已排序的数组中，若存在，在主函数中输出其所处的位置。

提示：折半查找法的算法为：设有一组已按由小到大的顺序排好序的 n 个数，用一维数组 a[n]表示。若查找 x 是否在此数列中，应先找出数列中居中的数 a[i]，其中 i=(0+n)/2，将 x 与 a[i]比较，如果 x=a[i]，查找成功，结束查找；如果 x<a[i]，x 应当在 a[0]到 a[i–1]之间，否则 x 在 a[i+1]与 a[n–1]之间，这样搜索区域缩小了一半。在确定的区域内再继续使用折半查找法进行搜索，当最后只剩下一个记录，如果此时的数据也不是要找的 x，则查找失败。

8．在主函数中输入一串字符，编写一个函数，要求将该字符串中最长的单词输出。

9．定义函数，完成将两个字符串连接起来的功能。

10．设计一个递归调用函数，计算 n 个自然数之和。

第6章　指　　针

指针是C语言中的一个重要概念，也是C语言的精华部分。使用指针能很好地利用内存资源，使其发挥最大的效率。

本章的主要内容包括：

- 地址、指针的概念
- 指针变量的定义和引用
- 指针与数组
- 指针与字符串
- 指针与函数
- 指针数组

6.1　指针的概念

计算机中所有正在使用的数据和正在执行的程序都存放在内存储器中。计算机的内存储器是由连续的存储单元组成的，内存单元的基本单位是字节，每一个存储单元都对应着一个唯一的编号，这个编号就是地址。

当在程序中定义一个变量时，C 编译程序就会为其在内存中分配带有编号的存储单元，以便存放这个变量的取值。变量的类型不同，分配给它的内存空间大小也不同，例如，分给字符变量 1 个字节，分给整型变量 2 个字节，分给实型变量 4 个字节等。

【例 6-1】　输出指定变量的地址。

```
#include <stdio.h>
void main()
{
    int a=10;
    float b=123.45;
    char c='A';
    printf("address of a=%u\n",&a);         /*输出整型变量 a 的地址*/
    printf("address of b=%u\n",&b);         /*输出实型变量 b 的地址*/
    printf("address of c=%u\n",&c);         /*输出字符型变量 c 的地址*/
}
```

程序运行结果：

```
address of a=4058
address of b=4060
address of c=4065
```

变量 a、b、c 在内存中分配的存储单元如图 6-1 所示。从图中可以看出，分配给整型变量 a 的存储地址是 4058 和 4059，共占两个字节，在这两个字节中存放着变量 a 的值 10。分配给实型变量 b 的存储地址是 4060、4061、4062 和 4063，共占四个字节，在这四个字节中存放着变量 b 的值 123.45。分配给字符变量 c 的存储地址是 4065，共占一个字节，在该字节中存放着大写字母 A。其中每个变量占用的内存单元的首地址即为该变量的地址，即变量 a 的地址为 4058，变量 b 的地址为 4060，变量 c 的地址为 4065。因此，变量和它在内存中的地址具有对应关系，一个变量的值和这个变量的地址是两个不同的概念。

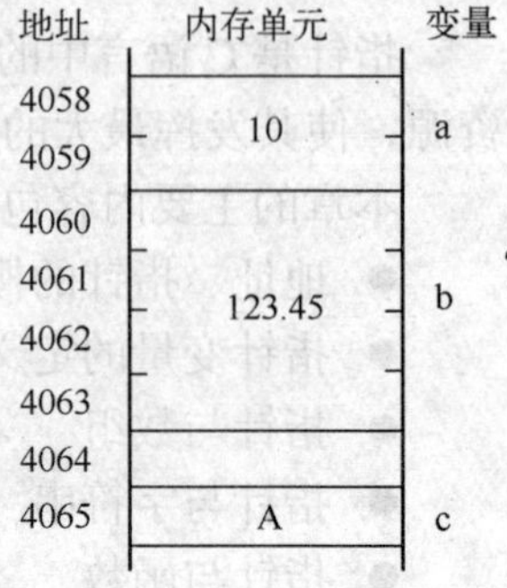

图 6-1　变量的地址

在程序中，一般是通过变量名或地址来对内存单元中的值进行存取操作。根据存取变量值的不同方式，分为直接访问和间接访问。

参照图 6-1 所示的变量地址，如果使用“printf("%d\n",a);”输出变量 a 的值，其执行过程为：根据变量名 a 与地址的对应关系，找到变量 a 的地址 4058，将从由 4058 开始的两个字节中取出数据 10 并将其输出。如果给变量 a 重新赋值，如“a=17;”，在执行时，把 17 送到地址为 4058 开始的整型存储单元中。这种按变量地址存取变量值的方式称为“直接访问”方式。

可见，一个地址起到指向某个存储单元的作用，因此，形象地称一个变量的内存地址是它的“指针”，即地址就是指针，指针就是地址。

在 C 语言中，如果把一个变量的内存地址（即指针）存放在另一个变量里，那么这个专门用来存放变量地址的变量就是“指针变量”。C 语言把内存存储单元的地址视为一种特殊的数据类型。图 6-1 中的整型变量 a 的值是 10，占用了从地址 4058 开始的两个连续存储单元。定义一个新的变量 p，p 的内容是变量 a 的起始地址 4058，不是数值，如图 6-2 所示。由于变量 p 存放的是变量 a 的地址，变量 p 便指向了变量 a 的存储单元，变量 p 被称为指针变量。

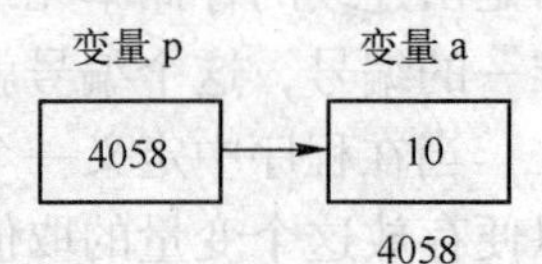

图 6-2　变量 p 指向变量 a

存取变量值时也可以采取另一种称之为“间接访问”的方式：由指针变量的值得到另一变量的地址，再通过得到的这个地址，完成对存储单元的访问。这里以访问变量 a 为例来说明。定义指针变量 p，用来存放变量 a 的地址。访问变量 a 时，先找到指针变量 p，从 p 的存储单元中得到变量 a 的地址 4058，由该地址就可以访问它里面的内容 10（即变量 a 的值）。

6.2　指针变量的定义和引用

C 语言把内存单元的地址视为一种数据类型，即指针型数据。存放指针型数据的变量称为指针变量。指针变量与其他类型变量没有什么区别，只是它里面的内容是地址而已。

6.2.1　指针变量的定义

C 语言规定所有变量在使用之前必须先定义其类型，存放地址的指针变量也不例外，使用前需专门定义。定义指针变量的一般形式为：

```
类型标识符 *指针变量名
```

“类型标识符”用来指定该指针变量可以指向的变量的类型，“*”表示所定义的变量类型为指针型。例如：

```
int *p;              /*定义指向整型变量的指针变量 p*/
float *q;            /*定义指向实型变量的指针变量 q*/
char *ch;            /*定义指向字符型变量的指针变量 ch*/
```

定义的指针变量 p、q 和 ch 分别用于存放整型变量的地址、实型变量的地址和字符型变量的地址。定义指针变量后，用赋值语句使指针变量得到另一个变量的地址，从而使指针变量指向了该变量。下面通过例子说明。

```
int a=60,*p;
float b=17.9,*q;
char ch='A',*r;
p=&a;q=&b;r=&ch;
```

上述赋值语句“p=&a;”表示将变量 a 的地址赋给指针变量 p，p 就指向了变量 a。同理，q 指向变量 b，r 指向了变量 ch，如图 6-3 所示。

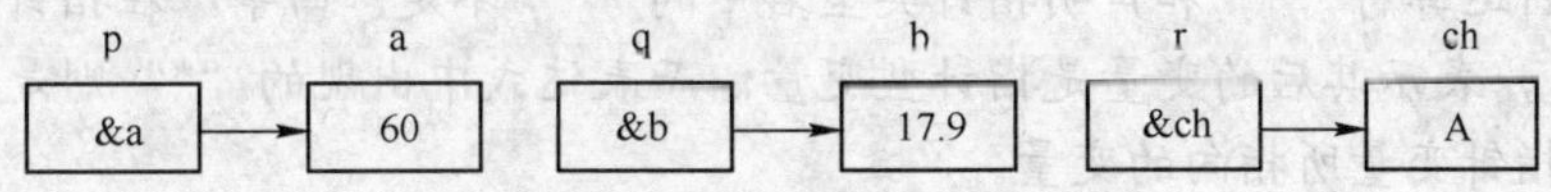

图 6-3　被赋值后的指针变量的指向

说明：

1）定义指针变量时，必须指定指针变量所要指向的变量的类型。

2）一个指针变量只能指向同一个类型的变量，例如，有定义“float *p;”，则指针变量 p 只能指向实型变量，不允许指向实型之外的其它类型的变量。

3）当定义指针变量时，指针变量的值是随机的，不能确定它具体的指向，必须为其赋值才有意义。

6.2.2　指针变量的引用

指针变量同普通变量一样，使用之前不仅要定义类型，而且必须赋予具体的值。在指针变量的使用中，有两个与其密切相关的运算符。

（1）&（取地址运算符）

在 C 语言中，提供地址运算符“&”来表示变量的地址，其一般形式为：

```
&变量名
```

其作用是取变量所占用的内存单元的首地址。如，&a 为变量 a 的地址，&b 为变量 b 的地址。如要把整型变量 a 的地址赋给指针变量 p，可用以下两种方法完成：

```
int a,*p=&a;
```

或

```
int a,*p;
p=&a;
```

但是，不允许把一个数值赋给指针变量，下面的赋值是错误的：

```
int *p;
p=16;
```

（2）*（指针运算符，也称间接访问运算符）

在指针变量的前面添加指针运算符，表示指针变量所指向的变量，运算结果获取指针变量所指向变量的值。其一般形式为：

```
*指针变量名
```

例如：

```
int a=17,*p;
p=&a;
```

指针变量 p 指向整型变量 a，则*p 等价于变量 a，即*p 的值也是 17，可以直观地认为变量 a 与*p 是对应着同一个存储单元。可见，可以通过指针变量 p 间接访问变量 a。

说明：指针运算符“*”和声明指针类型名中的“*”不是一回事，在指针变量声明中，“*”是类型名，表示其后的变量是指针型变量；而表达式中出现的“*”则是一个指针运算符，用来表示指针变量所指向的变量。

下面对运算符“&”和“*”作进一步的说明。若有“int a,*p;p=&a;”，则&*p、&a、p 是等价的，均表示变量 a 的地址；反之，*&a、*p、a 也是等价的，均表示变量 a。“&”和“*”两个运算符的优先级别相同，但按“自右而左”方向结合。例如，*&a 的含义是：先进行&a 运算，得到 a 的地址，再进行*运算，即&a 所指向的变量。

另外，(*p)++相当于 a++，如果去掉括号变为*p++，因“++”与“*”优先级别相同，但按“自右而左”方向结合， *p++相当于*(p++)，因++在 p 右侧，先对 p 的原值进行*运算，得到 a 的值，然后使指针变量 p 的值加 1，因 p 的值发生了改变，此时 p 不再指向变量 a。

【例 6-2】 用指针变量输出所指向的变量的值。

```
#include <stdio.h>
void main()
{
   int a,*p;                    /*定义指向整型变量的指针变量 p*/
   float b,*q;                  /*定义指向实型变量的指针变量 q*/
   scanf("%d%f",&a,&b);
   p=&a ;                       /*将整型变量 a 的地址赋给 p，p 指向变量 a*/
   q=&b;                        /*将实型变量 b 的地址赋给 q，q 指向变量 b*/
   printf("%d,%f\n",a,b);       /*输出变量 a,b 的值*/
   printf("%d,%f\n",*p,*q);     /*输出指针变量 p 和 q 所指向的变量的值*/
}
```

程序运行情况如下：

如果输入：17␣1.23↙

```
运行结果：17,1.230000
          17,1.230000
```

可见，定义指针变量后，只有将同类型的变量的地址赋给该指针变量，指针变量才可以被引用。*p 等价于变量 a，*q 等价于变量 b，所以，程序中两个输出的结果是相同的。如果将上述程序改为：

```
#include <stdio.h>
void main()
{
  int a,*p;
  float b,*q;
  p=&a ;
  q=&b;
  scanf("%d%f",p,q);        /*p 和 q 分别存储变量 a 和变量 b 的地址，可以替换&a 和&b*/
  printf("%d,%f\n",a,b);
  printf("%d,%f\n",*p,*q);
}
```

程序运行情况如下：

```
如果输入：17␣1.23↙
运行结果：17,1.230000
          17,1.230000
```

可见，以上两个程序的运行结果完全一样。执行“p=&a; q=&b;”后 p 指向变量 a，q 指向变量 b，所以，在输入函数中可以用 p 表示&a，用 q 表示&b。另外，*p 等价于变量 a，*q 等价于变量 b。

6.2.3 指针变量应用举例

【例 6-3】 使用指针变量，将变量 a 和 b 的值交换，要求输出交换前后的结果。

```
#include <stdio.h>
void main()
{
  int a,b,c,*p,*q;
  a=50;b=100;
  p=&a;q=&b;                        /*使 p 指向变量 a，q 指向变量 b*/
  printf("a=%d,b=%d\n",*p,*q);      /**p 等价于变量 a，*q 等价于变量 b*/
  c=*p;
  *p=*q;
  *q=c;
  printf("a=%d,b=%d\n",*p,*q);      /*输出指针变量 p 和 q 所指向的变量的值*/
}
```

程序运行结果如下：

```
a=50,b=100
a=100,b=50
```

从程序的运行结果可知，变量 a 和 b 的值完成了交换。如果将该程序进行如下修改，请分析变量 a 和 b 的值能否完成交换。修改的程序如下：

```
#include <stdio.h>
void main()
{
   int a,b,*c,*p,*q;
   a=50;b=100;
   p=&a;q=&b;
   printf("a=%d,b=%d\n",a,b);
   printf("%d,%d\n",*p,*q);
   c=p;
   p=q;
   q=c;
   printf("a=%d,b=%d\n",a,b);
   printf("%d,%d\n",*p,*q);
}
```

程序运行结果如下：

```
a=50,b=100
50,100
a=50,b=100
100,50
```

指针变量交换前后的情况如图 6-4 和图 6-5 所示。

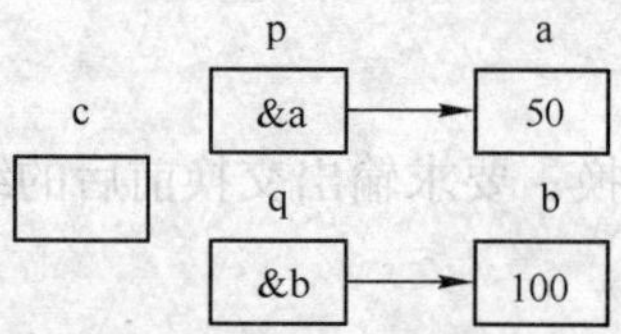

图 6-4　指针变量交换前的指向

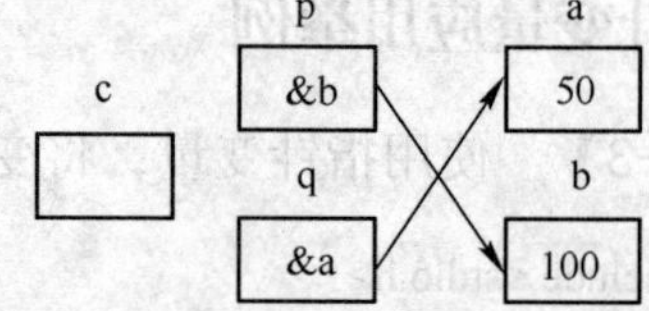

图 6-5　指针变量交换后的指向

从程序的运行结果及图 6-4 和图 6-5 可知，这里所交换的只是指针变量的地址值，交换的结果使指针变量 p 指向了变量 b，指针变量 q 指向了变量 a，而变量 a 和 b 的值没发生变化。

【例 6-4】　输入 3 个数，输出其中的最大数。

```
#include <stdio.h>
void main()
{
   int a,b,c,*max;
   printf("input three numbers:");
   scanf("%d%d%d",&a,&b,&c);
   max=&a;
   if(a<b)
```

```
        max=&b;
    if(*max<c)
        max=&c;
    printf("%d\n",*max);
}
```

程序运行情况如下：

```
input three numbers: 16␣56␣9↙
56
```

6.3 指针与数组

指针变量可以指向简单的变量，也可以指向数组或数组中的某个元素。数组在内存中占据一块连续的存储区，用以存放若干个相同类型变量的值。因此对于数组来说，除了数组名代表这个存储区的起始地址外，每个元素也有自己相应的地址。把数组的起始地址或把某一数组元素的地址赋给指针变量，指针变量即指向了该数组的首地址或数组元素。在C语言中，指针与数组关系密切，任何能用数组下标完成的操作都可以用指针来完成。

6.3.1 指向一维数组的指针变量

将一维数组的名字或某一数组元素的地址赋给指针变量，指针变量即指向该一维数组或数组元素。例如：

```
int a[7], *p;
p=a;
```

定义一维数组 a 和指针变量 p，通过“p=a;”使 p 指向数组 a 的首地址，这时的*p 就是a[0]的值。也可以通过“p=&a[0];”使指针变量 p 指向数组 a 的起始地址，如图 6-6 所示。如果把数组元素 a[2]的地址赋给变量 p，即“p=&a[2];”，则指针变量 p 指向数组元素 a[2]，这时的*p 就是 a[2]的值，如图 6-7 所示。

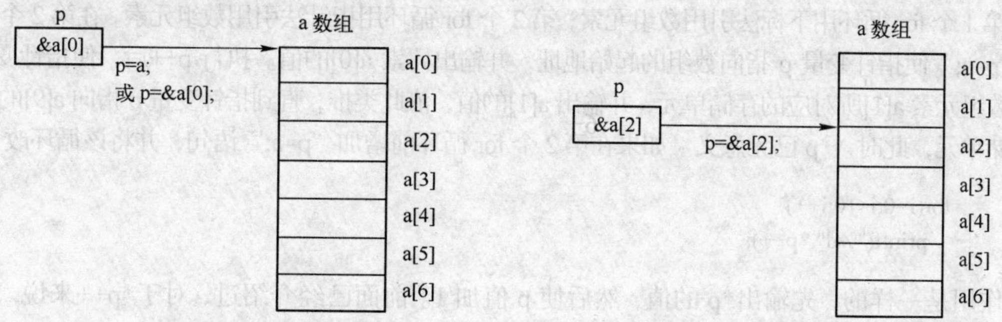

图 6-6 指向数组起始地址的指针　　图 6-7 指向 a[2]元素的指针

按 C 的规定，如果指针变量 p 已指向数组中的一个元素，则 p+1 指向同一数组中的下一个元素。这里的 p+1 不是简单的将 p 值加 1，而是 p+1 × d，其中 d 是一个数组元素所占的字节数。若数组元素是整型，d 为 2；数组元素是实型，d 为 4；数组元素是字符型，d 为 1。如果 p 的初值是&a[0]，则 p+3 和 a+3 均表示 a[3]的地址，如图 6-8 所示。

在介绍一维数组时，都是通过数组的下标来访问数组元素，常称这种引用方法为“下标法”。当指针指向数组或数组的元素后，也可以通过指针来引用所需的元素，这种引用数组元素的方法为“指针法”。例如：

```
int a[10],*p;
p=a;
```

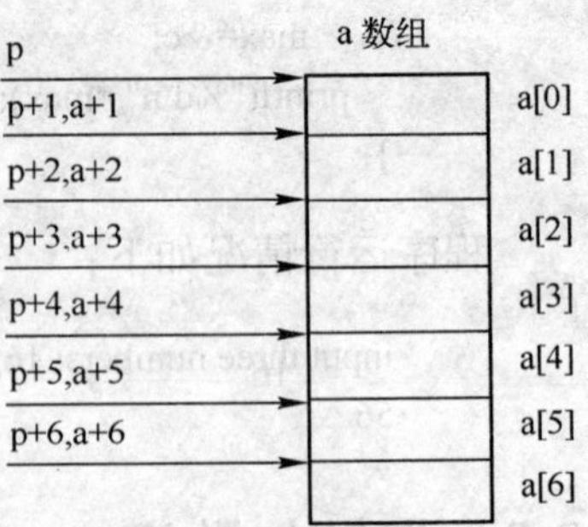

图 6-8　数组 a 中各元素的地址

当访问第 i 号数组元素时，可以用以下两种方法来表示：

① 下标法，用 a[i]形式来表示。

② 指针法，用*(p+i)或*(a+i)形式来表示。

【例 6-5】　分别用下标法和指针法访问数组元素。

```
#include <stdio.h>
void main()
{
  int a[10]={1,2,3,4,5,6,7,8,9,10};
  int i,*p;
  for(i=0;i<10;i++)
    printf("%d␣",a[i]);
  printf("\n");
  for(p=a;p<a+10;p++)
    printf("%d␣",*p);
  printf("\n");
}
```

程序运行结果如下：

```
1␣2␣3␣4␣5␣6␣7␣8␣9␣10
1␣2␣3␣4␣5␣6␣7␣8␣9␣10
```

第 1 个 for 循环用下标法引用数组元素，第 2 个 for 循环用指针法引用数组元素。在第 2 个循环中，“p=a;”使指针变量 p 指向数组的起始地址，并输出元素 a[0]的值。执行 p++后，使指针变量 p 指向数组元素 a[1]所对应的存储单元，并输出 a[1]的值，依此类推，直到指针变量 p 指向 a[9]的下一个存储单元，此时，*p 已无意义。如果在第 2 个 for 循环前增加“p=a;”语句，并将该循环改为：

```
for(i=0;i<10;i++)
  printf("%d",*p++);
```

作用是一样的，先输出*p 的值，然后使 p 值加 1。前面已经介绍过，对于*p++来说，“++”和“*”的优先级别是相同的，结合方向为自右而左，因此它等价于*(p++)。

说明：

1）*(p++)与*(++p)作用不同：前者是选取*p 的值，然后使 p 加 1；后者是先使 p 加 1，再取*p 的值。

2）在使用指针变量指向数据元素时，应保证指针变量指向数组中有效的元素。

也可以用数组名计算数组元素的地址，或用带下标的指针变量来引用数组元素。将上面的程序改写如下：

```
#include <stdio.h>
void main()
{
  int a[10]={1,2,3,4,5,6,7,8,9,10};
  int i,*p;
  p=a;                              /*使 p 指向数组 a 的首地址*/
  for(i=0;i<10;i++)                 /*用数组名计算数组元素的地址，并输出各元素的值*/
     printf("%d␣",*(a+i));
  printf("\n");
  for(i=0;i<10;i++)                 /*用带下标的指针变量输出各元素的值*/
     printf("%d␣",p[i]);
}
```

程序运行结果如下：

```
1␣2␣3␣4␣5␣6␣7␣8␣9␣10
1␣2␣3␣4␣5␣6␣7␣8␣9␣10
```

第 1 个 for 循环使用了数组名 a 表示数组的首地址，a+i 是数组元素 a[i]的地址，*(a+i)即为元素 a[i]；第 2 个 for 循环通过“p=a;”使指针变量 p 指向数组的起始地址，此时的 p[i]即为 a[i]。可见，引入指针变量后，对数组元素的访问可有多种方法，非常灵活。

说明：指针变量和数组名是有区别的：指针变量是一个变量，可以实现使其本身的值改变，如 p++或 p--。而数组名不允许改变其本身的值，因为数组一旦定义，系统为其分配的存储单元是固定的，数组名永远表示数组的首地址，其值在程序运行期间是固定不变的。在程序中如果出现数组名 a++或 a--是错误的。

6.3.2 指向多维数组的指针变量

指针变量也可以指向多维数组，本节以二维数组为例介绍指向多维数组的指针变量。定义如下二维数组：

```
int a[2][3]={{1,2,3},{4,5,6}};
```

C 语言允许把一个二维数组分解为多个一维数组来处理。上面的数组 a 包含两行，可分解为两个一维数组，即 a[0]和 a[1]，每一个一维数组又含有 3 个元素。例如，a[0]数组含有 a[0][0]、a[0][1]、a[0][2] 3 个元素，它们的值分别是 1、2、3。

从二维数组的角度来看，二维数组名 a 代表二维数组的首地址，也是二维数组 0 行的起始地址。设整型二维数组 a 的首地址是 2000，则各数组元素的地址及其值如图 6-9 所示。可见，二维数组名是指向行的，因此，a+1 代表第 1 行的首地址，它的值是 2006，即 a+3 × 2=2006。

a[0]、a[1]看作是一维数组名，是指向列元素的。因此，a[0]代表第 0 行一维数组中第 0

列元素的地址，即&a[0][0]。而 a[1]代表第 1 行一维数组中第 0 列元素的地址，从图中可见，其值为 2006。

a[0]可以看成是 a[0]+0，指向 0 行 0 列元素的首地址，其值为 2000；a[0]+1 是 0 行 1 列元素 a[0][1]的首地址，其值为 2002；a[0]+2 则是 0 行 2 列元素 a[0][2]的首地址，其值为 2004，如图 6-10 所示。由此可得出 a[i]+j 则是一维数组 a[i]的第 j 列元素首地址，它等于&a[i][j]。

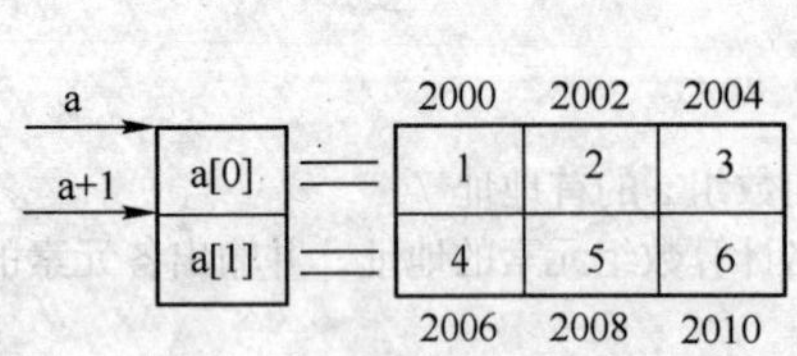

图 6-9 数组元素地址及其值

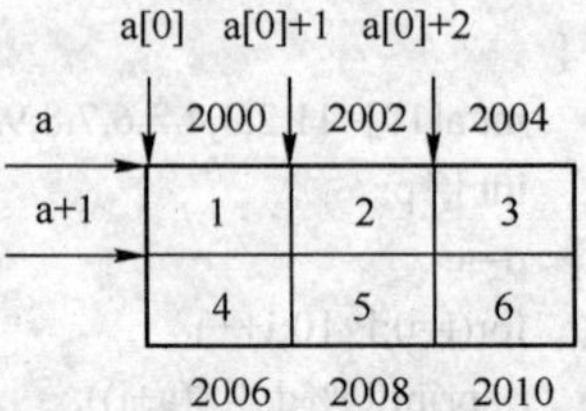

图 6-10 数组列元素地址表示

指向二维数组的行指针变量说明形式为：

```
类型说明符  (*指针变量名)[数组长度]
```

“类型说明符”为所指数组的数据类型，“*”表示其后的变量是指针类型，“数组长度”表示二维数组分解为多个一维数组时，一维数组的长度，也就是二维数组的列数。需要注意的是“(*指针变量名)”两边的括号不可缺少，否则意义就发生了变化。例如：

```
int a[2][3];
int (*p)[3];
p=a;
```

p 是行指针变量，它指向包含 3 个整型元素的一维数组。其中“p=a;”是将数组 a 的首地址赋给 p，即让 p 指向二维数组的首行，此时 p 的值应该等于 a、a[0]或&a[0][0]等。p+1 则指向下一个一维数组 a[1]，也就是二维数组的下一行，因此称为行指针。

【例 6-6】 使用指针变量输出二维数组各元素的值。

```
#include <stdio.h>
void main()
{
   int a[2][3]={{1,2,3},{4,5,6}};
   int (*p)[3];                          /*定义指向二维数组的行指针变量 p*/
   int i,j;
   p=a;                                  /*使 p 指向二维数组的首地址*/
   for(i=0;i<2;i++)
   {
      for(j=0;j<3;j++)                   /*输出二维数组的值*/
         printf("%3d",*(*(p+i)+j));
      printf("\n");
   }
}
```

程序运行结果如下：

```
␣␣1␣␣2␣␣3
␣␣4␣␣5␣␣6
```

外循环通过 i 控制二维数组 a 的行，内循环通过 j 控制二维数组的列。如果将程序修改如下，程序的运行结果是一样的。

```
#include <stdio.h>
void main()
{
  int a[2][3]={{1,2,3},{4,5,6}};
  int *p;
  int i,j;
  p=a;
  for(i=0;i<2;i++)
  {
    p=a[i];
    for(j=0;j<3;j++)
    {
      printf("%3d",*p);
      p++;
    }
    printf("\n");
  }
}
```

程序的外循环通过 i 的变化使 p 指向数组 a 各行的首地址，内循环通过“p++;”使 p 顺序指向该行的每一个元素。

6.3.3 指针与数组应用举例

【例 6-7】 利用指向数组的指针，计算长度为 10 的一维数组中所有元素之和。

```
#include <stdio.h>
void main()
{
  int j,sum=0;
  int a[10],*p=a;                 /*使指针变量 p 指向数组 a 的首地址*/
  for(j=0;j<10;j++)               /*通过指针变量 p 为数组赋值*/
    scanf("%d␣",p++);
  p=a;                            /*使指针变量 p 再次指向数组 a 的首地址*/
  for(j=0;j<10;j++)
  {
    sum+=*p;                      /**p 等价于 p 所指向的数组元素*/
    p++;
  }
  printf("sum=%d\n",sum);
```

```
}
```

程序运行情况如下：

如果输入：1␣2␣3␣4␣5␣6␣7␣8␣9␣10↙
运行结果：sum=55

分析：声明指针变量 p 时将数组名 a 赋给 p，使 p 指向数组的首地址。第 1 个 for 循环通过改变指针变量的指向，完成一维数组各元素的赋值。之后，指针变量 p 指向了一维数组最后一个元素的下一个位置，通过“p=a;”语句使指针变量 p 再次指向数组的首地址。第 2 个 for 循环也是通过指针变量逐一将数组各元素的值累加到 sum 中，其中的“p++;”使指针指向下一个数组元素，最后输出 sum 的值。

【例 6-8】 运用指针变量，用选择法对 10 个整数按由小到大的顺序排序。

程序代码如下：

```
#include <stdio.h>
void main()
{
   int i,k,t,j;
   int *p,a[10]={19,3,9,17,0,6,7,25,4,2};
   for(i=0;i<10;i++)                    /*输出数组 a 中的 10 个数*/
      printf("%d␣",a[i]);
   printf("\n");
   p=a;                                  /*使指针变量 p 指向数组首地址*/
   for(i=0;i<9;i++)                     /*10 个数需要比较 9 次*/
   {
      k=i;
      for(j=i+1;j<10;j++)               /*比较各数，将最小数的下标赋给 k*/
         if(p[j]<p[k])
            k=j;
      if(k!=i)
      {
         t=p[i];                         /*将 p[i]与 p[i+1] ~ p[9]中的最小者对换*/
         p[i]=p[k];
         p[k]=t;
      }
   }
   printf("The sorted number:\n");
   for(i=0;i<10;i++)                    /*输出已排好序的 10 个数*/
   {
      printf("%d␣",*p);                 /**p 表示 a[i]元素*/
      p++;                               /*使指针变量指向下一个数组元素*/
   }
   printf("\n");
}
```

程序运行结果如下：

```
19␣3␣9␣17␣0␣6␣7␣25␣4␣2
The sorted number:
0␣2␣3␣4␣6␣7␣9␣17␣19␣25
```

【例 6-9】 运用指向二维数组的行指针变量，计算 4 名同学 3 门功课的总平均分。

```
#include <stdio.h>
void main()
{
   float score[4][3]={{67,89,90},{87,77,91},{69,96,78},{79,86,90}};
   float (*p)[3],sum=0,aver;             /*定义指向二维数组的行指针变量 p*/
   int i,j;
   p=score;                              /*使指针变量 p 指向二维数组的首地址*/
   for(i=0;i<4;i++)                      /*外循环控制二维数组的行*/
      for(j=0;j<3;j++)                   /*内循环控制二维数组的列*/
         sum+=*(*(p+i)+j);               /*将各元素的值累加，*(*(p+i)+j)等价于 score[i][j]*/
   aver=sum/12;                          /*计算总平均分*/
   printf("average=%5.1f\n",aver);
}
```

程序运行结果如下：

```
average=83.2
```

6.4 指针与字符串

在 C 语言中，除了已经学习的用字符数组存放一个字符串外，也可以用字符指针指向一个字符串。即不定义字符数组，而定义一个字符型的指针变量，使其指向字符串中的字符，然后通过指针变量对字符串进行访问。

（1）用字符数组存放一个字符串，然后输出该字符串。

【例 6-10】 定义一个字符数组，对其进行初始化，然后输出该字符串。

```
#include <stdio.h>
void main()
{
   char str[]="hello";
   printf("%s\n",str);
}
```

程序运行结果如下：

```
hello
```

分析：str 是数组名，代表字符数组的首地址。格式说明“%s”使字符从 str 指定的位置开始输出，直到遇到“\0”为止。

也可以定义一个字符型指针变量，使其指向字符数组的首地址，然后用指针变量输出字符串。

（2）用字符指针指向一个字符串。

把【例 6-10】小程序改写如下：

```
#include <stdio.h>
void main()
{
   char str[]="hello",*p;
   p=str;
   printf("%s\n",p);
}
```

定义字符数组 str 和指针变量 p，通过“p=str;”语句使 p 指向字符数组 str 的首地址。

也可以不定义字符数组，直接定义一个字符指针，用字符指针指向字符串中的字符。将【例 6-10】小程序改写如下：

```
#include <stdio.h>
void main()
{
   char *str="hello";
   printf("%s\n",str);
}
```

定义字符指针变量 str，并将字符串“hello”赋给 str。虽然没有定义存放“hello”的字符数组，但系统在内存中还是将该字符串作为字符数组来处理的，即开辟一片连续的存储空间存放“hello”。如图 6-11 所示。

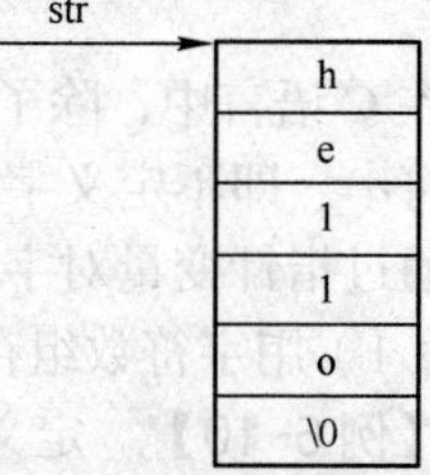

图 6-11　字符串“hello”在存储单元中的存放情况

如果将输出语句改为：

```
printf("%s\n",str+3);
```

输出结果是什么？请读者根据所学知识进行分析。

如果将输出语句改为：

```
printf("%c\n",*str);
```

输出结果是：h

使用的格式说明符是“%c”，即只输出 str 所指向的存储单元中的单个字符。

说明：使用字符数组和字符指针变量均可实现字符串的存储和运算，但是两者是有区别的：字符串指针变量本身是一个变量，用于存放字符串的首地址。把一个字符串常量赋给字符串指针变量后，字符串常量保存在以该首地址为首的一块连续的内存空间中，并以'\0'作为串的结束符。字符数组是由若干个数组元素组成的，用来存放整个字符串。另外，“char *p="hello";” 可以写为：

```
char *p;
p="hello";
```

对于数组方式“char str[]="hello";”，不能写成：

```
char str[20];
str="hello";
```

【例 6-11】 使用指针变量，把字符串 a 复制到字符串 b 中。

```
#include <stdio.h>
void main()
{
  char *a="this is a book";
  char b[20],*p,*q;
  p=a;q=b;                      /*使 p 指向 a 串的首地址，q 指向 b 串的首地址*/
  while(*p!='\0')               /*检查 a 串是否处理完*/
  {
    *q=*p;                      /*将 a 串中的字符复制到对应的 b 串中*/
    p++;                        /*修改指针的指向，使其指向下一存储单元*/
    q++;
  }
  *q='\0';                      /*将'\0'复制到 b 串，作为 b 串的结束标志符*/
  printf("%s\n",a);
  printf("%s\n",b);
}
```

程序运行结果如下：

```
this is a book
this is a book
```

注意：将字符串 2 的内容复制到字符串 1 时，字符串 1 的长度应大于等于字符串 2 的长度。

【例 6-12】 在输入的字符串中查找有无'a'字符。

```
#include <stdio.h>
void main()
{
  char str[20],*p;
  int i;
  printf("input a string:");
  p=str;                        /*使 p 指向 str 串的首地址*/
  scanf("%s",p);                /*输入字符串*/
  for(i=0;p[i]!='\0';i++)       /*检查字符串是否处理完*/
    if(p[i]=='a')               /*若字符串中有字符 a，将输出相应信息*/
    {
      printf("there is 'a' in the string.\n");
      break;
    }
  if(p[i]=='\0')
    printf("There is no 'a' in the string.\n");
```

```
}
```

程序运行情况如下：

```
input a string: afternoon↙
there is 'a' in the string.
```

更换输入的字符串，则程序运行情况如下：

```
input a string: morning↙
There is no 'a' in the string.
```

6.5 指针与函数

在函数之间可以传递一般变量的值，也可以传递地址（指针）。函数与指针之间有着密切的关系，它包含 3 种含义：指针变量作为函数的参数，函数的返回值为指针值以及指向函数的指针。

6.5.1 指针变量作为函数的参数

函数的参数可以是前面学过的简单数据类型，也可以是指针类型。使用指针类型做函数的参数，实际向函数传递的是变量的地址。

【例 6-13】 定义一个函数，用指针变量作参数实现两个数据的交换。

```
#include <stdio.h>
void main()
{
   void swap(int *pa,int *pb);                /*函数声明*/
   int a,b;
   a=15;b=20;
   printf("before swap a=%d,b=%d\n",a,b);
   swap(&a,&b);                              /*用变量 a 和 b 的地址作为实参调用 swap 函数*/
   printf("after swap a=%d,b=%d\n",a,b);
}
void swap(int *pa,int *pb)                    /*形参 pa 和 pb 为整型指针变量*/
{
   int t;
   t=*pa;
   *pa=*pb;
   *pb=t;
}
```

程序运行结果如下：

```
before swap a=15,b=20
after swap a=20,b=15
```

在 main 函数中确定整型变量 a 和 b 的值，调用 swap 函数时，将变量 a、b 的地址&a、

&b 作为实参传递给 swap 函数的形参 pa 和 pb，由于 pa 和 pb 接收的是地址，所以应该将它们定义成整型指针变量。在 swap 函数中，*pa 表示变量 a，*pb 表示变量 b，间接地完成了变量 a 和 b 值的交换。swap 函数执行结束后，将释放临时变量 t 及形参 pa、pb 所占的存储空间。但变量 a、b 的内容仍然保留，可以供 main 函数继续使用。数据交换的变化过程如图 6-12 所示。

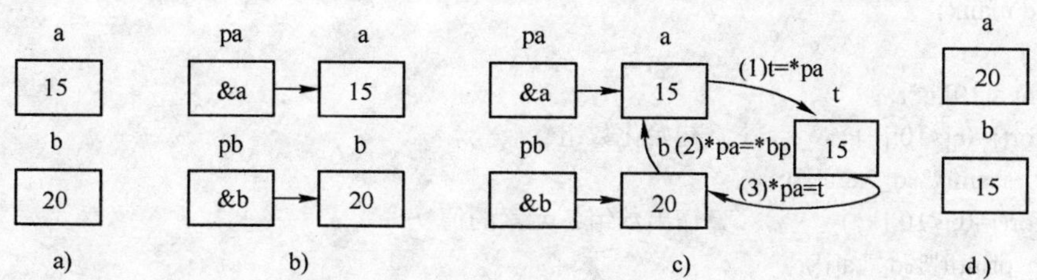

图 6-12　变量 a 和变量 b 的值交换过程

图 6-12a 表示调用函数 swap 前变量 a 和 b 的原值；图 6-12b 表示调用 swap 函数时将变量 a、b 的地址&a、&b 作为实参传递给 swap 函数的形参 pa 和 pb；图 6-12c 在 swap 函数体内,通过整型变量 t 交换 a、b 的值；图 6-12d 表示调用 swap 函数后变量 a、b 的值。

可见，为了能让主调函数使用被调函数中改变的变量值，可用指针变量作为被调函数的形式参数。在函数执行过程中，通过指针变量使其指向的变量值发生变化，函数调用结束后，这些变量值的变化依然保留下来，这样就实现了“通过调用函数使变量的值发生变化，在主调函数中可以使用这些改变的值”的目的了。

如果将上面程序中的 swap 函数作以下修改，请读者分析：swap 函数能否实现变量 a、b 值的交换？为什么？

```
void swap(int *pa,int *pb)
{
  int *t;
  t=pa;
  pa=pb;
  pb=t;
}
```

我们知道，数组名表示数组的首地址，当把数组名作为实参时，传递的是数组的首地址，这时就要求形参是与对应的实参类型相同、维数相同的数组，或者是指向数组的指针变量。

【例 6-14】　通过定义的函数，将数组 a 中所有数据按相反顺序存储。

```
#include <stdio.h>
void antitone (int *p,int n)   /*定义 antitone 函数*/
{
  int *q,t;
  q=p+n-1;                     /*使指针变量 q 指向数组 a 的最后一个元素*/
  while(p<q)                   /*完成数组值的逆向存储*/
  {
    t=*p;
```

```
        *p=*q;
        *q=t;
        p++;                        /*指针变量 p 下移*/
        q--;                        /*指针变量 q 上移*/
    }
}
void main()
{
    int a[10],j,*r;
    for(j=0;j<10;j++)               /*初始化数组*/
        scanf("%d␣",&a[j]);
    for(j=0;j<10;j++)               /*输出数组各元素的值*/
        printf("%d␣",a[j]);
    printf("\n");
    antitone (a,10);                /*调用 antitone 函数，a 为数组名，传递首地址给形参 p*/
    for(r=a;r<a+10;r++)             /*指针变量 r 指向数组 a 的首地址，通过 r 输出数组的值*/
        printf("%d␣",*r);
    printf("\n");
}
```

程序运行情况如下：

如果输入：12␣30␣21␣71␣8␣3␣14␣19␣50␣29␣↙

运行结果：12␣20␣21␣71␣8␣3␣14␣19␣50␣29␣

29␣50␣19␣14␣3␣8␣71␣21␣30␣12␣

分析：调用 antitone 函数时，将实参（数组 a 的首地址）传递给形参 p（指针型变量），使 p 指向数组 a 的首地址。在 antitone 函数中，定义指针变量 q，并使其指向数组 a 的最后一个元素。执行第 1 次循环时，先将指针变量 p 和 q 所指向的内容交换，然后使指针变量 p 下移，指向数组 a 的下一个元素（即第 2 个元素）；使指针变量 q 上移，指向数组的倒数第 2 个元素。然后继续执行循环体，直到指针变量 p 不再小于 q 为止。此时的 antitone 函数完成了将数组 a 中 10 个整数按相反顺序重新存储的功能。

6.5.2 返回指针值的函数

在 C 语言中，函数返回值不仅可以是整型、实型或字符型数据，还可以是指针型数据，即地址。返回指针值的函数定义形式为：

```
类型名 *函数名(形参表)
{ 函数体 }
```

“类型名”表示返回的指针所指向的数据类型，“*”表示定义的函数是一个返回指针值的函数。例如：

```
int *min(int x,int y)
{
    int *p;
```

```
    …
    return (p);
}
```

【例 6-15】 编写函数完成：在字符串中查找一个指定的字符，并将该字符的地址返回到调用函数。如果字符被查找到，请在调用函数中输出该字符及该字符起的字符串。

```
#include <stdio.h>
char *find(char *str,char st)                /*定义返回指针值的函数 find */
{
  while(*str!=st&&*str!='\0')                /*指定字符是否被找到或者字符串是否被查完*/
    str++;
  if(*str!='\0')
    return (str);                            /*返回指向被查找字符的指针值*/
}
void main()
{
  char *p,*q,a[100],c;
  gets(a);                                   /*输入字符串*/
  p=a;                                       /*使指针变量 p 指向字符串首地址*/
  c=getchar();                               /*输入要查找的字符*/
  q= find (p,c);                             /*调用 find 函数*/
  printf("%c\n",*q);
  printf("%s\n",q);
}
```

程序运行情况如下：

```
如果输入：computer↙
          t↙
运行结果：t
          ter
```

分析：定义返回地址值的函数 find。在 main 函数中输入字符串和要查找的字符后，通过“p=a;”语句使指针变量 p 指向字符串首地址；通过“q= find (p,c);”语句调用定义的 find 函数，并将指针型实参 p 的值传递给 find 函数的形参 str，字符型变量 c 的值传递给 find 函数的形参 st，此时，str 也指向了字符串的首地址。如果找到了被查找的字符，str 所指向的字符就是要查找的字符。find 函数通过“return (str);”把 str 的地址值返回到主调函数，并赋给指针变量 q，然后通过输出函数把 q 指向的查找到的字符及其后的字符串输出。

6.5.3 指向函数的指针变量

一个 C 语言函数在内存中占用一段连续的存储空间。在编译函数时，函数被分配给一个入口地址，这个入口地址就称为函数的指针。可以用一个指针变量指向函数，然后通过该指针变量调用此函数。

把指向函数的指针变量称为“函数指针变量”，函数指针变量的一般定义形式为：

```
数据类型 (*指针变量名)(函数参数表列);
```

其中的“数据类型”是指函数返回值的类型，“(*指针变量名)(函数参数表列)”表示定义一个指向函数的指针变量，它不是固定指向哪一个函数的，而只是表示定义了这样一个类型的变量，它是专门用来存放函数的入口地址。例如：

```
int (*p)(int,int);
```

表示 p 是一个指向函数的指针变量，该函数的返回值（函数值）是整型的。

说明：“int (*p)();”和“int *p();”具有区别的。“int (*p)();”是一个变量说明，说明 p 是一个指向函数的指针变量，它专门用来存放函数的入口地址，该函数的返回值（函数值）是整型数。而“int *p();”是函数说明，说明 p 是一个指针型函数，其返回值是一个指向整型量的指针。另外，对于指向函数的指针变量，像 p++、p––、p+n 等运算是没有意义的。

【例 6-16】 编写程序实现：用函数指针变量调用“输入 n 个数，求其中的最小数”的函数。

```
#include <stdio.h>
int min(int n)                     /*定义求 n 个数的最小值函数*/
{
   int i,x,m;
   printf("input %d numbers:",n);
   scanf("%d",&x);
   m=x;
   for(i=1;i<n;i++)
   {
      scanf("%d",&x);
      if(x<m)
         m=x;
   }
   return(m);
}
void main()
{
   int (*p)();                     /*定义指向函数的指针变量 p*/
   int n,a;
   p=min;                          /*使 p 指向 min 函数的入口地址*/
   printf("input n=?");
   scanf("%d",&n);
   a=(*p)(n);                      /*通过 p 调用 min 函数，返回值赋给 a*/
   printf("the min number is:%d\n",a);
}
```

程序运行情况如下：

```
input n=?6↙
input 6 numbers:12␣32␣9␣56␣17␣90↙
the min number is:9
```

分析：程序中的“int (*p)();”定义 p 是一个指向函数的指针变量，此函数将带回整型值。“p=min;”语句的作用是将函数 min 的入口地址赋给指针变量 p，此时 p 和 min 都指向函数的入口处，调用*p 就是调用函数 min。“a=(*p)(n);”语句和“a=min(n);”等价，是用指针形式实现函数的调用。

6.5.4 指针与函数应用举例

【例 6-17】 编写程序，输入 a、b 两个数，调用函数使其返回其中较小数的地址。

```
#include <stdio.h>
int *min(int x,int y)                    /*定义指针型函数 min*/
{
  int *p;                                /*定义指针变量 p*/
  if(x<y)
     p=&x;
  else
     p=&y;
  return p;                              /*返回较小数的地址*/
}
void main()
{
  int a,b,*q;
  printf("Input two numbers:");
  scanf("%d%d",&a,&b);
  q=min(a,b);                            /*调用 min 函数并将函数返回的地址赋给指针变量 q*/
  printf("The min is:%d\n",*q);
}
```

程序运行情况如下：

```
Input two numbers:16␣71↙
The min is:16
```

【例 6-18】 输入一个字符串，编写函数求出该字符串的长度。

```
#include <stdio.h>
int len(char *str)
{
  int a=0;
  while(*str!='\0')
  {
    a++;
    str++;
  }
  return (a);
}
void main()
{
```

```
    char st[20];
    int n;
    printf("Input string:");
    gets(st);
    n=len(st);
    printf("the string length is %d\n",n);
  }
```

程序运行情况如下：

```
Input string:computer↙
the string length is 8
```

len 函数的形参 str 是指针型变量，它将获得已知字符串 st 的起始地址，*str 表示该地址中存放的字符。通过判断*str 的值是否为'\0'即可知道串是否结束，若串没结束，则串长 a 加 1，“str++;”可使 str 指针后移，重复上述操作直到*str 的值为'\0'，此时 a 的值即为指定字符串的长度。将 a 的值返回到 main 函数并赋给变量 n，然后将 n 的值输出。

【例 6-19】 编写函数 fun，每次调用它时将实现不同的功能：输入 a、b 两个数，第 1 次调用求出 a、b 中的小数，第 2 次调用求出 a 与 b 之和。

```
#include <stdio.h>
void main()
{
   int min(int,int),add(int,int),fun(int,int, int (*p)());      /*函数声明*/
   int a, b;
   printf("Input a and b:");
   scanf("%d%d",&a,&b);
   printf("min=");
   fun(a,b,min);                                                /*调用 fun 函数*/
   printf("sum=");
   fun(a,b,add);                                                /*调用 fun 函数*/
}
int min(int x,int y)                                            /*定义 min 函数*/
{
   int z;
   if (x>y) z=y;
   else z=x;
   return(z);
}
int add(int x,int y)                                            /*定义 add 函数*/
{
   int z;
   z=x+y;
   return(z);
}
int fun(x,y,p)                                                  /*p 将指向函数的入口地址*/
int x,y;
```

```
int (*p)();                                    /*声明指向函数的指针变量p*/
{
  int r;
  r=(*p)(x,y);                                 /*用指针形式调用指向的函数*/
  printf("%d\n",r);
}
```

程序运行情况如下：

```
Input a and b:12␣17↙
min=12
sum=29
```

分析：min 和 add 是已定义的两个函数，分别用来实现求较小数和求和的功能。在 main 函数中第 1 次调用 fun 函数时，除了把实参 a 和 b 的值传给 fun 的形参 x、y 外，还将函数名 min 作为实参将其入口地址传送给 fun 函数中的形参 p，这时，fun 函数中的(*p)(x,y)相当于 min(x,y)。同样，在 main 函数中第 2 次调用 fun 函数时，改用函数名 add 作实参，此时 fun 函数的形参 p 指向函数 add 的入口地址，在 fun 函数中的函数调用(*p)(x,y)相当于 add(x,y)。

6.6 指针数组

如果处理多个字符串，需要定义一个二维的字符数组才能存放多个字符串。由于各个字符串的长度一般不相等，根据二维数组的特点，应按最长的字符串来定义二维数组的列数，这将浪费大量的内存单元。

本节介绍的指针数组比较适合于用来指向多个字符串。指针数组存放的全部是指针，即每个数组元素都是一个指针变量。定义指针数组的一般形式为：

```
类型名 *数组名[数组长度];
```

其中，"类型名"为指针所指向的变量的类型，"*"表示数组是指针类型的，例如：

```
char *ch[6];
```

"[]"比"*"优先级高，所以首先是数组形式 ch[6]，然后才是与"*"的结合。表示 ch 是一个指针数组，它包含 6 个指向字符型的指针变量 ch[0]～ch[5]。

说明：注意"int *p[4];"和"int (*p)[4];"的区别。"int *p[4];"表示 p 是一个指针数组，它包含 4 个元素，每个元素都是一个指向整型的指针变量。"int (*p)[4];"表示 p 是一个行指针变量，它指向含有 4 个元素的一维整型数组。

【例 6-20】 把给定的多个字符串按由小到大的字母顺序输出。

```
#include <string.h>
#include <stdio.h>
void main()
{
```

```
    char *ch[]={"Goodbye","Computer","Flash","Photoshop","Chinese","English"};
    int i,j,min,n=6;
    char *t;
    for(i=0;i<n-1;i++)                    /*外循环确定比较的次数*/
    {
      min=i;
      for(j=i+1;j<n;j++)
        if(strcmp(ch[min],ch[j])>0)       /*比较两个串的大小，将小串的下标赋给 min*/
          min=j;
      if(min!=i)                          /*如果小串不是第 i 串，则将 ch[i]和 ch[min]对换*/
      {
        t=ch[i];
        ch[i]=ch[min];
        ch[min]=t;
      }
    }
    for(i=0;i<n;i++)
      printf("%s\n",ch[i]);               /*ch[i]存放了第 i 个字符串的首地址*/
}
```

程序运行结果如下：

```
Chinese
Computer
English
Flash
Goodbye
Photoshop
```

分析：指针数组 ch 有 6 个元素，其初值分别是 6 个字符串的首地址，strcmp 是字符串比较函数，ch[min]和 ch[j]是第 min 个和第 j 个字符串的起始地址，如果 ch[min]所指的字符串大于 ch[j]所指的字符串，则此函数值为正值，若相等则函数值为 0，若小于则函数值为负值。if 语句的作用是将两个串中的小串的序号保留在变量 min 中。如果 min 不等于 i，将 ch[i]与 ch[min]对换，也就是将指向第 i 个串的数组元素与指向第 min 个串的数组元素对换。在最后的循环体中包含 printf 函数，它的作用是循环输出各个字符串。其中，ch[0]～ch[5]分别是按从小到大顺序排好序的各字符串的首地址。

6.7 实训

一、实训目的

- 掌握指针的概念、指针变量的定义、初始化和引用。
- 掌握指针变量为参数在调用函数和被调用函数之间的数据传递。
- 掌握函数返回地址值的方法。
- 掌握指向函数的指针及其运算。
- 掌握指向数组的指针及其运算。

● 掌握指向字符串的指针及其运算。
● 掌握指针数组的概念和使用。
● 能熟练地运用指针变量完成 C 程序的编写。

二、实训内容

1．上机运行并分析下面的程序，理解指针变量做形参时地址的传送过程。

```
#include <stdio.h>
void fun(int *p,int n)
{
  int i;
  for(i=0;i<n;i++)
    printf("%d\t",*p++);
  printf("\n");
}
void main()
{
  int a[10],i;
  for(i=0;i<10;i++)
    a[i]=i*2;
  fun(a,10);
}
```

2．上机运行下面的程序，分析程序的运行结果。

```
#include <stdio.h>
void main()
{
  int i,a[4],b[4]={1,3,5,7};
  int *p=b;
  clrscr();
  for(i=0;i<4;i++)
      a[i]=*p++;
  for(i=0;i<4;i++)
      printf("%d ",a[i]);
  printf("%d\n",*(p=b));
}
```

3．上机运行并分析下面的程序，注意指针变量 p 的变化情况。

```
#include <stdio.h>
void main()
{
  int a[]={1,2,3,4,5,6};
  int *p;
  p=a;
  printf("%d\t",*p);
  printf("%d\t",*(++p));
```

```
    printf("%d\t",*++p);
    printf("%d\t",*(p--));
    p+=3;
    printf("%d\t%d\t",*p,*(a+3));
}
```

4．上机运行下面的程序，分析程序中指针变量和数组名的使用，说明程序的实现功能和运行结果。

```
#include <stdio.h>
void sort(int *a,int n)
{
    int i,j,t;
    for(i=0;i<n-1;i++)
        for(j=0;j<n-i-1;j++)
            if(*(a+j)> *(a+j+1))
            {
                t=*(a+j);
                *(a+j)= *(a+j+1);
                *(a+j+1)=t;
            }
}
void main()
{
    int x[10]={70,10,19,57,41,72,65,59, 7,92};
    int i, *p=x;
    sort(x,10);
    for(i=0;i<10;i++)
        printf("%5d",*p++);
    printf("\n");
}
```

5．下面程序是把从终端读入的一行字符作为字符串放在字符数组中，然后输出。请填写缺少的语句。

```
#include<stdio.h>
void main()
{
    int j;
    char str[100],*p;
    for(j=0;j<99;j++)
    {
        str[j]=getchar();
        if(str[j]== '\n')
            break;
    }
    str[j]=________;
```

```
    p=____________;
    while(*p)
    putchar(*p++);
}
```

6. 下面程序的功能是利用插入排序法对 10 个数从大到小进行排序。请填写缺少的语句。（插入排序法的思想是：从一组待排序的数中取出第 1 个数作为有序数列，其它数作为无序数列。每次从无序数列中取一个待排序的数，插入到有序数列中的适当位置，使有序数列依然有序，直到无序数列中的数据全部插入到有序数列中为止。例如，假设待排序的数据序列是 $a_1,a_2,a_3,\cdots,a_n$。a_1 自成 1 个有序区，无序区为 $a_2,a_3,\cdots,a_n$。从 a_2 起直至 a_n 为止，依次将 a_i 插入当前的有序区 $a_1,\cdots,a_{i-1}$ 中，生成含 n 个记录的有序区。）

```
#include <stdio.h>
sort(int *p,int n)
{
    int x,i,j;
    for(i=1;i<n;i++)
    {
        x=*(p+i);
        j=i-1;
        while(j>=0&&x>*(p+j))
        {
            ____________;
            j--;
        }
        ____________;
    }
}
void main()
{
    int a[10],i;
    printf("Input 10 numbers:\n");
    for(i=0;i<10;i++)
        scanf("%d",(a+i));
    sort(a,10);
    for(i=0;i<10;i++)
        printf("%4d",a[i]);
    printf("\n");
}
```

7. 以下程序中函数 huiwen 的功能是检查一个字符串是否是回文，当字符串是回文时，函数返回字符串“yes!”，否则函数返回字符串“no!”，并在 main 函数中输出。所谓回文即正向与反向的拼写都一样，例如 goodoog。请把程序补充完整并上机进行调试。

```
#include <string.h>
#include <stdio.h>
char *huiwen(char *str)
```

```
{
  char *p1,*p2;
  int i,t=0;
  p1=str;
  p2=_______________;
  for(i=0;i<=strlen(str)/2;i++)
    if(*p1++!=*p2--)
    {
      t=1;
      break;
    }
  if(___________)
    return("yes!");
  else
    return("no!");
}
void main()
{
  char str[50];
  printf("Input:");
  scanf("%s",str);
  printf("%s\n",__________);
}
```

8．已经函数 fun 的功能是：求出 M 行 N 列二维数组每列元素中的最小值，并计算它们的和值，和值通过形参传回到 main 函数中输出。请把程序补充完整并上机进行调试。

```
#define M 2
#define N 4
#include <stdio.h>
void fun(int a[M][N],int *sum)
{
  int i,j,k,s=0;
  for(i=0;i<N;i++)
  {
    k=0;
    for(j=0;j<M;j++)
      if(a[k][i]>[j][i])
        k=j;
    s+=__________;
  }
  ________=s;
}
void main()
{
  int x[M][N]={1,10, 9,27,41,72,65,19},s;
  fun(_________);
```

```
    printf("%d\n",s);
}
```

6.8 习题

一、选择题

1．已知“int a=27,*p;”如果希望指针变量 p 指向变量 a，则正确的赋值语句是________。

A．p=a;　　B．*p=a;　　C．p=&a;　　D．*p=&a;

2．若有以下定义和语句：

```
int a=19,*q;
q=&a;
```

下面均代表地址的一组选项是________。

A．&*a，&a，q　　B．a，*q，*&a

C．*&q，*q，&a　　D．&a，&*q，q

3．若有定义 int a,*p; 以下正确的程序段是________。

A．p=&a;
scanf("%d",&p);

B．p=&a;
scanf("%d", *p);

C．p=&a;
scanf("%d",a);

D．p=&a;
scanf("%d",p);

4．若有定义“int a=19,b,*p,*q;”，均是正确赋值语句的选项是________。

A．p=&a;q=*p;　　B．*p=&a;*q=&b;

C．p=&a;q=p;　　D．p=&a;q=&p;

5．下面判断正确的是________。

A．char *s="China";等价于 char *s;s="China";

B．char ch[40]="China";等价于 char ch[40];ch="China";

C．char *a="China";等价于 char *a;*a="China";

D．char ch[40]= "China",str[40] ="China";等价于 char ch[40]= str[40]= "China";

6．下面程序段的运行结果是________。

```
char *str="Hello";
str+=2;
printf("%s\n",str);
```

A．Hello　　B．l　　C．llo　　D．ello

7．若有以下定义和语句：

```
char s[]="computer";
char *p;
p=s;
```

则下列叙述正确的是________。

A．*p 的值是 computer

B．s 和 p 的含义完全相同

C．数组 s 中的内容和指针变量 p 中的内容相等

D．p 指向了数组 s 的首地址

8．若有定义 int a[7],*p=a; 则对 a 数组元素地址的正确引用是________。

A．p+7　　B．*a+1　　C．&a+1　　D．&a[0]

9．在 16 位的编译系统上，若定义“int a[]={20,30,40},*p=a;”，当执行“p++;”后，下列说法错误的是________。

A．p 向高地址移了 1 个字节　　B．p 与 a+1 等价

C．p 向高地址移了 2 个字节　　D．p 向高地址移了 1 个存储单元

10．若有定义“int (*p)[10];”则 p________。

A．是一个指针数组名

B．是一个指向整型变量的指针变量

C．是一个指针变量，它指向一个含有 10 个整型元素的一维数组

D．定义不合法

11．已定义以下函数：

```
float fun(float *p)
{return *p;}
```

返回值为________。

A．形参 p 的地址值　　B．一个实数

C．形参 p 中存放的值　　D．不确定的值

12．设有定义“int n1=0,n2,*p=&n2,*q=&n1;”，以下赋值语句中与“n2=n1;”语句等价的是________。

A．p=q;　　B．*p=*q;　　C．*p=&n1;　　D．p=*q;

13．语句“int (*p)();”的含义是____。

A．p 是指向 int 型数据的指针变量

B．p 是指向一维数组的指针变量

C．p 是指向函数的指针，该函数将返回一个 int 型数据

D．p 是一个函数名，该函数的返回值是指向 int 型数据的指针

14．有以下程序：

```
#include <stdio.h>
fun (char *p)
{p+=3;}
void main()
{
  char b[4]={ 'a','b','c','d'},*p=b;
  fun(p);
  printf("%c\n",*p);
}
```

程序运行后的输出结果是________。

A. a　　B. b　　C. c　　D. d

15. 若有定义语句“int a,b,c,*p=&c;”，执行以下选项中的语句，能正确执行的语句是________。

A. scanf("%d",&p);　　B. scanf("%d",a,b,c);

C. scanf("%d",p);　　D. scanf("%d%d %d ",a,b,c);

16. 若有函数add(a,b)，为了让函数指针变量p指向函数add，正确的赋值方法是_______。

A. p=add;　　B. *p=add;　　C. p=add(a,b);　　D. *p=add(a,b);

17. 若有以下定义，数值不为3的是___________。

int a[10]={1,2,3,4,5,6,7,8,9,10},*p;

A. a[2]　　B. p=a+2;*p++;　　C. p=a+1;*(p++);　　D. p=a+1;*++p;

18. 有以下程序：

```
void main()
{
  int b[]={1,2,3,4,5,6,7,8,9,10},*p=&b[3],*q=p+2;
  printf("%d\n",*p+*q);
}
```

程序运行后的输出结果是________。

A. 6　　B. 8　　C. 10　　D. 16

19. 若有函数min(a,b)并且已使函数指针变量p指向函数min，当调用该函数时，正确的调用方法是___________。

A. (*p)min(a,b)　　B. *pmin(a,b)　　C. (*p)(a,b)　　D. *p(a,b)

20. 若有定义“int n[5],*p=n;”且0≤j<5，对数组元素非法引用的是___________。

A. n[j]　　B. *(n+j)　　C. *(p+j)　　D. *(&n+j)

21. 若有定义“int a[2][3],*p[3];,”则以下语句中正确的是________。

A. p=a;　　B. p[0]=a;　　C. p[0]= a[1][2];　　D. p[1]=&a;

22. 若有“int a[4][5],(*p)[5];p=a;”，能正确引用a数组元素的是________。

A. p+1　　B. *(p+1)　　C. *(p+1)+3　　D. *(p[0]+2)

23. 有以下程序：

```
#include <stdio.h>
void main()
{
  char s[]="abcdef",*p;
  p=s;
  printf("%c\n",*p+4);
}
```

程序运行后的输出结果是________。

A. a　　B. b　　C. e　　D. 元素s[4]的地址

24．有以下程序：

```
#include <stdio.h>
int sum(int a,int b)
{
   return(a+b);
}
void main()
{
   int k,(*f)(),a=5,b=10;
   f=sum;
   …
}
```

则以下函数调用语句错误的是________。

A．k=(*f)(a,b);　　B．k= sum (a,b);　　C．k=*f(a,b);　　D．k=f(a,b);

二、填空题

1．指针是指____________，指针变量就是专门用来存放变量________的变量。

2．在C语言中，如果变量q指向a，意味着变量q的内容是变量a的__________。

3．若有定义“int *q;”，则q前面的“*”表示__________________。

4．在C语言中，引用一个数组元素常用的方法是__________和__________。

5．若p为指针变量，*(p++)与*(++p)的区别是________________________。

6．已知“int n[10],*p;”可以通过语句____________使指针变量p指向数组n的首地址。

7．“int *p[n];”与“int (*p)[n];”的区别是______________________________。

8．若有以下定义和语句：

```
int a[]={2,4,6,8,10},*p;
p=a;
```

则*(p+1)的值是__________。若“p=&a[3];”则*--p的值是__________。

9．若有以下定义和语句：

```
int a[10],*p;
p=a;
```

在程序中引用数组元素a[2]的4种形式是：_______，_______，______和a[2]。

10．以下语句有错误，原因是________________________。

```
#include <stdio.h>
void main()
{
   int *p;
   *p=16;
   …
}
```

三、程序分析题

1．写出下面程序的运行结果。

```
#include <stdio.h>
void main()
{
   int a=10,*p;
   float *q,b=12.7;
   p=&a;
   q=&b;
   printf("%d,%.2f\n",a,b);
   printf("%d,%.2f\n",*p,*q);
}
```

2．分析下面程序的运行结果。

```
#include <stdio.h>
void main()
{
   int a[6]={1,3,5,7,9,11},j,*p;
   p=a;
   for(j=0;j<6;j++)
      printf("%d\t",a[j]);
   printf("\n");
   for(j=0;j<6;j++,p++)
      printf ("%d\t",*p);
   printf("\n");
}
```

3．分析下面程序的功能。

```
#define N 10
#include <stdio.h>
void main()
{
   int a[N],i,*p,*q;
   printf("Input 10 sumbers: ");
   for (i=0;i<N;i++)
      scanf("%d",&a[i]);
   p=q=a;
   for (i=0;i<N;i++)
   {
      if (a[i]>*p)
         p=&a[i];
      if (a[i]<*q)
         q=&a[i];
   }
   printf("max=%d,min=%d\n",*p,*q);
```

```
}
```

4．分析下面程序，程序运行后数组 str 中的内容是什么？

```
#include <stdio.h>
void main()
{
   char *ch="I like C program.",str[30],*p=ch;
   int j;
   for(j=0;*p!= '\0';j++,p++)
      str[j]=*p;
   str[j]= '\0';
   puts(str);
}
```

5．分析下面的程序，写出程序的运行结果。

```
#include <stdio.h>
void f(int *p)
{
   int j;
   for(j=2;j<6;j++)
     p[j]*=2;
}
void main()
{
   int a[10]={1,3,5,7,9,11,13,15,17,19},j,*p;
   p=a;
   f(p);
   for(j=0;j<10;j++)
      printf("%d ",a[j]);
}
```

6．分析下面的程序，写出程序的运行结果。

```
#include <stdio.h>
void fun(char *p)
{
   char *q;
   q=p;
   while(*q!= '\0')
   {
      (*q)++;
      q++;
   }
}
void main()
{
```

```
    char a[10]="GOOD",*p;
    p=&a[3];
    fun(p);
    printf("%s\n ",a);
}
```

7．分析下面的程序，写出程序的运行结果。

```
#include <stdio.h>
void main()
{
    int a[3][3],j,*p;
    p=&a[0][0];
    for(j=0;j<9;j++)
        p[j]=j;
    for(j=0;j<3;j++)
            printf("%d ",a[1][j]);
}
```

四、编写程序题

1．编写程序，将一个字符串连接到另一字符串之后。要求使用指针变量完成。

2．编写一个指针型函数 sum，该函数的功能是求解两个数之和，并把所求和的地址返回 main 函数。

3．编写程序，统计出一个字符串中的大小写字母个数。要求使用指向字符串的指针变量完成。

4．用指向数组的指针变量实现一维数组由小到大的冒泡排序。要求编写一个函数，完成数据的排序。

5．编写一个函数，要求在一给定的字符串中查找子字符串的位置，并将该位置在主函数中输出。

6．编写程序，实现在字符串 s1 中的指定位置插入字符串 s2。

7．编写程序，要求用指针数组完成：输入月份号，输出该月份的英文名。例如，输入“5”，则输出“May”。

8．运用指针变量完成：输入 10 个数，将其中最小的数与第 1 个数交换，将最大数和最后一个数交换。

9．使用指针有关知识完成：输入一行字符，找出其中大写字母、小写字母、空格、数字以及其他字符各有多少。

第 7 章　结构体与共用体

前面介绍了 C 语言基本的数据类型，也介绍了指针和数组。本章将介绍在 C 语言中可由用户构造的 3 种数据类型——结构体、共用体和用户定义类型。

本章的主要内容包括：

- 结构体类型和结构体变量
- 结构体数组、结构体指针
- 动态存储分配
- 链表的概念和动态链表的基本操作
- 共用体类型和共用体变量
- 类型定义符 typedef

7.1　结构体类型及定义

现实中存在的大部分对象具有不同的属性，需要用不同的数据类型去描述。例如，一个公司员工的信息包括工号、姓名、性别、年龄、工资等。这些属性都是有联系的，因为它们属于同一个员工。为了能够表示同一个对象的多种属性，C 语言给出了另一种构造数据类型——结构体。利用结构体能够将不同类型的数据组合在一起，来描述上述具有不同属性的对象，从而解决实际问题。

在程序中使用结构体，首先要对结构体类型进行定义。定义结构体类型的一般形式为：

```
struct  结构体名
{
   数据类型   成员名 1;
   数据类型   成员名 2;
   …
   数据类型   成员名 n;
};
```

“struct”是关键字，是结构体类型的标志；“结构体名”是用户定义的标识符，要符合 C 语言的标识符命名规则；各成员的数据类型可以是基本类型，也可以是构造类型。例如：

```
struct employee
{
   int num;
   char name[20];
   char sex;
   int age;
   float salary;
};
```

定义了一个结构体类型，结构体类型名是 employee，该结构体由 5 个成员组成。

定义的结构体类型是一种数据类型。它和系统提供的标准数据类型（如 int、char、float、double 等）具有相同的地位和作用，只不过结构体类型需要由用户自己指定而已，而标准数据类型由系统定义。

说明：

1）结构体类型的定义是程序语句，因此一定注意右花括号后面的分号不能丢。

2）结构体中的成员可以定义成不同的数据类型，它们不是变量，因此成员名可以与程序中其他变量同名；不同结构体中的成员也可以同名。

3）定义结构体类型，只是定义一种和基本类型地位相同的新的数据类型，不是定义的变量。

7.2 结构体类型变量

定义好一个结构体类型后，可以将其看作是与 int、char 和 float 等数据类型一样的一个新的数据类型，其中并无具体数据，系统对之也没有分配实际内存单元。为了能在程序中使用结构体类型的数据，应当定义结构体类型的变量，并在其中存放具体的数据。

7.2.1 结构体类型变量的定义

定义结构体类型变量是用已经定义好的某个结构体类型未完成。结构体变量的定义形式有如下 3 种。

（1）先定义结构体类型，再定义结构体类型变量。例如：

```
struct employee                    /*定义 employee 结构体类型*/
{
  int num;
  char name[20];
  char sex;
  int age;
  float salary;
};
struct employee a1,a2;             /*将 a1、a2 定义为 employee 结构体类型*/
```

以上程序段定义了名为 employee 的结构体类型，然后将 a1、a2 两个变量定义成 employee 结构体类型。结构体类型变量的定义形式为：

struct 结构体名 结构体变量名表列；

例如，

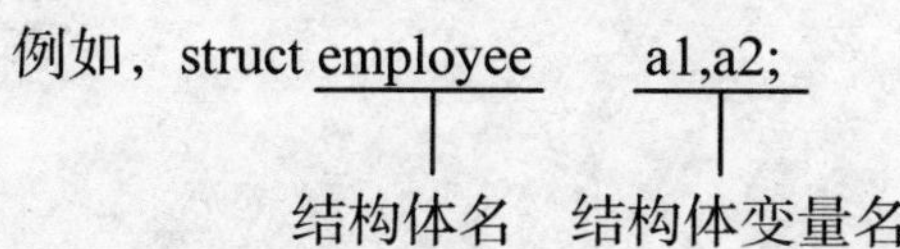

定义 a1、a2 为 struct employee 类型的变量，它们具有了 struct employee 类型的结构。在定义了结构体变量之后，系统会为之分配内存单元。结构体变量的每个成员在计算机中占有不同且连续的内存单元，每个结构体变量所占内存大小为各个成员项所占内存大小之和。例

如，a1 和 a2 在内存中各占 29 个字节（2+20+1+2+4=29）。

（2）定义结构体类型的同时定义结构体变量。例如：

```
struct employee                    /*定义 employee 结构体类型*/
{
  int num;
  char name[20];
  char sex;
  int age;
  float salary
} a1,a2;                           /*将 a1、a2 定义为 employee 结构体类型*/
```

定义 employee 结构体类型的同时，定义了属于该类型的两个结构体变量 a1 和 a2。用这种方法进行结构体类型变量定义的一般形式为：

```
struct  结构体名
{
  数据类型   成员名 1;
  数据类型   成员名 2;
  …
  数据类型   成员名 n;
}结构体变量名表列;
```

（3）直接定义结构体类型变量。

结构体类型名一般在后面的程序中不会出现，就像除了变量定义之外，一般不会在程序中引用 int 一样。所以，定义结构体变量时，可以将结构体类型名省略掉。其一般形式为：

```
struct
{
  数据类型   成员名 1;
  数据类型   成员名 2;
  …
  数据类型   成员名 n;
}结构体变量名表列;
```

例如：

```
struct                             /*声明一种结构体类型，类型名省略*/
{
  int num;
  char name[20];
  char sex;
  int age;
  float salary;
} a1,a2;                           /*将 a1、a2 定义为该结构体类型变量*/
```

结构体的成员也可以定义成另一个结构体类型的变量。例如：

```
struct date                              /*声明一个名为 date 的结构体类型*/
{
  int month;
  int day;
  int year;
};
struct employee                          /*声明一个名为 employee 的结构体类型*/
{
  int num;
  char name[20];
  char sex;
  struct date birthday;                  /*将 employee 的成员 birthday 定义成 struct date*/
  float salary;
}a1,a2;
```

说明：结构体类型与结构体类型变量是不同的概念。结构体类型是一种数据类型，系统不对其分配存储空间；结构体类型变量才是实在的变量，系统为其分配存储空间，可以进行赋值、存取或运算。

7.2.2 结构体类型变量的引用

定义了结构体类型的变量之后，可以对结构体变量进行各种操作。对结构体变量进行操作一般是对结构体成员进行操作。

1．结构体变量成员的引用

结构体变量成员的引用形式为：

结构体变量名.成员名

例如，a1.salary 表示 a1 变量中的 salary 成员，可以进行如下赋值操作：

```
a1.salary=1500;          /*给 a1 变量中的 salary 成员赋值为 1500*/
```

其中"."是成员运算符，它在所有的运算符中的优先级是最高的。

【例 7-1】 结构体类型变量的引用示例。

```
#include <stdio.h>
#include <string.h>
void main()
{
  struct employee                        /*定义 employee 结构体类型*/
  {
    int num;
    char name[20];
    char sex;
    int age;
    float salary;
  };
```

```
    struct employee a1;                  /*将 a1 定义为 employee 结构体类型*/
    a1.num=10001;                        /*对结构体变量 a1 的各成员赋值*/
    strcpy(a1.name, "wangyan");
    a1.sex='F';
    a1.age=23;
    a1.salary=15000;
    printf("%d,%s,%c,%d,%.1f",a1.num,a1.name,a1.sex,a1.age,a1.salary);
}
```

程序运行结果如下：

```
10001,wangyan,F,23,1500.0
```

说明：不能把结构体变量作为整体进行输入/输出，下面的引用方式是错误的："printf("%d,%s,%c,%d,%f",a1);"，只能对结构体变量的各个成员分别进行输入/输出。

2．结构体嵌套时逐级引用

如果结构体的成员又是结构体类型，这时就需要用若干成员运算符，一级一级地找到最低一级的成员。只能对最低的成员进行各种操作。例如，当结构体成员又是结构体类型时，可以这样访问成员：

```
a1.num
a1.birthday.day      变量 a1 的 birthday 成员的 day 成员
```

3．同类型结构体变量间的整体赋值

可以将一个结构体变量作为一个整体，赋给另一个类型相同的结构体变量。如上面举的例子中，将 a1、a2 定义成同一结构体类型的变量，若变量 a1 的各个成员已经赋值，则可执行语句"a2=a1;"。执行完该语句后，就会将 a1 变量中各成员项的值逐个赋给 a2 中相应的各成员。

4．对结构体变量的成员可以像普通变量一样进行各种运算

例如：

```
a1.salary= a1.salary+100;
a1.age++;
```

7.2.3 结构体类型变量的初始化

和其他类型的变量一样，对结构体变量可以在定义时指定初始值，即初始化。

【例 7-2】 结构体类型变量初始化的应用。

```
#include <stdio.h>
void main()
{
    struct employee                   /*定义结构体类型 employee*/
    {
        int num;
        char name[20];
```

```
        char sex;
        int age;
        float salary;
    }a1={10001,"liming",'f',20,1800.0};   /*定义结构体变量 a1 的同时对其初始化*/
    printf("%d,%s,%c,%d,%.2f",a1.num,a1.name,a1.sex,a1.age,a1.salary);
}
```

程序运行结果如下：

```
10001,liming,f,20,1800.00
```

7.2.4 结构体类型变量应用举例

【例 7-3】 输入一个学生的英语期中和期末成绩，计算并输出其平均成绩。

```
#include <stdio.h>
void main()
{
    struct study                                /*定义结构体类型，类型名为 study*/
    {
        float mid;
        float end;
        float average;
    }english;                                   /*定义结构体类型变量 english*/
    scanf("%f,%f",&english.mid,&english.end);   /*输入期中、期末成绩*/
    english.average=(english.mid+english.end)/2;   /*求期中、期末的平均成绩*/
    printf("average=%.1f\n",english.average);   /*输出所求平均成绩*/
}
```

程序运行情况如下：

如果输入：90.5,80.5
结果如下：average=85.5

【例 7-4】 建立两个学生的基本情况表，然后将其输出。

```
#include <stdio.h>
#include <string.h>
void main()
{
    struct stud                          /*定义结构体类型，类型名为 stud*/
    {
        int num;
        char name[20];
        char sex;
        int age;
        float score;
    }student1={10001, "liu", 'F',18,75.0},student2;   /*定义结构体类型变量*/
```

```
    student2=student1; /*将 student1 变量中各成员的值逐个赋给 student2 中相应的成员*/
    student2.num=10002;
    strcpy(student2.name, "zhang");   /*将字符串复制到 student2.name 成员中*/
    printf("student1:%d,%s,%c,%d,%.1f\n",student1.num,student1.name,student1.sex,
      student1.age,student1.score);
    printf("student2:%d,%s,%c,%d,%.1f",student2.num,student2.name,student2.sex,
    student2.age,student2.score);
}
```

程序运行结果如下：

```
student1:10001,liu,F,18,75.0
student2:10002,zhang,F,18,75.0
```

7.3 结构体数组

一个结构体变量可以存放关于同一个对象的一组相关数据，如一个员工的工号、姓名、性别、年龄、工资等。如果有多个对象的数据需要处理，就需要用到结构体数组。结构体数组中的每个数组元素都是同一个结构体类型的数据，它们都分别包含各个成员项。

7.3.1 结构体数组的定义

结构体数组的定义方式同结构体变量的定义方式一样，也有 3 种形式，只需把结构体变量定义成数组即可。例如：

```
struct employee
{
  int num;
  char name[20];
  char sex;
  int age;
  float salary;
};
struct employee a[4];
```

定义了结构体数组 a，数组中包含 4 个元素 a[0] ~ a[3]，每个数组元素都具有 struct employee 的结构，且各个元素在内存中的存放是连续的。也可以直接定义结构体数组：

```
struct employee
{
  int num;
  char name[20];
  char sex;
  int age;
  float salary;
}a[4];
```

或者定义为：

```
struct
{
  int num;
  char name[20];
  char sex;
  int age;
  float salary;
}a[4];
```

7.3.2 结构体数组的初始化

对结构体数组的初始化，与普通数组的初始化一样。例如：

```
struct employee
{
  int num;
  char name[20];
  char sex;
  int age;
  float salary;
}a[4]={{1001,"Li ping", 'M',23,1500.0},{1002,"Zhang ming", 'M',24,1600.0},{1003,"Wang fang", 'F',22,
1450.0},{1004,"Cheng li", 'F',25,1650.0}} ;
```

初始化后的结构体数组如图 7-1 所示。

	num	name	sex	age	salary
a[0]	1001	Li ping	M	23	1500.0
a[1]	1002	Zhang ming	M	24	1600.0
a[2]	1003	Wang fang	F	22	1450.0
a[3]	1004	Cheng li	F	25	1650.0

图 7-1　初始化后的结构体数组

7.3.3 结构体数组应用举例

【例 7-5】　建立 5 名学生的信息表，每个学生的信息包括学号、姓名及 3 门课的成绩。编写程序输出每一名学生的信息。

```
#include <stdio.h>
void main()
{
  struct student                    /*定义结构体类型*/
  {
    int num;
    char name[20];
```

```
    int score[3];
  }stu[5];                          /*定义结构体数组 stu*/
  int i,j;
  for(i=0;i<5;i++)                  /*为结构体数组各元素赋值*/
  {
    scanf("%d,%s",&stu[i].num,stu[i].name);
    for(j=0;j<3;j++)
      scanf("%d",&stu[i].score[j]);
  }
  for(i=0;i<5;i++)                  /*输出结构体数组中各元素的值*/
  {
    printf("%d%10s,",stu[i].num,stu[i].name);
    for(j=0;j<3;j++)
      printf("%7d",stu[i].score[j]);
    printf("\n");
  }
}
```

程序运行情况如下：

```
如果输入：1001,chenlu 70 75 80↙
          1002,chenlong 85 65 74↙
          1003,wanglei 78 98 65↙
          1004,liuwei 76 100 98↙
          1005,liya 78 88 86↙
运行结果：1001    chenlu     70     75     80
          1002  chenlong     85     65     74
          1003   wanglei     78     98     65
          1004    liuwei     76    100     98
          1005      liya     78     88     86
```

【例 7-6】 计算学生的平均成绩并统计出不及格的人数。

```
#include <stdio.h>
struct stud              /*定义结构体类型*/
{
  int num;
  char name[20];
  char sex;
  float score;
}boy[5]={{101,"Li ming",'M',54.0},{102,"Zhang ying",'M',67.5},{103,"gao fan",'F',96.5},
{104,"Chen li",'F',76.0},{105,"Wang hong",'M',52.0}};  /*定义包含 5 个元素的外部结构体数组 boy */
void main()
{
  int i,c=0;
  float aveg,s=0;
  for(i=0;i<5;i++)        /*累加各元素的 score 成员值，并累计不及格人数*/
  {
```

```
        s+=boy[i].score;
        if(boy[i].score<60) c+=1;
    }
    aveg=s/5;
    printf("average=%.2f\ncount=%d\n",aveg,c);
}
```

程序运行结果如下：

```
average=69.20
count=2
```

以上代码定义了包含 5 个元素的外部结构体数组 boy，并对其进行了初始化。在 main 函数中用 for 语句逐个累加各元素的 score 成员值存于 s 之中，如果 score 成员的值小于 60（不及格），即计数器 c 加 1，循环完毕后计算平均成绩，并输出平均分及不及格人数。

7.4　指向结构体类型数据的指针

一个结构体变量的指针就是该变量所占据的内存段的起始地址。定义一个指针变量，让它指向某一个结构体变量，也就是让这个指针变量存放结构体变量的起始地址，该指针变量被称为结构体指针变量。通过结构体指针即可访问该结构体变量，这与数组指针和函数指针的情况是相同的。

7.4.1　指向结构体变量的指针

结构体指针变量的定义、赋值与结构体变量的定义、初始化类似。结构体指针变量定义的一般形式为：

```
struct 结构体名 *结构体指针变量名;
```

下面通过一个例子来说明结构体指针变量的应用。

【例 7-7】　结构体指针变量的应用。

```
#include <stdio.h>
void main()
{
    struct employee                                        /*定义 employee 结构体类型*/
    {
        int num;
        char name[20];
        char sex;
        int age;
        float salary;
    };
    struct employee a1={10001,"wangyan",'F',23,1500.0};  /*定义结构体变量 a1*/
    struct employee *p;                                    /*定义指向结构体变量的指针变量 p*/
```

```
    p=&a1;                                    /*使结构体指针变量 p 指向结构体变量 a1*/
    printf("%d,%s,%c,%d,%.2f\n",a1.num,a1.name,a1.sex,a1.age,a1.salary);
    printf("%d,%s,%c,%d,%.2f\n",(*p).num,(*p).name,(*p).sex,(*p).age,(*p).salary);
}
```

程序运行结果如下：

```
10001,wangyan,F,23,1500.00
10001,wangyan,F,23,1500.00
```

p →
10001
"wangyan"
'F'
23
1500

图 7-2　结构体变量 a1 的值在内存中的表示

程序执行时，在内存中的状态如图 7-2 所示。

从运行结果可以看出，两个 printf 函数的输出结果是相同的。第 1 个 printf 函数是通过结构体变量名来输出各个成员的值；第 2 个 printf 函数是通过结构体指针变量 p 来输出各个成员的值，其中的(*p).num 等价于 a1.num。

使用结构体指针变量访问结构体变量的各个成员的一般形式为：

```
(*结构体指针变量).成员名
```

或

```
结构体指针变量->成员名
```

"->" 为指向结构体成员运算符，专门用来表示结构体指针变量的成员。例如：

```
p->name
```

表示 p 所指向的结构体变量中的 name 成员，功能和(*p).name 相同。例 7-7 中的第 2 个 printf 函数也可以改写为：

```
printf("%d,%s,%c,%d,%.2f\n",p->num, p->name, p->sex, p->age, p->salary);
```

访问结构体变量成员的方法可总结为以下 3 种形式：

- 结构体变量名.成员名
- (*指向结构体的指针名).成员名
- 指向结构体的指针名->成员名

7.4.2　指向结构体数组的指针

指针变量可以指向一个结构体数组，这时结构体指针变量的值是整个结构体数组的首地址。结构体指针变量也可指向结构体数组的一个元素，这时结构体指针变量的值是该结构体数组元素的首地址。

定义指针变量 p 并使其指向结构体数组，则 p 也指向该结构体数组的 0 号元素，p+1 指向 1 号元素，p+i 则指向 i 号元素。

【例 7-8】　指向结构体数组的指针的应用。

```
#include <stdio.h>
void main()
```

```
{
   struct worker
   {
      char name[20];
      int age;
      float salary;
   }member[3]={{"zhangsan",32,1200.0},{"lisi",45,2600.0},{"wangwu",42,2400.0}};
   struct worker *p;          /*定义可以指向 struct worker 类型的指针变量 p*/
   p=member;                  /*让 p 指向结构体数组 member*/
   for(;p<member+3;p++)       /*通过循环用指针变量输
                              出结构体数组中的数据*/
     printf("%-10s%-5d%.2fRMB\n",p->name,p->age,p->salary);
}
```

程序运行结果如下

```
zhangsan  32    1200.00RMB
lisi      45    2600.00RMB
wangwu    42    2400.00RMB
```

需要注意的是，p 加 1 意味着 p 所增加的值为结构体数组 member 的一个元素所占的字节数（20+2+4=26 字节）。如图 7-3 所示。

图 7-3　指针变量 p 加 1 后的指向

7.4.3　用结构体变量和指向结构体的指针变量做函数参数

1. 结构体变量作函数参数

结构体变量可以作为函数参数，实现将实参结构体变量的各个成员的值全部对应传递给形参的结构体变量的功能。

用结构体变量作实参时，采取的是“值传递”的方式，将结构体变量所有成员值依次传递给形参。形参也必须是同类型的结构体变量。

【例 7-9】　定义函数并用结构体变量作函数参数完成【例 7-3】的功能。

```
#include <stdio.h>
struct study                                    /*定义外部结构体类型 study*/
{
   float mid;
   float end;
   float average;
};
float aver(struct study subject)                /*定义求平均成绩的函数 aver*/
{
  subject.average=(subject.mid+subject.end)/2;
  return(subject.average);
}
void main()
{
```

```
    struct study english;                          /*定义结构体变量*/
    scanf("%f,%f",&english.mid,&english.end);      /*输入期中、期末成绩*/
    english.average=aver(english);                 /*调用 aver 函数*/
    printf("average=%.1f\n",english.average);
}
```

分析：在 main 函数中调用 aver 函数时，结构体变量 english 作为实参，aver 函数的形参 subject 也必须定义成相同类型的结构体变量，由实参 english 向形参 subject 进行值传递，然后在 aver 函数中求出平均成绩。

2. 指向结构体的指针变量作函数参数

使用结构体变量作函数参数时，将全部成员逐个传送，特别是成员为数组时将会使传送的时间和空间开销很大，严重地降低了程序的效率。最好的办法是使用指向结构体的指针变量作函数参数进行传送。这时由实参传向形式参数的只是地址，从而减少了时间和空间的开销。

下面通过实例，来认识指向结构体变量（或数组）的指针作实参，将结构体变量（或数组）的地址传给形参的传递方法。

【例 7-10】 用指向结构体变量的指针作函数参数完成【例 7-3】的功能。

```
#include <stdio.h>
struct study
{
    float mid;
    float end;
    float average;
};
float aver(struct study *p)                        /*形参为指向结构体的指针变量*/
{
    p->average=(p->mid+p->end)/2;                  /*使用结构体指针变量引用结构体成员*/
    return (p->average);
}
void main()
{
    struct study english;                          /*定义结构体变量*/
    scanf("%f,%f",&english.mid,&english.end);      /*输入期中、期末成绩*/
    english.average=aver(&english);                /*实参为结构体变量 english 的地址*/
    printf("average=%.1f\n",english.average);
}
```

7.5 动态存储分配

第 4 章介绍过数组的长度是预先定义好的，在数组的生存期内是固定不变的，称这种分配方式为“静态存储分配”。

如果有以下定义：

```
int n;
scanf("%d",&n);
```

```
int a[n];
```

用变量 n 表示长度，想对数组的大小作动态说明，这是错误的。

在实际的编程中，经常遇到所需要的内存空间无法预先确定，取决于实际输入的数据的情况。为了解决这种问题，C 语言提供了另一种称作“动态存储分配”的内存空间分配方式。该方式是在程序执行过程中，如果需要空间来存储数据，可以“申请”分配所需的内存空间；当有闲置不用的空间时，可以随时将其释放，由系统另作它用。

动态存储分配通过调用 C 语言提供的内存管理函数来实现，这些内存管理函数可以按需要动态地分配内存空间，也可以把不再使用的空间回收待用，为有效地利用内存资源提供了方法。

常用的内存管理函数有以下 3 个。

1．分配内存空间函数 malloc

分配内存空间函数的调用形式为：

```
(类型说明符*)malloc(size)
```

功能：在内存的动态存储区中分配一块长度为“size”字节的连续区域。其中，“类型说明符”表示该区域可以存放的数据的数据类型；“(类型说明符*)”表示把返回值强制转换为指向该类型的指针。函数的返回值为该区域的首地址。例如：

```
p=(char*)malloc(60);
```

表示在内存的动态存储区中分配 60 个字节的内存空间，用于存放字符型的数据，函数的返回值为所分配的存储区域的起始地址，并把该地址赋给指针变量 p。如果此函数未能成功地执行（如内存空间不足），则返回空指针（NULL）。

2．分配内存空间函数 calloc

calloc 也用于分配内存空间。其调用形式为：

```
(类型说明符*)calloc(n,size)
```

功能：在内存动态存储区中分配 n 块长度为“size”字节的连续区域。函数的返回值为该区域的首地址。calloc 函数与 malloc 函数的区别仅在于一次可以分配 n 块区域。例如：

```
p=(struct stud*)calloc(3,sizeof(struct stud));
```

其中的“sizeof(struct stud)”是求 stud 结构体类型所占的字节数。该语句的功能是：按 stud 的长度分配 3 块连续区域，用来存放 stud 类型数据，并把其首地址赋给指针变量 p。

3．释放内存空间函数 free

释放内存空间函数的调用形式为：

```
free(p);
```

其作用是释放 p 所指向的内存空间。p 是一个指向任意类型的指针变量，它指向被释放区域的首地址。被释放区应是由 malloc 或 calloc 函数所分配的区域。free 函数无返回值。

【例 7-11】 分配一块区域，存入一个学生的数据。

```
#include <stdio.h>
```

```
#include <malloc.h>
#include <string.h>
void main()
{
  struct stud                                     /*定义结构体类型*/
  {
    int num;
    char name[10];
    char sex;
    float score;
  }*p;                                            /*定义结构体指针变量 p*/
  p=(struct stud*)malloc(sizeof(struct stud));    /*分配一块长度为 17 个字节的连续区域*/
  p->num=1001;
  strcpy(p->name,"wang ping");
  p->sex='M';
  p->score=82.7;
  printf("Number=%d\nName=%s\n",p->num,p->name);
  printf("Sex=%c\nScore=%.1f\n",p->sex,p->score);
  free(p);                                        /*释放由 p 指向的内存区*/
}
```

程序运行结果如下：

```
Number=1001
Name= wang ping
Sex= M
Score=82.7
```

7.6 链表

7.6.1 链表概述

采用动态分配的办法可以为一个结构体变量分配内存空间。每一次分配一块空间用来存放某一对象的多个相关数据，称之为一个结点。有多个对象就应该申请分配多块内存空间。如果某结点不需要了，可删去该结点，并释放该结点占用的存储空间，从而节约了宝贵的内存资源。

使用动态分配时，每个结点之间可以是不连续的，结点之间的联系用指针实现。即在结点结构体中定义一个成员项用来存放下一结点的首地址，这个用于存放地址的成员称为指针域。

可在第 1 个结点的指针域存入第 2 个结点的首地址，在第 2 个结点的指针域存放第 3 个结点的首地址，如此串连下去直到最后一个结点。最后一个结点因无后续结点连接，其指针域可赋值为 NULL。这样一种连接方式，在数据结构中称为“链表”。链表是一种重要的数据结构。链表的连接原则如图 7-4 所示。

在链表中，为了确定第 1 个结点，需设置一个指向第 1 个结点的结点，即图 7-4 中的 head，其中存放的是第 1 个结点的首地址，它没有其他数据，称为头结点。其它的结点都分为两个域，一个是数据域，存放各种实际数据，如学号 no，姓名 name，性别 sex 和成绩 score 等；另一个域为指针域，存放下一结点的首地址。链表中的每一个结点都是同一种结构体类型。例如，定义一个存放学生学号和成绩的结点结构。

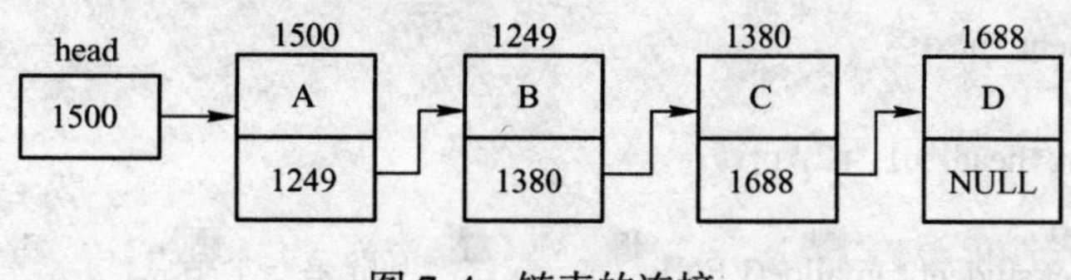

图 7-4　链表的连接

```
struct student
{
   int no;
   float score;
   struct student *next;
};
```

struct　student 类型包括 3 个成员，前两个成员项组成数据域，后一个成员项 next 是一个可以指向 struct student 类型的指针变量，用来存放下一个结点的地址。例如，用 struct student 结构建立起来的包含了 3 个结点的链表如图 7-5 所示。

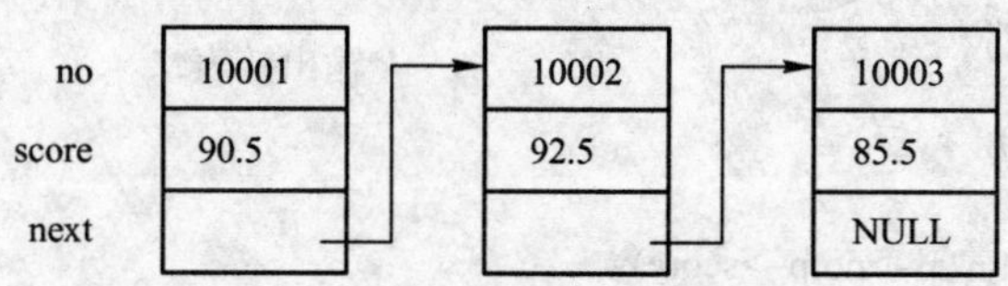

图 7-5　用结构体建立起来的链表

链表的基本操作有以下几种。

- 链表的建立与输出
- 插入一个结点
- 删除一个结点

7.6.2　建立动态链表

下面通过一个例子来介绍建立一个动态链表的方法。

【例 7-12】　建立一个有 n 名学生信息的单向动态链表。

```
#include <stdio.h>
#include "malloc.h"
#define N 3                                          /*学生的人数定义为 3*/
#define NULL 0
#define LEN sizeof(struct student)
void main()
{
   struct student
```

```
{
  int no;
  int score;
  struct student *next;
};
struct student *head,*p1,*p2,*p;
int n;
p1=p2=(struct student *)malloc(LEN);                /*开辟第一个结点*/
scanf("%d,%d",&p1->no,&p1->score);                  /*输入第一个结点的数据*/
head=p1;                                            /*使头结点指向第一个结点*/
n=1;
while(n<N)
 {
  p1=(struct student *)malloc(LEN);                 /*开辟新的结点*/
  scanf("%d,%d",&p1->no,&p1->score);                /*为新的结点输入数据*/
  p2->next=p1;                                      /*将新结点连入链表*/
  p2=p1;                                            /*使新结点成为新的尾结点*/
  n++;
 }
 p2->next=NULL;
 p=head;                                            /*输出链表*/
 while(p!=NULL)
 {
  printf("%d,%d\n",p->no,p->score);
  p=p->next;
 }
}
```

程序运行结果如下：

```
如果输入：10001,90
          10002,92
          10003,93
运行结果：10001,90
          10002,92
          10003,93
```

建立动态链表的过程可用图 7-6～图 7-9 表示。

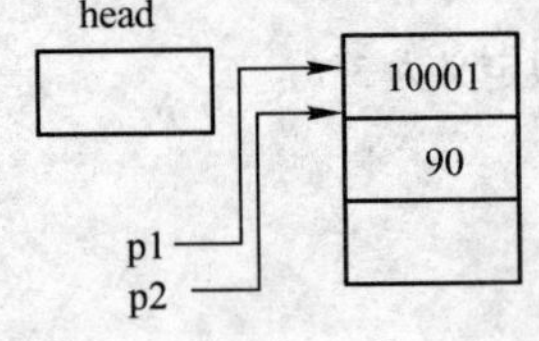

图 7-6　创建第一个结点

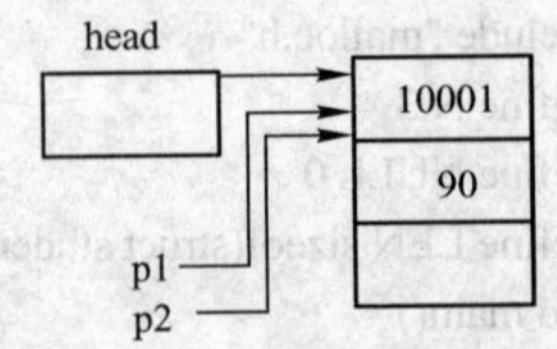

图 7-7　使头结点指向第一个结点

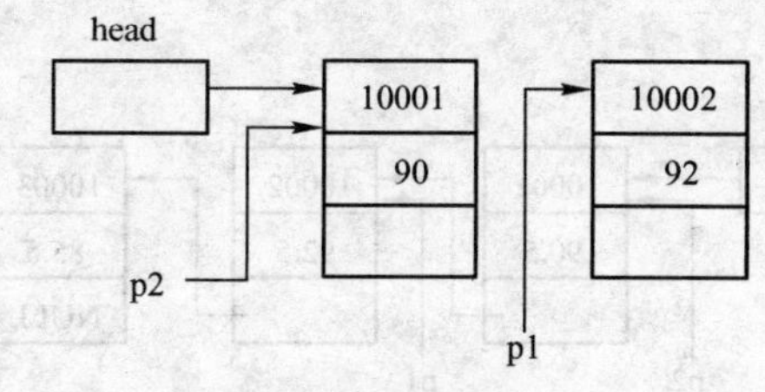

图 7-8　创建新结点

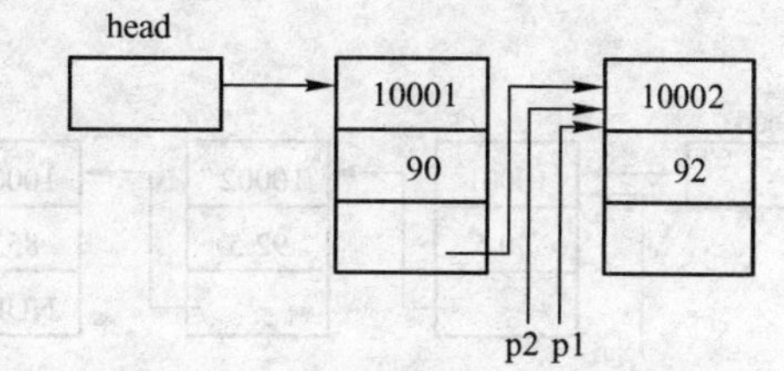

图 7-9　将新结点连入链表

7.6.3　对链表的基本操作

1．输出链表

输出链表就是依次输出链表各结点的信息。基本思路是：先根据 head 结点找到第 1 个结点，输出该结点信息；根据该结点的 next 成员找到下一个结点，再输出该结点信息，依次往下进行，直到某个结点的 next 成员的值为 NULL。链表输出的程序参见【例 7-12】。

2．链表的删除操作

对一个已经建好的链表，有时需要根据条件删除某个结点。例如，在图 7-10 中，希望删除 d 结点，只需要让 d 结点前面的结点 c 指向 e 结点即可，如图 7-11。

图 7-10　建好的链表　　　图 7-11　删除链表中的 d 结点

可以看出，从链表删除一个结点并不是真正的删除，只是把它从链表分离，改变原来的连接关系，从而将该结点绕开。

【例 7-13】　根据【例 7-12】建立的链表编写函数，功能是删除链表中 no 成员的值等于 10002 的结点。

算法的基本思路是：从 head 结点指向的第 1 个结点开始，检查该结点中的 no 成员的值是否为 10002。如果相等就将该结点删除，如不相等，就检查下一个结点。如此进行下去，直到链表结束。

具体方法如下：

1）需要另设 2 个指针变量 p1、p2，查找结束后，让指针变量 p1 指向要删除的结点，让指针变量 p2 指向要删除的结点的前一个结点。

2）查找过程：先使 p1 指向第 1 个结点（p1=head;），如图 7-12 所示。如果欲删除的是第 1 个结点，则执行步骤 3。如果欲删除的不是第 1 个结点，则将 p1 的值赋给 p2（p2=p1;），然后使 p1 指向下一个结点（p1=p1->next;），如图 7-13 所示。继续判断 p1 指向的结点是不是要删除的结点，若是执行步骤 4。如果欲删除的不是 p1 所指结点，重复将 p1 的值赋给 p2，然后使 p1 指向下一个结点。如此对后面的结点进行检查，直到找到要删除的结点，然后执行步骤 4。

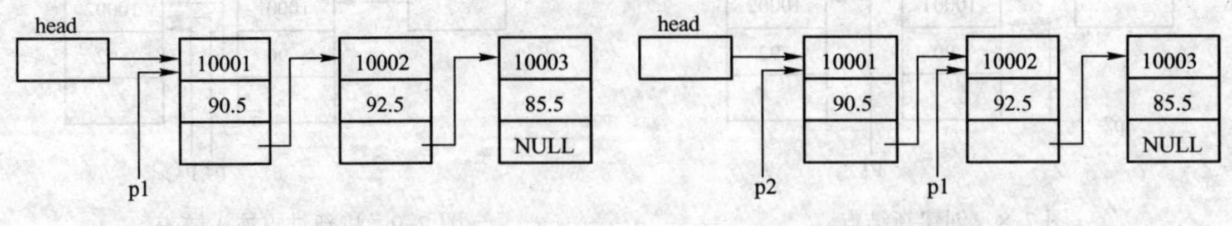

图 7-12　p1 指向链表的第 1 个结点　　　　图 7-13　p1 指向链表的下一个结点

3）如果欲删除的结点是第 1 个结点，p1 的值为 head 的值，将 p1->next 的值赋给 head，即可将第一个结点从链表中分离出来，如图 7-14 所示。关键语句“head=p1->next; free(p1);”。

4）如果欲删除的结点不是第 1 个结点，查找结束后，p1 指向的是要删除的结点，p2 指向的是前一结点。将 p1->next 的值赋给 p2->next，如图 7-15 所示。关键语句“p2->next=p1->next;free(p1);”。

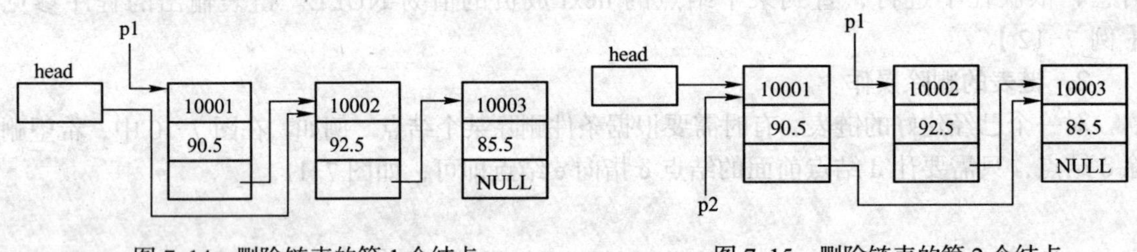

图 7-14　删除链表的第 1 个结点　　　　图 7-15　删除链表的第 2 个结点

算法描述如下：

```
void delete(struct student *head)
{
   struct student *p1,*p2;
   p1=head;
   while(p1->no!=10002&&p1->next!=NULL)        /*查找欲删除的结点*/
   {
      p2=p1;
      p1=p1->next;
   }
   if(p1==head)                                 /*欲删除的结点为第 1 个结点*/
      head=p1->next;
   else                                         /*欲删除的结点为其他结点*/
      p2->next=p1->next;
   free(p1);
}
```

3．链表的插入操作

链表的插入操作是指将一个结点插入到一个已有的链表中。结点的插入需要完成两个操作：一个是找到插入的位置，另一个是将结点插入到链表中。例如，在图 7-16 中，如果希望将结点 c 插入到结点 b、d 之间，则让 b 指向 c，让 c 指向 d 即可，如图 7-17 所示。

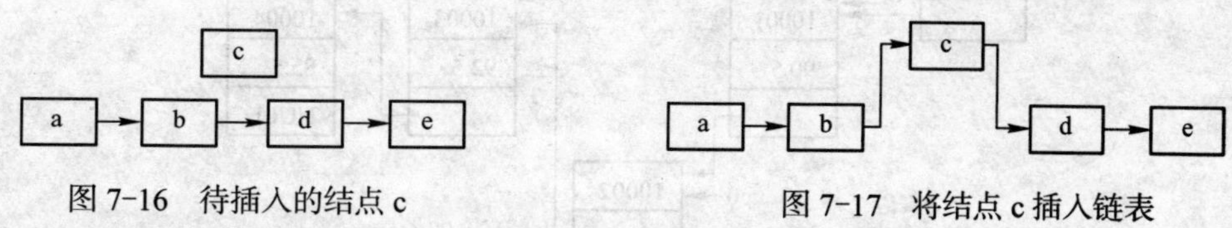

图 7-16 待插入的结点 c　　图 7-17 将结点 c 插入链表

下面通过一个例子来看一下如何在链表中插入结点。

【例 7-14】 已有一个学生信息链表，各结点按其成员项 no 的值由小到大排列的，如图 7-18 所示。编写一个函数，功能是在链表中插入一个新的结点，并保持原来的排列顺序。

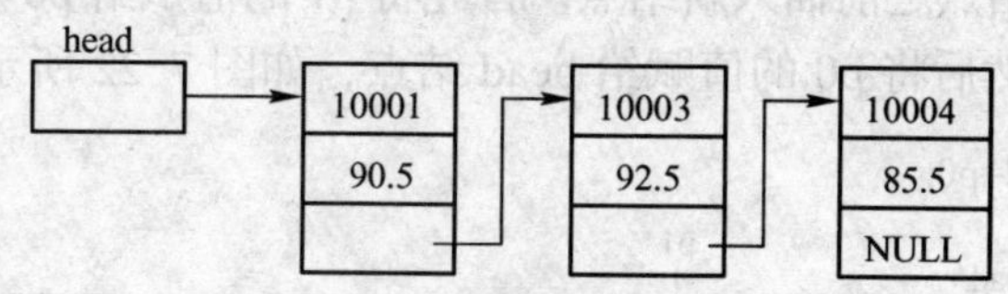

图 7-18 学生信息链表

需要另设 3 个指针变量 p0、p1、p2，p1 指向当前结点；p2 指向 p1 的前一结点；p0 指向待插入的结点。

插入结点的主要步骤如下：

1）查找位置

先使 p1 指向第 1 个结点，如图 7-19 所示。将 p0->no 与 p1->no 相比较，如果 p0->no 大于 p1->no，使 p2 指向 p1 所指向的结点（p2=p1;），然后让 p1 指向下一个结点（p1=p1->next;）。再将 p0->no 与 p1->no 相比较，如果 p0->no 还是大于 p1->no，使 p1、p2 继续后移，直到 p1->no 大于 p0->no 为止。此时，p0 插入的位置就在 p1 之前、p2 之后，如图 7-20 所示。

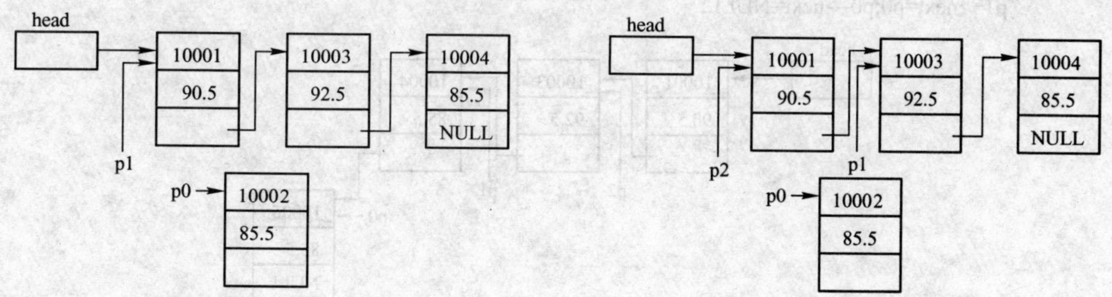

图 7-19 p1 指向链表的第 1 个结点　　图 7-20 查找插入结点的位置

2）插入数据

插入位置查找到之后，即可插入数据。首先把 p0 赋给 p2->next，然后把 p1 赋给 p0->next，如图 7-21 所示。关键语句为：

```
p2->next=p0;p0->next=p1;
```

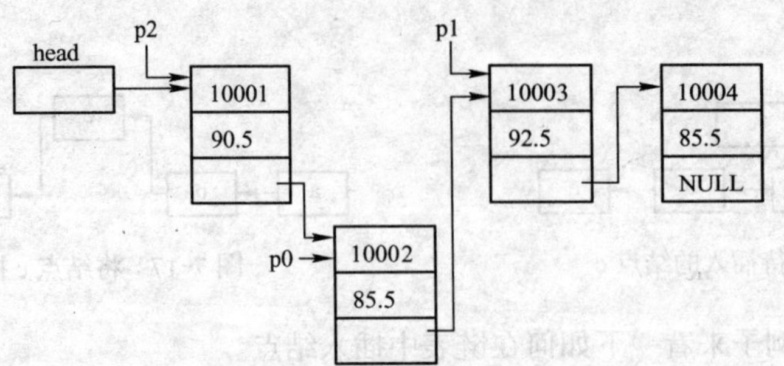

图 7-21　在链表中插入结点

在链表中插入结点还有以下两种情况。

第 1 种：在第 1 个结点之前插入新结点。首先将 p1 的值赋给 p0->next，将第 1 个结点连到欲插入结点的后面；然后将 p0 的值赋给 head 结点，如图 7-22 所示。关键语句为：

```
p0->next=p1;head=p0;
```

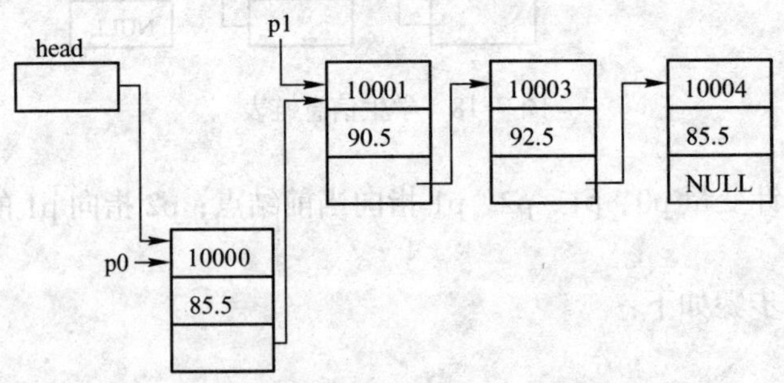

图 7-22　在链表的第 1 个结点之前插入新结点

第 2 种：在最后一个结点之后插入新结点。首先要将 p0 的值赋给 p1->next，将欲插入的结点连到最后一个结点的后面，然后将 p0->next 赋值为 NULL，使之成为新的尾结点，如图 7-23 所示。关键语句为：

```
p1->next=p0;p0->next=NULL;
```

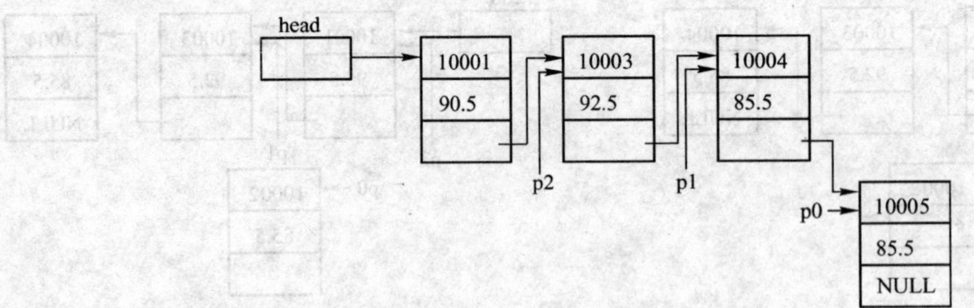

图 7-23　在链表的最后插入结点

算法描述如下：

```
void insert(struct student *head,struct student *insert)
{
    struct student *p1,*p2,*p0;
```

```
    p1=head;                                  /*使 p1 指向第 1 个结点*/
    p0=insert;                                /*使 p0 指向欲插入的结点*/
    while(p0->no>p1->no&&p1->next!=NULL)      /*查找插入的位置*/
    {
      p2=p1;
      p1=p1->next;
    }
    if(p0->no<=p1->no)
    {
      if(head==p1)                            /*在第 1 个结点之前插入*/
          head=p0;
      else
          p2->next=p0; /*插入到除第 1 个结点之前和最后一个结点之后的其它位置*/
      p0->next=p1;
    }
    else
    {
      p1->next=p0;                            /*插入到最后一个结点之后*/
      p0->next=NULL;
    }
  }
```

7.7 共用体

在实际的程序设计过程中，有时几种不同类型的变量不会同时存在。如果单独定义变量，会造成内存空间的浪费，这时可以将几种不同类型的变量存放到同一段内存单元中。虽然不同类型的变量在内存中占的字节数不同，但都是从同一地址开始存放的，这是采用的覆盖技术，即每次向内存单元中赋一种类型的值，赋入的新值会覆盖旧值。定义不同类型的数据共享同一段存储区域，这种形式的数据构造类型称为共用体。

7.7.1 共用体类型的定义

共用体类型的定义方式与结构体类似，其一般形式为：

```
union 共用体名
{
    成员表列
};
```

例如：

```
union data
{
  int i;
  char ch;
```

```
    float f;
};
```

定义一个名字为 data 的共用体类型。在这个类型中，变量 i、ch、f 共用同一块内存单元。

7.7.2 共用体变量的定义和引用

1．共用体变量的定义

和结构体一样，定义共用体类型之后只是定义了一种数据类型，还要进行共用体变量的定义。共用体变量的定义和结构体变量的定义方式相同，有 3 种形式。

1）先定义共用体类型，再定义共用体变量

```
union data
{
   int i;
   char ch;
   float f;
};
union data a,b;
```

2）定义共用体类型的同时定义共用体变量

```
union data
{
   int i;
   char ch;
   float f;
}a,b;
```

3）直接定义共用体变量

```
union
{
   int i;
   char ch;
   float f;
}a,b;
```

上面定义的共用体变量 a、b 各占用 4 个字节的存储空间。因为在 union data 中，占内存空间最大的成员是实型 f。

说明：在结构体中，各成员有各自独立的存储空间，结构体变量的总存储空间是各成员存储空间之和；而在共用体中，各成员共享一段存储空间，一个共用体变量的存储空间的大小等于各成员中所占存储空间最大的成员所占的字节数。

2．共用体变量的引用

共用体类型变量的引用与结构体类型变量一样，不能对共用体变量整体进行引用，只能逐个引用共用体变量的成员。例如，访问共用体变量 a 各成员：

a.i　　引用共用体变量 a 中的整型变量 i

a.ch　引用共用体变量 a 中的字符型变量 ch

a.f　　引用共用体变量 a 中的实型变量 f

【例 7-15】　学生信息表中包括学号、姓名和各门功课的期末考试平均成绩。成绩可采用两种表示方法：一种是五分制，采用整数形式；另一种是百分制，采用的是浮点数形式。编写一个程序，要求能够输入 3 名学生的信息，并输出。

```
#include <stdio.h>
viod main()
{
  union core                                    /*定义共用体类型 core*/
  {
    int iscore;                                 /*表示五分制*/
    float fscore;                               /*表示百分制*/
  };
  struct student                                /*定义结构体类型 student*/
  {
    int num;
    char name[20];
    int tag;                                    /*tag 值为 0 时是五分制，为 1 时是百分制*/
    union core score;                           /*定义共用体变量 score*/
  };
  struct student stu[3];                        /*定义结构体数组 stu*/
  int i;
  for(i=0;i<3;i++)                              /*输入学生信息*/
  {
    printf("Please input %d student's num,name,tag:\n",i+1);
    scanf("%d,%s,%d",&stu[i].num,stu[i].name,&stu[i].tag);
    if(stu[i].tag==0)                           /*采用五分制*/
    {
      printf("Please input iscore:");
      scanf("%d",&stu[i].score.iscore);
    }
    if(stu[i].tag==1)                           /*采用百分制*/
    {
      printf("Please input fscore:");
      scanf("%f",&stu[i].score.fscore);
    }
  }
  printf("\n");
  for(i=0;i<3;i++)                              /*输出学生信息*/
  {
    printf("%d student:",i+1);
    if(stu[i].tag==0)                           /*采用五分制输出*/
      printf("%d,%s,%d\n",stu[i].num,stu[i].name,stu[i].score.iscore);
    else                                        /*采用百分制输出*/
```

```
        printf("%d,%s,%.1f\n",stu[i].num,stu[i].name,stu[i].score.fscore);
    }
}
```

程序运行情况如下：

```
Please input 1student's num,name,tag:
1001,LiLei,0
Please input iscore:4
Please input 2student's num,name,tag:
1002,LiLin,1
Please input fscore:80.5
Please input 3student's num,name,tag:
1003,ChenLin,0
Please input iscore: 5
1 student:1001,LiLei,4
2 student:1002,LiLin,80.5
3 student:1003,ChenLin,5
```

说明：

1）采用覆盖技术，实现共用体变量各成员的内存共享。所以在某一时刻，存放的和起作用的是最后一次存入的成员值。

2）不能对共用体变量进行初始化，也不能将共用体变量作为函数参数，以及使函数返回一个共用体数据，但可以使用指向共用体变量的指针。

3）在【例 7-15】中，共用体类型可以出现在结构体类型定义中；反之，结构体类型也可以出现在共用体类型的定义中。

7.8 枚举类型

如果一个变量只有几种固定可能的值，则可以定义为枚举类型。所谓"枚举"是指将变量的值逐个列举出来，变量的值只限于列举出来的值的范围内。

1．枚举类型的定义

声明枚举类型以 enum 开头，一般形式为：

```
enum  枚举类型名
{
   取值表
};
```

例如：

```
enum weekday
{sun,mon,tue,wed thu ,fri,sat};
```

声明一个枚举类型，类型名为 enum weekday，花括号里面列出了该类型 7 个可能值，把

sun，mon，…，sat 称为枚举元素或枚举常量。

2．枚举变量的定义

如同结构体和共用体一样，枚举变量也可用不同的方式定义，即先定义类型后定义变量、同时定义或直接定义变量。例如：

方法 1：

```
enum weekday
{sun,mon,tue,wed thu ,fri,sat};
enum weekday workday,week_end;
```

将 workday，week_end 两个变量定义成 enum weekday 类型。

方法 2：

```
enum weekday
{sun,mon,tue,wed thu,fri,sat} workday,week_end;
```

声明类型的同时，定义枚举类型变量。这时，枚举类型名 weekday 可以省略。

说明：

1）枚举类型仅适用于取值有限的数据。如一周 7 天、一年 12 个月等。

2）枚举元素是常量，不是变量，不能对它们进行赋值。如 "sun=0;mon=1;" 是错误的。

3）在 C 程序进行编译时，枚举元素作为常量是有值的。按照定义时枚举元素的顺序取值，它们的值分别为 0，1，2，…。例如，上例中的 sun 的值为 0、mon 的值为 1、… sat 的值为 6。因此，枚举元素可以用来做判断比较。

4）枚举元素的值也是可以人为改变的，在定义时由程序指定。例如：

```
enum weekday
{sun=7,mon=1,tue,wed,thu,fri,sat};
```

则 sun=7，mon=1，从 tue=2 开始，值依次增 1。

5）一个整数不能直接赋给一个枚举变量。如 "workday=3;" 是错误的，因为 3 是整型常量，它们属于不同的数据类型。这时应进行强制的类型转换，例如：

```
workday=(enum weekday)3;
```

相当于 "workday=wed;"。

【例 7-16】　枚举类型应用。

```
#include <stdio.h>
void main()
{
  enum op                                   /*定义枚举类型 op*/
  {plus,minus,times,divide};
  enum op op1;                              /*将 op1 定义为 enum op 类型变量*/
  float x,y,z;
  printf("please input two numbers:\n");
  scanf("%f,%f",&x,&y);
  for(op1=plus;op1<=divide;op1++)
```

```
    {
      switch(op1)
      {
        case plus:printf("%.1f+%.1f=%.2f\n",x,y,z=x+y);break;
        case minus:printf("%.1f-%.1f=%.2f\n",x,y,z=x-y);break;
        case times:printf("%.1f*%.1f=%.2f\n",x,y,z=x*y);break;
        case divide:printf("%.1f/%.1f=%.2f",x,y,z=x/y);break;
      }
    }
}
```

程序运行结果如下：

```
如果输入：2.5,3.0
运行结果：2.5+3.0=5.50
          2.5-3.0=-0.50
          2.5*3.0=7.50
          2.5/3.0=0.83
```

【例 7-17】 若 10 月 1 号是星期五，任给出 10 月中的一天（1~31），判断该天是星期几。

分析：定义一个枚举类型，列出一周 7 天的值。已知 10 月 1 号是星期五，用 date 表示输入的日期，可用(date+4)%7 计算出该天的星期数值。

```
#include <stdio.h>
void main()
{
  enum week
  {sun,mon,tue,wed,thu,fri,sat};
  enum week oct;
  int date;
  printf("Please input the data(1~31):");
  scanf("%d",&date);
  oct=(enum week)(date+4)%7;
  switch(oct)
  {
    case sun:printf("%d is Sunday.\n",date);break;
    case mon:printf("%d is Monday.\n",date);break;
    case tue:printf("%d is Tuesday.\n",date);break;
    case wed:printf("%d is Wednesday.\n",date);break;
    case thu:printf("%d is Thursday.\n",date);break;
    case fri:printf("%d is Friday.\n",date);break;
    case sat:printf("%d is Saturday.\n",date);break;
  }
}
```

程序运行情况如下：

```
Please input the data(1~31):2↙
2 is Saturday.
Please input the data(1~31):15↙
15 is Friday.
```

7.9 用 typedef 定义类型

除了可以直接使用 C 语言提供的标准类型和自定义的类型（结构体、共用体和枚举类型）外，也可以使用 typedef 定义已有类型的别名。也就是说，用户可以给例如 int、char、float 等另外“起个名字”。这个别名与标准类型名一样，可以用来定义相应的变量。typedef 定义的一般形式为：

```
typedef 原类型名 新类型名;
```

例如：

```
typedef int INTEGER;
typedef float REAL;
```

指定用 INTEGER 代替 int 类型，REAL 代替 float 类型。通过上述定义，以下两行语句是等价的：

```
int a,b; float x,y;
INTEGER a,b; REAL x,y;
```

说明：

1）用 typedef 只是给已有类型增加一个别名，并不能创造一个新的类型。例如，前面声明的 INTEGER，它只给 int 型起了个新名字。

2）typedef 与#define 有相似之处，但二者是不同的：前者是由编译器在编译时处理的；后者是由编译预处理器在编译预处理时处理的，而且只能做简单的字符串替换。

7.10 实训

一、实训目的

- 掌握结构体类型、结构体变量的定义和使用方法。
- 掌握结构体数组、结构体指针的定义和使用方法。
- 理解动态存储分配及动态链表的基本操作。
- 了解共用体变量的定义和使用。
- 了解枚举类型和类型定义 typedef 的使用。

二、实训内容

1．上机运行下面的程序，理解结构体类型的应用。

```
#include <stdio.h>
void main()
```

```
{
   int k;
   char *p;
   float f1,f2;
   struct sd
   {
      int id;
      float sf1;
      float sf2;
      char *name;
   }sd1;
   sd1.id=1234;
   k=sd1.id;
   p=sd1.name="abcd";
   f1=sd1.sf1=5678;
   f2=sd1.sf2=9999;
   printf("%d is %s\n",k,p);
   printf("%.1f\n%.1f\n",f1,f2);
}
```

2．上机运行下面的程序，理解共用体类型的应用。

```
#include <stdio.h>
void main()
{
   union ab
   {
      char *name;
      int age;
      int money;
   };
   union ab list;
   list.name="xu ke";
   printf("%5s\n",list.name);
   list.age=35;
   printf("%4d old \n",list.age);
   list.money=345;
   printf("%4d yuan \n",list.money);
}
```

3．上机运行下面的程序，理解枚举类型的应用。

```
#include <stdio.h>
void main()
{
```

```
    enum month
    {January,March,May,July,August,October,December}n;
    n=July;
    printf("%d\n",n);
    n=December;
    printf("%d\n",n);
}
```

4．建立一个员工信息表，上机运行并分析该信息表。

```
#include <stdio.h>
void main()
{
    struct worker
    {
        char name[20];
        int age;
        float salary;
    }member[]={{"zhangsan",32,1200.0},{"lisi",45,2600.0}};
    printf("%-10s%-5d%.2fRMB\n",member[0].name,member[0].age,member[0].salary);
    printf("%-10s%-5d%.2fRMB\n",member[1].name,member[1].age,member[1].salary);
}
```

如果将程序改写如下，请读者体会使用结构体数组的好处。

```
#include <stdio.h>
void main()
{
    int i;
    struct worker
    {
        char name[20];
        int age;
        float salary;
    }member[]={{"zhangsan",32,1200.0},{"lisi",45,2600.0}};
    for(i=0;i<2;i++)
        printf("%-10s%-5d%.2fRMB\n",member[i].name,member[i].age,member[i].salary);
}
```

5．按下面要求编写程序，并上机调试运行。

设有 M 个学生，每个学生包括学号、成绩、姓名。利用链表完成以下功能：

（1）数据输入（建立链表）；

（2）按指定学号进行查询；

（3）删除某个学号的结点；

（4）在指定学号之前插入一个结点；

（5）统计不及格人数；

（6）输出数据。

7.11　习题

一、选择题

1．有以下定义语句：

```
struct client
{
   int a;
   float b;
}clitype;
```

则下面的叙述不正确的是__________。

A．struct client 是用户定义的结构体类型　　B．struct 是结构体类型的关键字

C．clitype 是用户定义的结构体类型名　　D．a 和 b 都是结构体成员名

2．以下程序的运行结果是__________。

```
#include <stdio.h>
main()
{
   struct date
   {
      int year,month,day;
   }weekday;
   printf("%d\n",sizeof(struct date));
}
```

A．6　　B．8　　C．10　　D．12

3．若有以下说明语句：

```
struct student
{
   int no;
   float score;
}stud,*p;
p=&stud;
```

则以下对结构体变量 stud 中成员 no 的引用方式不正确的是__________。

A．stud.no　　B．p->no　　C．(*p).no　　D．*p.no

4．当定义一个共用体变量时，系统分配给它的内存量是__________。

A．各成员所需内存量的总和　　B．第 1 个成员所需内存量

C．成员中占内存量最大者所需的内存量　　D．最后一个成员所需内存量

5．结构体类型变量在程序执行期间__________。

A．没有成员驻留在内存中　　B．部分成员驻留在内存中

C．只有一个成员驻留在内存中　　D．所有成员一直驻留在内存中

6．共用体类型变量在程序执行期间__________。

A．没有成员驻留在内存中　　B．部分成员驻留在内存中

C．只有一个成员驻留在内存中　　D．所有成员一直驻留在内存中

7．下面说法中错误的是__________。

A．共用体变量的地址和它的各成员的地址都是同一地址

B．共用体内的成员可以是结构体变量，反之亦然

C．在任意时刻，共用体变量的各成员只有一个有效

D．函数可以返回一个共用体变量

8．以下程序的运行结果是__________。

```
#include <stdio.h>
void main()
{
  union
  {
    long a;
    int b;
    char c;
  }n;
 printf("%d\n",sizeof(n));
}
```

A．2　　B．4　　C．6　　D．8

9．下面对 typedef 的叙述中不正确的是__________。

A．使用 typedef 有利于程序的通用和移植

B．用 typedef 可以增加新类型

C．用 typedef 只是将已存在的类型用一个新的标识符来代表

D．用 typedef 可以定义各种类型名，但不能用来定义变量

10．设有以下语句：

```
typedef struct TT
{
  char c;
  int a[4];
 }CIN;
```

则下面叙述正确的是__________。

A．可以用 TT 定义结构体变量　　B．TT 是 struct 类型的变量

C．可以用 CIN 定义结构体变量　　D．CIN 是 struct TT 类型的变量

11．若有如下枚举类型定义：

```
enum color{red=3,yellow,blue=10,white,black};
```

其中枚举常量 black 的值是__________。

A．7　　B．15　　C．14　　D．12

12．若有定义：

```
enum weekday
{
   mon,tue,wed,thu,fri
}workday;
```

则以下不正确的赋值语句是__________。

A．workday=(enum weekday)3　　B．workday=(enum weekday)(4−2)

C．workday=3　　D．workday=wed

二、填空题

1．当定义一个结构体变量时，系统分配给它的内存是______________________。

2．若有以下定义和语句：

```
struct woker
{
   int num;
   char name[20];
}work,*p=&work;
```

则对成员 num 的 3 种正确引用是__________、__________、__________。

3．以下程序的运行结果是__________。

```
#include <stdio.h>
struct t
{
   int a;
   float b;
   char *c;
};
void main()
{
   struct t s={20,80.6,"liu"};
   struct t *p=&s;
   printf("%d,%.1f,%s\n",s.a,s.b,s.c);
   printf("%d,%.1f,%s\n",p->a,p->b,p->c);
}
```

三、程序分析题

1．分析下面程序的运行结果。

```
#include <stdio.h>
struct st
{
    int x;
    int *y;
}*p;
```

```
int dt[4]={10,20,30,40};
struct st aa[4]={50,&dt[0],60,&dt[0],60,&dt[0],60,&dt[0]};
void main()
{
    p=aa;
    printf("%d\n",++(p->x));
}
```

2．分析下面的程序的运行结果。

```
#include <stdio.h>
struct STUD
{
    int num;
    float Total;
};
void f(struct STUD p)
{
   struct STUD s[2]={{20044,550.0},{20045,537.0}};
   p.num=s[1].num;
   p.Total=s[1].Total;
}
void main()
{
    struct STUD s[2]={{20041,703.0},{20042,580.0}};
    f(s[0]);
    printf("%d,%3.0f\n",s[0].num,s[0].Total);
}
```

3．分析下面的程序的运行结果。

```
#include <stdio.h>
#include "string.h"
struct STUD
{
    char name[10];
    int num;
 float Total;
}
f(struct STUD *p)
{
    struct STUD s[2]={{"sunDan",20044,550.0},{"Penghua",20045,537.0}},*q=s;
    ++p;
    ++q;
    *p=*q;
}
void main()
{
```

```
    struct STUD s[3]={{"YangSan",20041,703.0},{"LiSiGuo",20042,58}};
    f(s);
    printf("%s %d %3.0f\n",s[1].name,s[1].num,s[1].Total);
}
```

4．分析下面程序的运行结果。

```
#include <stdio.h>
struct NODE
{
    int k;
    struct NODE *link;
}
void main()
{
    struct NODE m[5],*p=m,*q=m+4;
    int i=0;
    while(p!=q)
    {
        p->k=++i;
        p++;
        q->k=i++;
        q--;
    }
   q->k=i;
   for(i=0;i<5;i++)
          printf("%d",m[i].k);
   printf("\n");
}
```

四、编写程序题

1．用结构体编制一个程序，有 5 个学生，每个学生包括学号、成绩、姓名等信息，找出成绩最高者的姓名和成绩。

2．定义一个结构体变量（包括年、月、日），计算某日在本年中是第几天。

3．有 10 个学生，每个学生的数据包括学号、姓名、2 门课的成绩。从键盘输入 10 个学生的信息，要求打印每位学生 2 门课的平均成绩，以及最高分的学生的信息。

4．有两个链表 a1、a2，每个链表中的结点的数据域包括学号、成绩。将链表 a2 连接在链表 a1 之后。

5．建立一个链表，每个结点的数据域包括学号、姓名、年龄。输入一个年龄，如果在链表中找到某个结点的年龄值等于输入的年龄，则将该结点删除。

第 8 章　编译预处理

所谓编译预处理，指的是在源程序中加入“编译预处理命令”，使编译程序在对源程序进行编译之前，先对这些特殊的命令进行“预处理”，然后将预处理的结果和源程序一起再进行通常的编译处理，以得到目标代码（.obj 文件）。

所有编译预处理命令都是以“#”打头，单独占源程序中的一行，一般放在源程序的首部。C 语言提供了多种预处理功能，如宏定义、文件包含、条件编译等。合理地使用预处理功能编写的程序便于阅读、修改、移植和调试，也有利于模块化程序设计。

本章的主要内容包括：

- 宏定义
- 文件包含
- 条件编译

8.1　宏定义

宏定义的作用是用标识符来代表一串字符。一旦进行了宏定义，在程序中就可以用相应的标识符代表该串字符。C 编译系统在编译之前将程序中的标识符替换成字符串，这称为宏展开。

宏定义是由源程序中的宏定义命令来完成的。宏展开是由预处理程序自动完成的。宏定义分为两种。

1．不带参数的宏定义

关于不带参数的宏定义在前面曾多次用到过，其定义形式为：

```
#define 标识符 字符串
```

其中的“#”表示这是一条预处理命令，“define”为宏定义命令，“标识符”为所定义的宏名，“字符串”可以是常数、表达式、格式串等。例如：

```
#define PI 3.14159
```

用标识符 PI 来代替 3.14159。

【例 8-1】　不带参数的宏定义的应用。

```
#include <stdio.h>
#define PI 3.14159                              /*宏定义*/
void main()
{
  float s,r;
  scanf("%f",&r);
  s=PI*r*r;                                     /*使用宏定义的标识符*/
```

```
    printf("s=%.2f",s);
}
```

程序运行情况如下：

如果输入：4
运行结果：50.27

说明：

1）宏名要符合标识符的命名规则，为了在程序中和变量区分，通常采用大写。

2）宏定义使用宏名代替一个字符串，只是做简单的置换，并不作正确性检查。只有宏展开后，程序进行编译时才进行语法检查。

3）宏定义不是C语句，在行尾不用加分号。如果加了分号，会将分号看成字符串的一部分，一起置换。

4）宏定义语句出现在程序中函数的外面，宏名的有效范围为宏定义命令之后到源文件结束。可以使用#undef命令来提前终止宏名的作用域。例如：

```
#define PI 3.14159   ┐
main()               │
{                    │
 …                   ├  PI 的有效范围
}                    │
#undef PI            ┘
del()
{…}
```

#undef PI 的功能是使 PI 的作用范围到这一行结束，因此在 del 函数中 PI 就不能再代表 3.14159 了。

5）宏名在源程序中若用引号括起来，则预处理程序不对其作宏替换。例如：

```
#include <stdio.h>
#define MIN 100
void main()
{
   printf("MIN=%d",MIN);
}
```

上面的例子中，前面的 MIN 在引号里面，不替换；后面的 MIN 要替换，所以输出结果为“MIN=100”。

2．带参数的宏定义

C 语言也允许宏定义带有参数。带有参数的宏定义进行展开时，不仅进行简单的字符串替换，还要进行参数的替换。带参数的宏定义的形式为：

#define 宏名(形参表) 字符串

字符串包含括号中指定的参数。

带参宏调用的形式为：

```
宏名(实参表)
```

例如：

```
#define L(a,b) 2*(a+b);                  /*宏定义，其中的 a、b 是形参*/
length=L(2,3);                           /*宏调用，其中的 2、3 是实参*/
```

宏调用时，用实参 2、3 去代替形参 a、b，宏展开后的语句为：

```
length=2*(2+3);
```

对带参宏定义是这样进行宏展开的：按#define 语句中指定的字符串从左到右替换。如果字符串中包含宏中指定的形参（如 a、b），则将程序语句中相应的实参（2、3）值传递过去。如果宏定义中的字符串中的字符不是参数字符（如 2*(a+b)中的 2、*、+等），则保留。又如：

```
#define MAX(a,b)    a>b?a:b
c=MAX(5,6);
```

在进行宏展开时，语句中的 5、6 对应着宏定义中的参数 a、b，而字符串中的“>”，“?”，“:”不是宏定义时指定的参数，则保留。所以展开后的语句为：

```
c=5>6?5:6;
```

【例 8-2】　带参宏定义的应用。

```
#include <stdio.h>
#define PI 3.14159
#define L(r) 2*PI*r
void main()
{
  float a,length;
  a=5.5;
  length=L(a);                     /*宏展开为：2*3.14159*5.5*/
  printf("r=%.2f\nlength=%.2f\n",a,length);
}
```

程序运行结果如下：

```
r=5.50
length=34.56
```

说明：

1）对带参宏的展开只是将语句中的宏名后面括号内的实参字符串代替#define 命令行中的形参。对比下面的两个例子，程序的目的是通过宏定义求长方形的面积。

例 1：宏定义：#define S(a,b) a*b

　　宏调用：c=S(2+3,3+4)

　　宏展开后的语句：c=2+3*3+4

最终 c 的值为 15

例 2：宏定义：#define S(a,b) (a)*(b)

宏调用：c=S(2+3,3+4)

宏展开后的语句：c=(2+3)*(3+4)

最终 c 的值为 35

2）宏定义时，在宏名与参数的括号之间不应加空格，否则会将空格以后的字符都作为字符串的一部分。例如：

```
#define   L   (r) 2*PI*r
```

这时，会认为 L 是宏名，而替代的字符串是" (r) 2*PI*r"。

3）在带参宏定义中，形式参数不分配内存单元，因此不必作类型定义。而宏调用中的实参有具体的值，要用它们去替换形参（只是符号替换），因此必须作类型说明。请读者注意与函数参数的区别。

8.2 文件包含

文件包含是指一个源文件可以将另外一个源文件的全部内容包含进来，也就是将另外的文件包含到本文件之中。文件包含命令行的形式为：

```
#include <文件名>
```

或

```
#include "文件名"
```

在前面已多次用此命令包含过库函数的头文件。例如：

```
#include <stdio.h>          /*包含标准输入/输出头文件*/
#include <math.h>           /*包含数学函数头文件*/
#include <string.h>         /*包含字符串处理函数头文件*/
```

文件包含命令的功能是在编译预处理时，把“文件名”指定的文件内容复制到本文件中，再对合并后的文件进行编译，如图 8-1 所示。图 8-1a 中，file1.c 文件中包括两部分内容——#include "file2.c"命令和文件的其它部分 A；图 8-1b 中的 file2.c 文件的内容用 B 表示。#include "file2.c"表示在源程序 file1.c 中包含 file2.c 的全部内容，即将 file2.c 文件的全部内容复制到#include "file2.c"处，得到了图 8-1c。

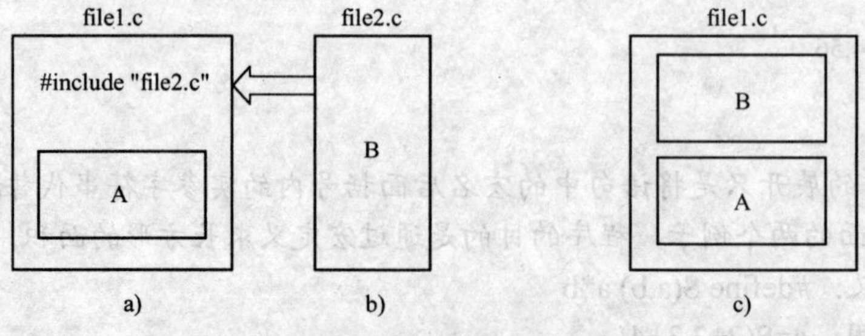

图 8-1　文件包含命令的编译过程

文件包含命令可以节省程序设计人员的重复劳动。例如，有些固定的符号常量是经常要使用到的，可以把这些宏定义命令编写在一个文件中。当在其它文件中要使用到这些符号常量时，不必再重新定义，只要用#include 命令把定义符号常量的文件包含进来就可以了。

说明：

1）在 include 命令中，如果文件名用双引号括起来，就先在源程序所在的位置（即当前目录）查找该文件，若找不到，再到存放库函数头文件所在的目录中去查找。如果文件名用尖括号括起来，就直接到存放库函数头文件所在的目录中寻找要包含的文件，称为标准方式。所以，如果被包含的文件为库函数头文件，用尖括号；如果被包含的文件为用户自定义的文件，用双引号，以节约查找时间。

2）文件名用双引号括起来时，若被包含文件不在当前目录里，双引号里可给出路径名。例如：

```
#include "d:\tc\file2.c"
```

3）一个#include 命令只能指定一个被包含文件，如果要包含 *n* 个文件，要用 *n* 个 include 命令。

4）如果 file1.c 包含 file2.c，而 file2.c 又包含 file3.c 的内容，则可在 file1.c 中用 2 个 include 命令分别包含 file2.c 和 file3.c，而且 file3.c 文件应出现在 file2.c 之前，即：

```
#include "file3.c"
#include "file2.c"
```

这样，file1 和 file2 都可以用 file3 的内容。在 file2 中不必再写#include "file3.c"命令了。

8.3 条件编译

一般情况下，源程序中所有行都参加编译。但有时希望程序中一部分内容只在满足一定条件时才进行编译，这时可以通过条件编译来完成。条件编译不是对全部程序进行编译，而是按不同的条件去编译程序不同的部分。条件编译命令有以下几种格式。

格式 1：

```
#ifdef 标识符
    程序段 1
#else
    程序段 2
#endif
```

功能：如果标识符已被#define 命令定义过，则对程序段 1 进行编译；否则对程序段 2 进行编译。其中#else 部分可以省略，即可以写为：

```
#ifdef 标识符
    程序段 1
#endif
```

【例 8-3】 设置条件编译，可以通过 2 种方法求圆的周长。

```
#include <stdio.h>
#define PI 3.14159
#define L(r) 2*PI*r
void main()
{
  float a,length;
  a=5.5;
  #ifdef L
    length=L(a);
    printf("r=%.2f\nlength=%.2f\n",a,length);
  #else
    length=2*PI*a;
    printf("r=%.2f\nlength=%.2f\n",a,length);
  #endif
}
```

如果程序中没有第 3 行的宏定义语句，系统对#else 部分进行编译，通过表达式计算出圆的周长；程序中在第 3 行对 L 进行了宏定义，通过宏展开后的表达式计算出圆的周长。

格式 2：

```
#ifndef 标识符
   程序段 1
#else
   程序段 2
#endif
```

第 2 种形式和第 1 种形式的不同之处在于将#ifdef 变成#ifndef。功能和第 1 种形式的功能正好相反——若标识符未被定义过，则编译程序段 1，否则编译程序段 2。

格式 3：

```
#if 表达式
   程序段 1
#else
   程序段 2
#endif
```

功能：当指定的表达式的值为真（非 0）时就编译程序段 1，否则编译程序段 2。因此可以使程序在不同条件下，完成不同的功能。

【例 8-4】 输入一个半径，根据需要设置条件编译，使之能求出圆的周长，或者是圆的面积。

```
#include <stdio.h>
#define PI 3.14159
#define L(r) 2*PI*r
#define S(r) PI*r*r
```

```
#define NEED 1
void main()
{
   float a,length,area;
   int i;
   scanf("%f",&a);
   #if NEED                                    /*条件编译*/
      length=L(a);
      printf("r=%.2f\nlength=%.2f\n",a,length);
   #else
      area=S(a);
      printf("r=%.2f\narea=%.2f\n",a,area);
   #endif
}
```

分析：程序中对 NEED 的值进行判断来进行条件编译。定义 NEED 为 1，在进行编译预处理时，因为 NEED 为真，则对 if 分支进行编译，求出圆的周长。如果将程序的第 5 行改为：#define NEED 0，在预处理时，则对 else 部分进行编译，求出圆的面积。

采用条件编译，可以减少被编译的语句，从而减少目标程序的长度，减少运行时间。

8.4 实训

一、实训目的

- 掌握宏定义命令的使用。
- 掌握文件包含命令的使用。
- 了解条件编译命令的使用。

二、实训内容

1．上机运行下面的程序，理解宏定义命令的使用。

```
#include <stdio.h>
#define M (x+x+2*x)
void main()
{
   int s,x;
   printf("input a number:");
   scanf("%d",&x);
   s=2*M+3*M+4*M;
   printf("s=%d\n",s);
}
```

2．上机运行下面的程序，理解条件编译命令的作用。

```
#include <stdio.h>
#define A 0
void main()
```

```
{
  char str[20]="ABCDEFG",c;
  int i;
  i=0;
  while((c=str[i])!='\0')
  {
    i++;
    #if A
      if(c>='a'&&c<='z')
        c=c-32;
    #else
      if(c>='A'&&c<='Z')
        c=c+32;
    #endif
    printf("%c",c);
  }
}
```

3．定义一个带参数的宏，求出 1，2，3，4，…，10 的和，并对程序结果进行分析。

8.5 习题

一、选择题

1．以下叙述正确的是_________。

A．程序的一行上可以出现多个有效的预处理命令行

B．C 程序在执行过程中对预处理命令行进行处理

C．宏替换不占用运行时间，只占编译预处理的时间

D．在宏定义“#define A　B　032”中，A　B 是称为“宏名”的标识符

2．以下叙述中正确的是_________。

A. 预处理命令行必须位于源文件的开头

B. 在源文件的一行上可以有多条预处理命令

C. 宏名必须用大写字母表示

D. 宏替换不占用程序的运行时间

3．在宏定义#define PI 3.14159 中，用宏名 PI 代替一个_________。

A．常量　　B．单精度数　　C．字符串　　D．双精度数

4．在文件包含预处理语句的使用形式中，当#include 后面的文件名用" "括起来，寻找被包含文件的方式是_______。

A．仅仅搜索当前目录

B．仅仅搜索源程序所在目录

C．先在源程序所在目录搜索，再按系统设定的标准方式搜索

D．直接按系统设定的标准方式搜索目录

5．条件编译的基本格式为：

```
#XXX 标识符
    程序段 1
#else
    程序段 2
#endif
```

这里 XXX 可以是________。

A．ifdef 或 include　　B．ifdef、ifndef 或 if

C．define 或 include　　D．ifdef、ifndef 或 define

6．程序中调用了库函数 strcmp()，必须包含头文件________。

A．math.h　　B．string.h　　C．stdlib.h　　D．stdio.H

7．有一个名为 init.txt 的文件，内容如下：

```
#define HDY(A,B)    A/B
#define PRINT(Y) printf("Y=%d\n",Y)
```

有以下程序：

```
#include "init.txt"
void main()
{
  int a=1,b=2,c=3,d=4,k;
  k=HDY(a+c,b+d);
  PRINT(k);
}
```

下面针对该程序的叙述正确的是__________。

A．编译有错　　B．运行有错

C．运行结果为 y=0　　D．运行结果为 y=6

二、填空题

1．每一条预处理命令都以__________开头。

2．如果头文件 math.h 和被编译的文件在同一目录中，则使用的预处理命令是________。

3．设有以下宏定义：

```
#define A 80
#define B A+40
```

则执行赋值语句“c=B*20;”后 c 的值是________。

4．有如下程序：

```
#include <stdio.h>
#define N 2
#define M N+1
#defeine NUM 2*M+1
void main()
```

```
{
  int i;
  for(i=1;i<=NUM;i++)
  printf("%d\n",i);
}
```

该程序中的 for 循环执行的次数是__________。

5．设有如下宏定义：

```
#define MYSWAP(z,x,y) {z=x;x=y;y=z;}
```

以下程序段通过宏调用实现 a，b 的内容交换，请填空。

```
float a=5,b=16,c;
```

____

三、程序分析题

1．写出下面程序的运行结果。

```
#include <stdio.h>
#define item(a) a*10
#define out(x) "%d",(int)item(x)
#define prt(x) printf(out(x))
void main()
{
   int a=2;
   prt(a+2);
}
```

2．写出下面程序的运行结果。

```
#include <stdio.h>
#define SQR(X) X*X
void main()
{
   int a=16,k=2,m=1;
   a/=SQR(k+m)/SQR(k+m);
   printf("%d\n",a);
}
```

第9章　位　运　算

C 语言区别于其它语言的重要特点是支持位运算，使其能够完成汇编语言所能完成的大部分功能。在实际的编程中借助于位运算往往可以设计出简洁的算法，使程序简化，并且获得较高的效率。另外在某些对硬件进行控制的编程中，位运算也是必不可少的。

本章的主要内容包括：

- 位运算符和位运算
- 位段

9.1　位运算符和位运算

所谓位运算是指进行二进制位的运算。C语言提供了 6 种位运算符，如表 9-1 所示。

表 9-1　位运算符

运 算 符	名　称	示　例	优 先 次 序
&	按位与	a&b	从左向右
|	按位或	a|b	从左向右
^	按位异或	a^b	从左向右
～	按位反	~a	从右向左
<<	左移	a<<3	从左向右
>>	右移	a>>4	从左向右

以上运算符除了“～”为单目运算符外，其余均为双目运算符。另外，运算对象只能是整型或字符型数据，不能是实型数据。

1．按位与运算“&”

按位与运算符“&”是让参与运算的两个数对应的二进位分别相与。只有对应的两个二进位均为 1 时，结果位才为 1，否则为 0。即 0&0=0，0&1=0，1&0=0，1&1=1。例如，6&2 可写算式如下：

```
    6 = 00000110
  & 2 = 00000010
  ----------------
        00000010
```

可见 6&2 的值是 2。如果参与运算的是负数（如–5&–4），则以补码形式表示二进制数，然后再按位进行与运算。

按位与运算通常用来对某些位清零（任何位上的二进数只要和 0 与，该位即被屏蔽）或保留某些位（和 1 与时，该位原值不变）。例如，把 a 的高 8 位清 0，保留低 8 位，可作 a&255 运算（255 的二进制数为 0000000011111111）。

【例 9-1】　编写 C 程序完成 7 和 8 的按位与运算。

```
#include <stdio.h>
void main()
{
    int a=7,b=8,c;
    c=a&b;
    printf("%d&%d=%d\n",a,b,c);
}
```

程序运行结果如下：

```
7&8=0
```

分析：7 的二进位是 00000111，8 的二进位是 00001000，它们对应的二进位分别相与运算如下：

```
   7 = 00000111
 & 8 = 00001000
 ----------------
       00000000
```

2．按位或运算“|”

按位或运算符的功能是参与运算的两个数对应的二进位相或。只要对应的两个二进位有一个为 1，结果位就为 1；只有当两个对应位的数都为 0 时，该位的运算结果才为 0。即 0|0=0，0|1=1，1|0=1，1|1=1。例如，5|2 可写算式如下：

```
   5 = 00000101
 | 2 = 00000010
 ----------------
       00000111
```

可见 5|2 的值是 7。按位或运算常用来对一个数据的某些位定值为 1。例如，a 是一个 16 位的整数，有表达式“a|0377”，则低 8 位全置为 1，高 8 位保留原样。

【例 9-2】 编写 C 程序完成 6 和 9 的按位或运算。

```
#include <stdio.h>
void main()
{
    int a=6,b=9,c;
    c=a|b;
    printf("%d|%d=%d\n",a,b,c);
}
```

程序运行结果如下：

```
6|9=15
```

分析：6 的二进位是 0000110，9 的二进位是 00001001，它们对应的二进位分别相或运算如下：

```
   6 = 00000110
 | 9 = 00001001
 ----------------
       00001111
```

3．按位异或运算“^”

按位异或运算的功能是参与运算的两个数各对应的二进位相异或。当两个对应的二进位相异时，结果为 1，两个对应的二进位相同时，结果为 0。即 0^0=0，0^1=1，1^0=1，1^1=0。例如，6^2 可写成算式如下：

```
    6 = 00000110
^   2 = 00000010
---------------
        00000100
```

可见 6|2 的值 4。

按位异或运算的主要应用有以下几种。

1）使特定位翻转

若使某个数对应的二进位的某几位翻转（即 0 变为 1，1 变为 0），可将与其进行按位异或运算的对应位设为 1，因为原数中值为 1 的位与 1 进行按位异或运算得 0，原数中值为 0 的位与 1 进行异或运算得 1。

假设让 00110110 的低 4 位翻转，可将它与 00001111 进行按位异或运算。结果值（00111001）的低 4 位正好是原数低 4 位的翻转。

2）与 0 按位异或，保留原值

例如，017^00=017 运算如下：

```
   017 = 00001111
^   00 = 00000000
-----------------
         00001111
```

因为原数中的 1 与 0 进行位异或运算得 1，0^0 得 0，故保留原数。

3）交换两个值，不需要临时变量

设“a=7;b=6;”，可以使用以下赋值语句实现 a 和 b 值的互换：

```
a=a^b;
b=a^b;
a=b^a;
```

用竖式说明如下：

```
      a=111
^     b=110
-----------
      a= 001        （a 的值变为 1）
^     b =110
-----------
      b=111         （b 的值变为 7）
^     a=001
-----------
      a=110         （a 的值变以 6）
```

可见，a 和 b 的值完成了互换。

4．按位取反运算“～”

按位取反运算符为单目运算符，运算对象就置于运算符的右边，具有右结合性。其功能是把运算对象的内容按位取反，即将 1 变 0，将 0 变 1。例如～9 的运算表示为：

```
~(00001001)
```

结果为：

```
11110110
```

5．左移运算“<<”

左移运算用来把“<<”左边的运算数的各二进位全部左移若干位，移动的位数由“<<”右边的数指定。左移时，高位移出的部分舍弃，低位补 0。例如：

```
int a=8,b;
b=a<<3;
```

用二进制数表示运算过程如下：

```
a:      00001000 （a=8）
b =<<3  01000000  (b=64)
```

6．右移运算“>>”

右移运算用来把“>>”左边的运算数的各二进位全部右移若干位，移动的位数由“>>”右边的数字指定。右移时，低位移出的二进制数舍弃，左端移入的二进制数分 2 种情况：对于无符号整数和正整数，高位补 0；对于负整数，高位补 1，这是因为负数在机器内均用补码表示的原因。例如：

```
int a=15;
a>>2;
```

表示把 00001111（十进制 15）右移 2 位后变为 00000011（十进制 3）。再如：

```
int a=-071400,b;
b=a>>2;
```

用二进制数表示的运算过程如下：

```
a 的二进制原码表示：1111001100000000
a 的二进制补码表示：1000110100000000（机内存储形式）
b=a>>2            ：1110001101000000（b 的二进制补码表示）
b 的二进制原码表示：1001110011000000
b 的八进制数      ：-016300
```

以上二进制表示，最高位为符号位。

说明：*右移时要注意符号位，对于有符号的数，右移时符号位将随同移动。当为正数时（符号位为 0），最高位补 0；当为负数时（符号位为 1），最高位是补 0 或是补 1 取决于编译系统的规定。有的系统移入 0，有的系统移入 1，移入 0 的称为“逻辑右移”，即简单右移。移入 1 的称为“算术右移”。*

7．位运算与赋值运算

位运算符与赋值运算符可以组成复合赋值运算符，例如：

&=，|=，>>=，<<=，^=

a|=b 相当于 a=a|b, a>>=b 相当于 a=a>>b。

说明：位运算的对象可以是整型和字符型数据，当两个运算数类型不同时位数也不同，此时，系统将自动进行处理：先将两个运算数右端对齐，然后，再将位数短的一个运算数往高位扩充，即无符号数和正整数左侧用 0 补全；负数左侧用 1 补全，然后对位数相等的这两个运算数，按位进行位运算。

9.2 位运算举例

【例 9-3】 编写程序，完成整数 a 与 7 按位异或运算。

```
#include <stdio.h>
void main()
{
  int a=9;
  a=a^7;
  printf("a=%d\n",a);
}
```

程序运行结果如下：

```
a=14
```

【例 9-4】 输出一个整数从右端开始的 4～7 位。

```
#include <stdio.h>
void main()
{
  unsigned a,b,c,d;
  printf("Input a number:");
  scanf("%o",&a);
  b=a>>4;
  c=~(~0<<4);
  d=b&c;
  printf("%d,%d\n",a,d);
}
```

程序运行结果如下：

```
Input a number:517↙
335,4
```

分析：先使 a 右移 4 位，将要取出的那几位移到最右端；～0 的全部二进制位为 1，～0<<4 左移 4 位后右端低 4 位为 0，～(～0<<4)使右端低 4 位全为 1，其余全为 0 的数；b&c 将低 4 位为 1 的数保留下来。

【例 9-5】 输入一个正整数 a，要求按二进制位输出该数。

```
#include <stdio.h>
void main()
{
  int a,m,i;
  printf("Input a integer number:");
  scanf("%d",&a);
  m=1<<15;                    /*构造 1 个最高位为 1、其余各位为 0 的整数*/
  printf("%d=",a);
  for(i=1; i<=16; i++)
  {
    putchar(a&m?'1':'0');     /*输出最高位的值*/
    a<<=1;                    /*将次高位移到最高位上*/
    if(i%4==0)
      putchar(',');           /*4 位一组，用逗号分开*/
  }
  printf("\bB\n");
}
```

程序运行情况如下：

```
Input a integer number:3000
3000=0000,1011,1011,1000B
```

9.3 位段

存储有些信息时，不必用一个或多个字节，而只需占几个或一个二进制位。例如在存放一个开关量时，只有 0 和 1 两种状态，用一个二进位即可。为了节省存储空间，并使处理简便，C 语言允许在一个结构体中以位为单位来指定其成员所占内存长度，这种以位为单位的成员，称为“位段”或“位域”。

位段定义与结构定义相仿，定义位段的一般形式为：

```
struct 位段结构名
{位段列表};
```

其中“位段列表”的形式为：

```
类型说明符 位段名:位段长度
```

例如：

```
struct bs
{
  unsigned a:3;
  unsigned b:2;
  unsigned c:2;
```

```
};
```

位段变量的说明与结构变量说明的方式相同。可采用先定义后说明、同时定义说明或者直接说明这 3 种方式。例如：

```
struct dt
{
  unsigned a:3;
  unsigned b:2;
  unsigned c:2;
}data;
```

其中位段 a 占 3 位，位段 b 占 2 位，位段 c 占 2 位。对位段中的数据引用的方法，例如：

```
data.a=3;
data.b=2;
```

说明：

1）位段成员的类型必须指定为 unsigned 或 int 类型。

2）一个位段必须存储在同一个存储单元中，不能跨两个单元。即如果一个单元空间不能容纳一个位段，则该空间不用，而从下一个单元起存放该位段。也可以有意使某位段从下一单元开始存储。例如：

```
struct dt
{
    unsigned a:4;
    unsigned :0;                    /*空域*/
    unsigned b:2;                   /*从下一单元开始存放*/
    unsigned c:3;
};
```

3）由于位段不允许跨两个字节，因此位域的长度不能大于一个字节的长度，也就是说不能超过 8 位二进位。

4）可以定义无名位段，这时它只用来作填充或调整位置，无名的位段是不能使用的。例如：

```
struct tata
{
   unsigned a:1;
   unsigned :2;                     /*该 2 位空间不用*/
   unsigned b:3;
   unsigned c:2;
};
```

5）位段的长度不能大于存储单元的长度，也不能定义位段数组。

6）位段可以用整型格式符输出，也可以用%u、%o、%x 等格式输出。

7）位段可以在数值表达式中引用，它会被系统自动地转换成整型数。

9.4 实训

一、实训目的

- 掌握位运算符的基本概念。
- 掌握位运算的运算规则。
- 重点掌握位逻辑运算符的功能。
- 掌握位数不同的运算数之间的运算规则。

二、实训内容

1．上机运行下面的程序，分析程序的运行结果。

```
#include <stdio.h>
void main()
{
  unsigned a,b;
  printf("input a number:");
  scanf("%d",&a);
  b=a>>4;
  b=b&12;
  printf("a=%d\nb=%d\n",a,b);
}
```

2．上机运行下面的程序，分析程序的运行结果。

```
#include <stdio.h>
void main()
{
  char a='a',b='b';
  int n,c,d;
  n=a;
  n=(n<<7)|b;
  d=n&0xff;
  c=(n&0xff00)>>8;
  printf("a=%d\nb=%d\nc=%d\nd=%d\n",a,b,c,d);
}
```

3．上机运行下面的程序，分析程序的运行结果。

```
#include <stdio.h>
void main()
{
  unsigned a,b,c;
  int n;
  scanf("%o,%d",&a,&n);
  b=a<<(16-n);
  c=a>>n;
```

```
    c=c|b;
    printf("%o\n%o",a,c);
}
```

9.5 习题

一、选择题

1．交换两个变量的值，不允许用临时变量，应该使用________位运算符。

A．～　　B．^　　C．&　　D．|

2．二进制数 00010110 和 00110010 进行异或运算的结果是________。

A．00001000　　B．11011010　　C．00100100　　D．11011011

3．以下程序段中 z 的二进制值是________。

```
char x=4,y=6,z;
z=x^y<<2;
```

A．00011100　　B．00001100　　C．00010100　　D．00001000

4．设"int a=2,b=1,c=3;"则表达式 a&&(a+b)&c|a+b 的值是________。

A．0　　B．1　　C．2　　D．3

5．设字符变量 a 的值为 10100111，则表达式(2+x)^(～5)的值是________。

A．10101000　　B．11111101　　C．10101001　　D．01010011

6．若变量已正确定义，则以下语法的输出结果是________。

```
s=32;
s^=32;
printf("%d",s);
```

A．0　　B．1　　C．−1　　D．32

7．设变量 a 的二进制数是 00011101，若想通过运算 a^b 使 a 的高 4 位取反，低 4 位不变，则 b 的二进制数应是________。

A．11110000　　B．00001111　　C．11111111　　D．00000000

8．以下叙述中不正确的是________.

A．表达式 a&=b 等价于 a=a&b　　B．表达式 a|=b 等价于 a=a|b

C．表达式 a!=b 等价于 a=a!b　　D．表达式 a^=b 等价于 a=a^b

9．在位运算中，操作数每左移一位，则结果相当于________。

A．操作数乘以 2　　B．操作数除以 2

C．操作数除以 4　　D．操作数乘以 4

10．设有以下语句：

```
int a=1,b=2,c;
c=a^(b<<2);
```

执行后，c 的值是________。

A．6　　B．7　　C．8　　D．9

二、填空题

1．位运算是指____。

2．对一个数进行右移操作相当于对该数____________________________。

3．若 a 为任意整数，能将变量 a 中的各二进位均置成 1 的表达式是________________。

4．能将 2 字节变量 x 的高 8 位置全 1，低字节保持不变的表达式是__________________。

5．一个数与 0 进行按位异或运算，结果是______________________________。

6．设变量 a 的二进制数是 00101101，若想通过运算 a^b 使 a 的高 4 位取反，低 4 位不变，则 b 的二进制数应是________________________。

三、程序阅读题

1．写出下面程序的运行结果。

```
#include <stdio.h>
void main()
{
  char a=060;
  printf("%d\n",a=a<<1);
}
```

2．写出下面程序的运行结果。

```
#include <stdio.h>
void main()
{
  int a=26;
  char ch='B';
  printf("%d\n",(a&12)&&(ch>'b'));
}
```

3．写出下面程序的运行结果。

```
#include <stdio.h>
void main()
{
  int a=2,b=3,c=4,d=5,m=1,n=2;
  printf("%d\n",(m=a>b)&(n=c>d));
}
```

第 10 章　文　件

在前面的学习中，程序所处理的数据是通过直接写在程序中或是在程序运行时由键盘输入的，而程序的运行结果则直接输出到屏幕或打印机。在实际编程中除了这些方法外，还可以考虑利用磁盘文件作为获取数据以及存储处理结果的方法，这种方法在实现某些功能时将更为方便。本章将讨论有关文件操作的一些知识。

本章的主要内容包括：

- C 文件概述
- 文件的打开与关闭
- 文件的读写操作
- 文件的定位和检测

10.1　C 文件概述

所谓文件，一般指记录在外部介质上的数据的集合。文件是操作系统管理数据的单位，也就是说如果想找存在外部介质上的数据，必须先按文件名找到所指定的文件，然后再从该文件中读取数据。前面的各章中我们已经多次使用了文件，如源程序文件、目标文件、库文件（头文件）等。

在 C 语言中文件的含义更为广泛，不仅包含以上所述的磁盘文件，还包括一切能进行输入/输出的终端设备，它们被看成是设备文件。如键盘常称为标准输入文件，显示器称为标准输出文件。

键盘通常被指定标准的输入文件，从键盘上输入就意味着从标准输入文件上输入数据。如前面经常使用的 scanf、getchar 函数就属于这类输入。

显示器被定义为标准输出文件，一般情况下在屏幕上显示有关信息就是向标准输出文件输出。如前面经常使用的 printf、putchar 函数就是这类输出。

根据文件内数据的组织形式，文件可分为文本文件（也称为 ASCII 码文件）和二进制码文件两种。ASCII 码文件的每一个字节放一个 ASCII 代码，代表一个字符，这样便于对字符进行逐个处理，也便于输出字符。例如，整数 1679 在内存中占 2 个字节，如果按 ASCII 码形式输出，则占 4 个字节。另外，ASCII 文件可以阅读，也可以打印，但它与内存数据进行交换时需要花费时间进行转换。

二进制文件是按二进制的编码方式来存放文件的。用二进制形式输出数值，可以节省外存空间和转换时间。例如，整数 1679 的存储形式为：

```
00000110   10001111
```

可见，只占了 2 个字节。由于二进制文件的一个字节并不对应一个字符，不能直接输出字符形式，所以，二进制文件不可以直接阅读或打印。一般中间结果数据需要暂时保存在外存上，以后需要时再输入到内存，因此，常用二进制文件保存。

二进制文件虽然也可在屏幕上显示，但其内容无法读懂。C 系统在处理这些文件时，并不区分类型，都看成是字符流，按字节进行处理。输入输出字符流的开始和结束只由程序控制而不受物理符号（如回车符）的控制。因此，也把这种文件称作“流式文件”。

C 语言使用的磁盘文件系统有两种——缓冲文件系统和非缓冲文件系统。缓冲文件系统又称高级磁盘输入输出系统，是指系统自动地在内存中为每个正在使用的文件名开辟一个缓冲区。在从磁盘向内存读入数据时，一次从磁盘文件读取一批数据存储到内存缓冲区，充满缓冲区后再从缓冲区逐个将数据送到程序数据区以接受变量；从内存向磁盘文件输出数据时，先将数据送到内存中的缓冲区，装满缓冲区后才一起送到磁盘去，从而达到减少对磁盘实际访问次数的目的。

非缓冲文件系统是指不用系统自动设置缓冲区，而由用户根据需要自行进行设置，现在的 ANSI C 标准已不采用非缓冲文件系统，而只采用缓冲区文件系统。本章只介绍 ANSI 规定的缓冲文件系统以及对它的读写。

在 C 语言中，没有输入输出语句，对文件的读写都是用库函数来实现的。ANSI 规定了标准输入输出函数，用它们对文件进行读写。

10.2 文件类型指针

缓冲文件系统中，关键的概念是文件指针，每个被使用的文件都在内存中开辟一个区，用来存放文件的有关信息，这些信息是保存在一个结构体变量中的，该结构体类型是由系统定义的，取名为 FILE。Turbo C 在 stdio.h 文件中有如下的定义：

```
typedef struct
{
    short level;                    /*缓冲区“满”/“空”的程度*/
    unsigned flags;                 /*文件状态标志*/
    char fd;                        /*文件描述符*/
    unsigned char hold;             /*如无缓冲区不读取字符*/
    short bsize;                    /*缓冲区的大小*/
    unsigned char *buffer;          /*数据缓冲区的位置*/
    unsigned char *curp;            /*当前工作指针*/
    unsigned istemp;                /*临时文件,指示器*/
    short token;                    /*用于有效性检查*/
} FILE;
```

有了结构体类型 FILE 之后，可以用它来定义多个 FILE 类型的变量，以便存放若干个文件的信息，例如：

```
FILE a[10];
```

定义了一个结构体数组 a，可以用来存放 10 个文件的信息。

在 C 语言中用一个指针变量指向一个文件，这个指针称为文件型指针。通过文件指针就可对它所指的文件进行各种操作。

定义文件型指针变量的一般形式为：

```
FILE *文件型指针变量名;
```

其中FILE应为大写，它实际上是由系统定义的一个结构，该结构中含有文件名、文件状态和文件当前位置等信息。在编写源程序时不必关心FILE结构的细节。

例如：

```
FILE *fp;
```

fp是指向FILE结构的指针变量，通过fp即可找到存放某个文件信息的结构变量，然后按结构变量提供的信息找到该文件，实施对文件的操作。

10.3 文件的打开与关闭

C 语言和其它高级语言一样，在文件读写之前应该打开该文件，使用结束之后应关闭该文件。

10.3.1 fopen 函数

C语言用fopen函数打开一个文件，fopen函数调用的一般形式为：

```
文件指针名=fopen(文件名,使用文件方式);
```

其中，“文件指针名”必须是被说明为FILE类型的指针型变量，“文件名”是被打开文件的文件名，“使用文件方式”是指文件的类型和操作要求。例如：

```
FILE *fp;
fp=fopen("name1","r");
```

其含义是在当前目录下打开文件name1，只允许进行“读”操作（r代表read，即读入），并使fp指向该文件。可见，打开一个文件时，通知给编译系统以下3个信息：需要打开的文件、使用文件的方式、让某个指针变量指向被打开的文件。又如：

```
FILE *fp;
fp=("c:\\file1","rb");
```

其含义是打开C磁盘根目录下的文件file1，这是一个二进制文件，只允许按二进制方式进行读操作。两个反斜线“\\”中的第1个表示转义字符，第2个表示根目录。

使用文件的方式共有12种，它们的符号和意义如表10-1所示。

表10-1　使用文件方式

文件使用方式	意　义
"r"（只读）	以只读方式打开文本文件
"w"（只写）	以写方式打开文本文件，若已存在该文件，文件被重写
"a"（追加）	打开一个文本文件，并在文件末尾写数据
"r+"（读写）	打开一个文本文件，允许读和写

（续）

文件使用方式	意　义
"w+"（读写）	打开或建立一个文本文件，允许读写
"a+"（读写）	打开一个文本文件，允许读，或在文件末追加数据
"rb"（只读）	打开一个二进制文件，只允许读数据
"wb"（只写）	打开或建立一个二进制文件，只允许写数据
"ab"（追加）	打开一个二进制文件，并在文件末尾写数据
"rb+"（读写）	打开一个二进制文件，允许读和写
"wb+"（读写）	打开或建立一个二进制文件，允许读和写
"ab+"（读写）	打开一个二进制文件，允许读，或在文件末追加数据

说明：

1）文件使用方式由“r”、“w”、“a”、“t”、“b”、“+”6个字符拼成，各字符的含义如下：

r(read):	读
w(write):	写
a(append):	追加
t(text):	文本文件，可省略不写
b(banary):	二进制文件
+:	读和写

2）凡用“r”打开一个文件时，该文件必须已经存在，且只能用于向计算机输入而不能用作向该文件输出数据。

3）用“w”打开的文件只能向该文件写入。若打开的文件不存在，则以指定的文件名建立该文件，若打开的文件已经存在，则将该文件删去，重建一个新文件。

4）若希望向一个已存在的文件尾部添加新数据，应该用“a”方式打开文件。但此时该文件必须是存在的，否则将会出错。打开时，位置指针移到文件末尾。

5）用“r+”、“w+”、“a+”方式打开的文件可以用来输入输出数据。使用“r+”方式打开文件时，该文件应该已经存在；“w+”方式则新建立一个文件，先向此文件中写数据，然后可以读取该文件中的数据；用“a+”方式打开的文件，原来的文件不被删去，位置指针移到文件末尾，可以进行添加或读操作。

6）打开一个文件时，如果出错，fopen 将返回一个空指针值 NULL。在程序中可以用这一信息来判别是否完成打开文件的工作，并作相应的处理。因此常用以下程序段打开文件：

```
if((fp=fopen("c:\\f1","r"))==NULL)
    {
      printf("error on open c:\\f1 file!\n");
      exit(0);
    }
```

这段程序的意义是，如果返回的指针为空，表示不能打开C盘根目录下的f1文件，则给出提示信息“error on open c:\f1 file!”，exit 函数的作用是关闭所有文件，终止正在调用的过程，待用户检查出错误并修改后再运行。

7）标准输入文件（键盘），标准输出文件（显示器），标准出错输出（出错信息）是由系统打开的，可直接使用。

10.3.2 fclose 函数

使用完一个文件后应该关闭它，以防止它再被误用。关闭就是使文件指针变量不再指向该文件。用 fclose 函数关闭文件，fclose 函数调用的一般形式为：

```
fclose(文件指针);
```

例如：

```
fclose(fp);
```

关闭打开的文件，即 fp 不再指向该文件。

程序终止之前，应该关闭所有文件，否则将会丢失数据。如果顺利地执行了关闭操作，fclose 函数的返回值为 0，否则返回文件结束标志 EOF(–1)。

说明：EOF 是在 stdio.h 文件中定义的符号常量，其值为–1。由于字符的 ASCII 码不可能出现–1，因此 EOF 定义为–1 是合适的。因为 EOF 不是可输出字符，所以不能在屏幕上显示。当读入的字符值是–1 时，表示读入的已不是正常的字符而是文件结束符，但这种情况只使用于读文本文件。

10.4 文件的读写

文件打开之后，就可以对它进行读写了，对文件的读和写是最常用的文件操作。

10.4.1 字符读写函数

字符读写函数是以字符（字节）为单位的读写函数。 每次可从文件读出或向文件写入一个字符。

1．读字符函数（fgetc）

fgetc 函数的功能是从指定的文件中读入一个字符，该文件必须是以读或读写方式打开的。fgetc 函数调用的一般形式为：

```
字符变量=fgetc(文件指针);
```

例如：

```
ch=fgetc(fp);
```

fp 为文件型指针变量，ch 是字符变量，表示 fgetc 函数带回一个字符并赋给 ch 字符变量。如果在执行 fgetc 函数读字符时遇到文件结束符，函数将返回 EOF(–1)。

读取字符的结果也可以不赋给字符变量，此时读出的字符不能保存。例如：

```
fgetc(fp);
```

【例 10-1】 读入文件 lm.txt，并将内容在屏幕上输出。

```
#include <stdio.h>
void main()
{
   FILE *fp;                                    /*定义文件指针*/
   char ch;
   if((fp=fopen("e:\\lm.txt","rt"))==NULL)      /*若打开文件出错，则退出程序*/
   {
      printf("Cannot open file!\n");
      exit(0);
   }
   ch=fgetc(fp);                                /*读入一个字符赋给 ch 变量*/
   while(ch!=EOF)          /*字符不是文件结束标志就把其显示在屏幕上，再读入下一字符*/
   {
      putchar(ch);
      ch=fgetc(fp);
   }
   fclose(fp);                                  /*关闭文件*/
}
```

程序的功能是从文件中逐个读取字符，然后在屏幕上显示出来。程序定义了文件指针 fp,以读文本文件方式打开文件“e:\\lm.txt”，并使 fp 指向该文件。如打开文件出错，给出提示并退出程序。每读一次，文件内部的位置指针向后移动一个字符，文件结束时，该指针指向 EOF。

如果想读入一个二进制文件中的数据，可以用 ANSI C 提供的 feof 函数来判断文件是否真的结束，如果文件结束，函数 feof(fp)的值为真（1），否则为假（0）。

```
while(!feof(fp))
{
  ch=fget(fp);
  …
}
```

说明：在文件内有一个位置指针，用来指向文件的当前读写字节。文件打开时，该指针指向文件的第 1 个字节，使用 fgetc 函数后，该位置指针向后移动一个字节。所以，可以连续多次使用 fgetc 函数读取多个字符。但需要注意的是文件指针和文件内部的位置指针不是一回事。文件指针是指向整个文件的，必须在程序中定义说明，若不重新赋值，文件指针的值是不会变的；文件内部的位置指针用以指示文件内部的当前读写位置，每读写一次，该指针均向后移动。文件内部的位置指针不需要在程序中定义说明，它是由系统自动设置的。

2．写字符函数（fputc）

fputc 函数的功能是把一个字符写到指定的磁盘文件中。其一般调用形式为：

```
fputc(字符量,文件指针);
```

其中，“字符量”可以是字符常量或字符变量。例如：

```
fputc('b',fp);
```

其意义是把字符 b 写入 fp 所指向的文件中。fputc 函数会有一个返回值：如果写入成功则返回写入的字符，否则返回一个 EOF(−1)。

说明：被写入的文件可以用写、读写、追加方式打开，用写或读写方式打开一个已存在的文件时将清除原有的文件内容，写入字符从文件首开始。如需保留原有文件内容，希望写入的字符在文件末开始存放，必须以追加方式打开文件。被写入的文件若不存在，则创建该文件。每写入一个字符，文件内部位置指针向后移动一个字节。

【例 10-2】 从键盘输入一行字符，写入一个文件，再把写入该文件的内容读出显示在屏幕上。

```
#include <stdio.h>
void main()
{
  FILE *fp;
  char ch;
  if((fp=fopen("e:\\lm","w+"))==NULL)   /*以读写文本文件方式打开文件 lm*/
  {
    printf("Cannot open file!");
    exit(0);
  }
  printf("input a string:\n");
  ch=getchar();                         /*从键盘读入一个字符给变量 ch*/
  while(ch!='\n')                       /*把从键盘读入的字符写到磁盘文件中去*/
  {
    fputc(ch,fp);
    ch=getchar();
  }
  rewind(fp);                           /*把 fp 所指文件的内部位置指针移到文件头*/
  ch=fgetc(fp);                         /*从文件中读入一个字符给变量 ch*/
  while(ch!=EOF)                        /*循环输出读入的内容*/
  {
    putchar(ch);
    ch=fgetc(fp);
  }
  printf("\n");
  fclose(fp);                           /*关闭文件*/
}
```

程序第 12 行从键盘读入一个字符后进入 while 循环，当读入的字符不是回车符时，则把该字符写入磁盘文件中去，然后继续从键盘读入下一字符。每输入一个字符，文件内部位置指针向后移动一个字节。写入完毕，该指针已指向文件末。若要把文件从头读出，须把指针移向文件头，程序中的“rewind(fp);”会把 fp 所指文件的内部位置指针移到文件头。第 19～24 行用于读出文件中写入的内容。

10.4.2 字符串读写函数

C 语言中字符串的读写可以使用 fgets 函数和 fputs 函数。

1. 读字符串函数 fgets

fgets 函数的功能是从指定的文件中读一个字符串到字符数组中。fgets 函数调用形式为：

```
fgets(字符数组名,n,文件指针);
```

其中，n 是一个正整数，表示从文件中读出的字符串不超过 n–1 个字符。在读入的最后一个字符后加上串结束标志'\0'。例如：

```
fgets(string,n,fp);
```

其语义是从 fp 所指向的文件中读出 n–1 个字符送入字符数组 string 中。

【例 10-3】 从 lm 文件中读入一个含 10 个字符的字符串。

```
#include <stdio.h>
void main()
{
  FILE *fp;                                    /*定义文件型指针变量 fp*/
  char string[20];
  if((fp=fopen("e:\\lm.txt","r+"))==NULL)      /*打开一个文本文件*/
  {
    printf("Cannot open file!\n");
    exit(0);
  }
  fgets(string,10,fp);                         /*从打开的文件中读 9 个字符到字符数组中*/
  printf("%s\n",string);                       /*输出字符数组中的字符*/
  fclose(fp);                                  /*关闭文件*/
}
```

该程序定义了一个长度为 20 的字符数组 string，然后以读文本文件方式打开“e:\lm.txt”文件，从该文件中读出 10 个字符送入 string 数组，在数组最后一个单元内加上'\0'，然后在屏幕上显示输出 string 数组中的内容。

说明：

1）在读出 n–1 个字符之前，如果遇到了换行符或 EOF，读出结束。

2）fgets 函数也有返回值，其返回值是字符数组的首地址。

2. 写字符串函数 fputs

fputs 函数的功能是向指定的文件写入一个字符串，其一般调用形式为：

```
fputs(字符串,文件指针);
```

其中，“字符串”可以是字符串常量，也可以是字符数组名，或指针变量，例如：

```
fputs("computer",fp);
```

其语义是把字符串“computer”写入 fp 所指的文件中去。

【例 10-4】 在打开的文件中追加字符串“computer”。

```
#include <stdio.h>
void main()
{
   FILE *fp;
   char ch,string[20];
   if((fp=fopen("e:\lm.txt","a+"))==NULL)      /*以追加读写文本文件的方式打开文件*/
   {
      printf("Cannot open file!\n");
      exit(0);
   }
   printf("input a string:");
   scanf("%s",string);                          /*输入字符串*/
   fputs(string,fp);                            /*将字符串写入 fp 所指的文件中*/
   rewind(fp);                                  /*把文件内部位置指针移到文件首*/
   ch=fgetc(fp);
   while(ch!=EOF)                               /*循环输出当前文件中的全部内容*/
   {
      putchar(ch);
      ch=fgetc(fp);
   }
   printf("\n");
   fclose(fp);
}
```

程序要求在打开的“e:\lm.txt”文件末添加字符串 computer。在程序中以追加读写文本文件的方式打开文件 lm。然后输入字符串 computer，并用 fputs 函数把该串写入文件 lm。程序中的“rewind(fp);”把文件内部位置指针移到文件首，然后使用循环逐个显示当前文件中的全部内容。

10.4.3 数据块读写函数

ANSI C 标准提供两个函数用来读写一个数据块——freed 函数和 fwrite 函数。读数据块函数调用的一般形式为：

```
fread(buffer,size,count,fp);
```

写数据块函数调用的一般形式为：

```
fwrite(buffer,size,count,fp);
```

其中，“buffer”是一个指针，在 fread 函数中，它表示存放输入数据的首地址；在 fwrite 函数中，它表示存放输出数据的首地址。“size”表示要读写的数据块的字节数；“count”表示要读写的数据块块数；“fp”表示文件型指针。例如：

```
fread(fl,4,3,fp);
```

若 fl 是一个实型数组名，其意义是从 fp 所指的文件中，每次读 4 个字节（一个实数）送入实型组 fl 中，连续读 3 次，即读 3 个实数到 fl 中。

【例 10-5】 建立一个有关学生成绩的数据文件。

```
#include <stdio.h>
#define SIZE 5
struct stud
{
   char name[10];
   int class;
   float grade;
}student[SIZE];
void s()
{
   FILE *fp;
   int i;
   if((fp=fopen("e:\\stud.dat","wb"))==NULL)
   {
      printf("Cannot open file!\n");
      return;
   }
   for(i=0;i<SIZE;i++)
      if(fwrite(&student[i],sizeof(struct stud),1,fp)!=1)
          printf("File error!\n");
   fclose(fp);
}
void main()
{
   int j;
   printf("Input %d student's name, class, grade:",SIZE);
   for(j=0;j<SIZE;j++)
   {
      scanf("%s,%d,%f",student[j].name,&student[j].class,&student[j].grade);
      s();
   }
}
```

程序定义一个结构体 stud，其中包含学生的姓名、班级和成绩；同时声明了结构体数组 student。在 main 函数中循环输入每个学生的姓名、班级和成绩，并通过 s 函数将输入的数据写入 fp 所指向的文件 stud.dat 中。如果 E 盘中事先没有 stud.dat 文件，执行完程序之后，在 E 盘根目录下将建立一个 stud.dat 文件，打开该文件可以查看输入的信息。

10.4.4 格式读写函数

格式读写函数有 fscanf 函数和 fprinf 函数，其作用分别与 pfintf 函数和 scanf 函数相仿，都是格式化读写函数。但不同的是函数 fscanf 和 fprinf 的读写对象不是终端而是磁盘文件。它们的一般调用格式为：

```
fscanf(文件指针,格式字符串,输入表列);
fprintf(文件指针,格式字符串,输出表列);
```

例如：

```
fscanf(fp,"%d,%c",&a,&ch);
```

功能：从磁盘文件中读入 ASCII 字符。

```
fprintf(fp,"%d,%c",a,ch);
```

功能：将整型变量 a 和字符型变量 ch 的值按给定的格式输出到 fp 指向的磁盘文件中。

用 fprintf 函数和 fscanf 函数对磁盘文件读写时，使用方便，容易理解，但由于在输入时要将 ASCII 码转换为二进制形式，在输出时又要将二进制形式转换成字符，花费时间比较多，所以，在内存与磁盘频繁交换数据的情况下，最好不用 fprintf 函数和 fscanf 函数，而用 fread 和 fwrite 函数。

10.5 文件的定位

文件中的位置指针指向当前读写的位置。如果顺序读写一个文件，每次读写完一个字符后，该位置指针会自动移动指向下一个字符位置。如果想改变这样的规律，强制位置指针指向其他指定的位置时，需要使用移动位置指针的函数。移动文件内部位置指针的函数主要有两个——rewind 函数和 fseek 函数。

10.5.1 rewind 函数

rewind 函数可以强制使当前工作指针指向文件的开头。rewind 函数在前面的实例中已经使用过，其一般调用形式为：

```
rewind(文件指针);
```

它的功能是把文件内部的位置指针移到文件首部。rewind 函数的应用请参照【例 10-2】。

10.5.2 fseek 函数

fseek 函数用来移动文件内部位置指针。其一般调用形式为：

```
fseek(文件型指针,位移量,起始点);
```

其中，“文件型指针”指向被移动的文件；“位移量”表示移动的字节数，要求位移量是 long 型数据，以便在文件长度大于 64KB 时不会出错。当用常量表示位移量时，ANSI C 标准规定在常量后加后缀“L”。“起始点”表示从何处开始计算位移量，规定的起始点有 3 种：文件首（用 0 代表）、当前位置（用 1 代表）和文件尾（用 2 代表）。其表示方法如表 10-2 所示。

表 10-2　fseek 函数“起始点”的表示方法

起 始 点	表 示 符 号	数 字 表 示
文件首	SEEK_SET	0
文件当前位置	SEEK_CUR	1
文件末尾	SEEK_END	2

例如：

```
fseek(fp,90L,0);
```

其意义是把位置指针移到离文件首 90 个字节处。再如：

```
fseek(fp,20L,1);
```

其意义是把位置指针移动到离当前位置 20 个字节处。

说明：

1）使用 fseek 函数可以实现随机读写。

2）fseek 函数一般用于二进制文件，因为文本文件要发生字符转换，计算位置时往往会出现错误。

10.6　文件检测函数

C 标准还提供了几个检测函数，下面对它们进行简单的介绍。

1．文件结束检测函数 feof

feof 函数的一般调用格式为：

```
feof(文件指针);
```

功能：判断文件是否处于文件结束位置，如文件结束，则返回值为 1，否则为 0。

2．读写文件出错检测函数

ferror 函数的一般调用格式为：

```
ferror(文件指针);
```

功能：检查文件在用各种输入输出函数进行读写时是否出错。如 ferror 返回值为 0（假）表示未出错，如果返回一个非零值，表示出错。

3．文件出错标志和文件结束标志置 0 函数

clearerr 函数的一般调用格式为：

```
clearerr(文件指针);
```

功能：用于清除出错标志和文件结束标志，使它们为 0 值。如果调用一个输入输出函数时出现错误，ferror 函数值为一个非零值。在调用 clearerr 函数后，ferror 函数的值变为 0。

10.7　实训

一、实训目的

- 掌握在 C 语言中创建一个文件的方法。
- 掌握打开文件和关闭文件的方法。
- 掌握文件的读写方法。
- 掌握文件的定位方法。

二、实训内容

1．上机完成【例 10-2】的编辑、编译、调试和运行，理解 fgetc 函数和 fputc 函数的使用方法。

2．上机运行如下程序，分析程序完成的功能。

```
#include <stdio.h>
void main()
{
  FILE *fp;
  if((fp=fopen("e:\\f1.txt","wb"))==NULL)
  {
    printf("error on open c:\\f1 file!\n");
    exit(0);
  }
  fclose(fp);
}
```

3．仔细阅读下面的源程序，将源程序输入到计算机，进行编译、连接和运行，然后写出分析结果。

题目：从键盘输入两个学生数据，写入一个文件中（文件在指定的位置已经存在），再读出这两个学生的数据显示在屏幕上。

```
#include<stdio.h>
struct stu
{
  char name[10];
  int num;
  int age;
  char addr[15];
}boya[2],boyb[2],*pp,*qq;
void main()
{
  FILE *fp;
  char ch;
  int i;
  pp=boya;
  qq=boyb;
```

```
    if((fp=fopen("e:\\f1","wb+"))==NULL)
    {
      printf("Cannot open file!\n");
      exit(0);
    }
    printf("input data:");
    for(i=0;i<2;i++,pp++)
      scanf("%s%d%d%s",pp->name,&pp->num,&pp->age,pp->addr);
    pp=boya;
    fwrite(pp,sizeof(struct stu),2,fp);
    rewind(fp);
    fread(qq,sizeof(struct stu),2,fp);
    printf("\nname\tnumber\tage\taddr\n");
    for(i=0;i<2;i++,qq++)
      printf("%s\t%d\t%d\t%s\n",qq->name,qq->num,qq->age,qq->addr);
    fclose(fp);
}
```

4．下面程序的功能是统计出文件中字符的个数，请将程序补充完整并上机运行调试。

```
#include <stdio.h>
void main()
{
    long n=0;
    ________ *fp;
    if((fp=fopen("f1.txt",______))==NULL)
    {
      printf("Can not open file!\n");
      exit(0);
    }
    while(____________________)
    {
      fgetc(fp);
      n++;
    }
    printf("%d\n",n);
    fclose(fp);
}
```

10.8 习题

一、选择题

1．以下不属于普通文件的是____________。

A．可执行程序　　　　B．一组待输入处理的原始数据

C．显示器　　　　D．目标文件

2．以下说法错误的是____________。

A．ASCII 文件也称为文本文件，这种文件在磁盘中存放时每个字符对应一个字节，用于存放对应的 ASCII 码

B．二进制文件是按二进制的编码方式来存放文件的

C．ASCII 码文件可在屏幕上按字符显示

D．二进制码文件可在屏幕上按字符显示

3．打开一个已存在的非空文件 file 用于修改，选择正确的语句________。

A．fp=fopen("file","r")；　　B．fp=fopen("file","a+")；

C．fp=fopen("file","w")；　　D．fp=fopen("file","r+")；

4．在 C 语言中，标准库函数 fgets(str,n,fp)的功能是__________。

A．从 fp 所指向的文件中读出 n 个字符送入字符数组 str 中

B．从 fp 所指向的文件中读出 n–1 个字符送入字符数组 str 中

C．从字符数组 str 中读出 n 个字符送入 fp 所指向的文件中

D．从字符数组 str 中读出 n–1 个字符送入 fp 所指向的文件中

5．C 语言中文件的存取方式是____________。

A．只能顺序存取　　B．只能随机存取

C．可以顺序也可以随机存取　　D．只能从文件的开头进行存取

6．把字符 c 写入文件 fp，成功时返回字符 c 的 ASCII 码，失败时返回 EOF，对应的文件函数是_________。

A．fprintf 函数　　B．fread 函数　　C．fwrite 函数　　D．fputc 函数

7．在 C 语言中，要向一个已存在的文本文件尾追加数据应该用________方式打开文件。

A．"r"　　B．"a"　　C．"rb"　　D．"w"

8．在 C 语言中为输入一个二进制文件应该用_________方式打开文件。

A．"r"　　B．"rb"　　C．"a"　　D．"w"

9．以下与函数 fseek(fp,0L,SEEK_SET)有相同作用的是__________。

A．feof(fp)　　B．ftell(fp)　　C．fgetc(fp)　　D．rewind(fp)

10．有以下程序：

```
#include <stdio.h>
void main()
{
   FILE *fp;
   int a[6]={1,2,3,4,5,6},k,n;
   fp=fopen("d2.dat","w");
   fprintf(fp,"%d%d%d\n",a[0],a[1],a[2]);
   fprintf(fp,"%d%d%d\n",a[3],a[4],a[5]);
   fclose(fp);
   fp=fopen("d2.dat","r");
   fscanf(fp,"%d%d\n",&k,&n);
   printf("%d,%d\n",k,n);
   fclose(fp);
}
```

程序运行后的输出结果是____________。

A．1,2　　　　　**B.** 1,4　　　　　C．123 ,4　　　　　D．123,456

二、填空题

1．从用户的角度看，文件可分为____________和____________两种。从文件编码的方式来看，文件可分为____________文件和____________文件两种。

2．语句“FILE *fp; fp=("f1","r");”的意义是____________。

3．当打开一个文件时如果出错，fopen 将返回____________。

4．fgetc 函数的功能是____________；fputc 函数的功能是____________。

5．使用 fscanf 函数的正确调用形式是____________。

6．当顺利执行了文件关闭操作时，fclose 函数的返回值是____________。

三、程序分析题

1．执行以下程序后，请写出 test.txt 文件的内容（若文件能正常打开）。

```
#include <stdio.h>
void main()
{
   FILE *fp;
   char *s1="fortran",*s2="Basic";
   if((fp=fopen("test.txt","wb"))==NULL);
   {
      printf("Can't open test.txt file\n");
      exit(1);
   }
   fwrite(s1,7,1,fp);
   fseek(fp,0L,SEEK_SET);
   fwrite(s2,5,1,fp);
   fclose(fp);
}
```

2．写出下面程序的运行结果。

```
#include <stdio.h>
void main()
{
   FILE *fp;
   int i,k,n;
   fp=fopen("data,dat","w+");
   for(i=1;i<6;i++)
   {
      fprintf(fp,"%d ",i);
      if(i%3==0);
         fprintf(fp,"\n");
   }
   rewind(fp);
   fscanf(fp,"%d%d",&k,&n);
```

```
    printf("%d %d\n",k,n);
    fclose(fp);
}
```

四、编写程序题

1．编写程序，从键盘上键入 10 个字符，形成一个名为 file1.dat 的文件，存在 E 盘根据目录之下。

2．使用键盘输入一个字符串，把该字符串中的小写字母转换为大写字母，并将其输出到文件 file2.txt 中，然后从该文件中读出字符串进行显示。

3．编写程序，从终端上读入 5 个整数，并以二进制方式写入名为 file3.dat 的新文件中。

第 11 章　综合实例：学生成绩管理系统

本章提供了一个综合性强的 C 语言应用程序，目的是拓展并延伸所学知识，进一步提高读者对 C 语言的应用能力。该实例也可以作为 C 程序课程设计的参考实例。

1．实例要求

1）设计出学生成绩管理系统主界面，在界面中显示程序实现的功能菜单。

2）系统具有显示全部记录功能。

3）系统具有插入记录功能。

4）系统具有查找记录功能。

5）系统具有删除记录功能。

6）系统具有排序功能。

2．参考程序代码

```
#include <stdio.h>
#include<dos.h>
#include<stdlib.h>
#include<string.h>
#include<mem.h>
#include<ctype.h>
#include<alloc.h>
#define LEN sizeof(STUDENT)
typedef struct stu                                        /*定义结构体用于缓存数据*/
{char num[6];
char name[5];
int score[3];
int sum;
float average;
int order;
struct stu *next;
}STUDENT;
/*函数原型*/
STUDENT *init();                                          /*初始化函数*/
int menu_select();                                        /*菜单函数*/
STUDENT *create();                                        /*创建链表*/
void print(STUDENT *head);                                /*显示全部记录*/
void search(STUDENT *head);                               /*查找记录*/
STUDENT *delete(STUDENT *head);                           /*删除记录*/
STUDENT *sort(STUDENT *head);                             /*排序*/
STUDENT *insert(STUDENT *head,STUDENT *new);              /*插入记录*/
void save(STUDENT *head);                                 /*保存文件*/
STUDENT *load();                                          /*读文件*/
```

```
/*主函数*/
main()
{
  STUDENT *head,new;
  head=init();                                          /*链表初始化,使 head 的值为 NULL*/
  for(;;)                                               /*循环无限次*/
  {
    switch(menu_select())
    {
      case 1:head=create();break;
      case 2:print(head);break;
      case 3:search(head);break;
      case 4:head=delete(head);break;
      case 5:head=sort(head);break;
      case 6:head=insert(head,&new);break;              /*&new 表示返回地址*/
      case 7:save(head);break;
      case 8:head=load(); break;
      case 9:exit(0);                                   /*如返回值为 9 则程序结束*/
    }
  }
}
/*初始化函数*/
STUDENT *init()
{
  return NULL;                                          /*返回空指针*/
}
/*菜单选择函数*/
menu_select()
{
  int n;
  struct date d;                                        /*定义时间结构体*/
  getdate(&d);                                          /*读取系统日期并把它放到结构体 d 中*/
  printf("press any key to enter the menu...");         /*按任意键进入主菜单*/
  getch();                                              /*从键盘读取一个字符,但不显示于屏幕*/
  clrscr();                                             /*清屏*/
  printf("********************************************************************\n");
  printf("                         Welcome to\n ");
  printf("\n                  The student score manage system\n");
  printf("*************************MENU*****************************\n");
  printf("\t\t\t1. Enter the record\n");                /*输入学生成绩记录*/
  printf("\t\t\t2. Print the record\n");                /*显示*/
  printf("\t\t\t3. Search record on name\n");           /*寻找*/
  printf("\t\t\t4. Delete a record\n");                 /*删除*/
  printf("\t\t\t5. Sort to make new a file\n");         /*排序*/
  printf("\t\t\t6. Insert record to list\n");           /*插入*/
  printf("\t\t\t7. Save the file\n");                   /*保存*/
```

```
    printf("\t\t\t8. Load the file\n");                                    /*读取*/
    printf("\t\t\t9. Quit\n");                                             /*退出*/
    printf("\n\t\t                    Made by Hu Haihong.\n");
    printf("**********************************************************\n");
    printf("\t\t%d\\%d\\%d\n",d.da_year,d.da_mon,d.da_day);   /*显示当前系统日期*/
    do{
        printf("\n\t\t\tEnter your choice(1~9):");
        scanf("%d",&n);
      }while(n<1||n>9);                      /*如果选择项不在 1~9 之间则重新输入*/
    return(n);                               /*返回选择项，主函数根据该数调用相应的函数*/
}
/*输入函数*/
STUDENT *create()
{
  int i,s;
  STUDENT *head=NULL,*p;                   /*定义函数，此函数带回一个指向链表头的指针*/
  clrscr();
  for(;;)
  {
    p=(STUDENT *)malloc(LEN);              /*开辟一个新的单元*/
    if(!p)                                 /*如果指针 p 为空*/
    {
      printf("\nOut of memory.");          /*输出内存溢出*/
      return (head);                       /*返回头指针*/
    }
    printf("Enter the num(0:list end):");
    scanf("%s",p->num);
    if(p->num[0]=='0') break;              /*如果学号首字符为 0 则结束输入*/
    printf("Enter the name:");
    scanf("%s",p->name);
    printf("Please enter the %d scores\n",3);            /*提示开始输入成绩*/
    s=0;                                                 /*计算每个学生的总分，初值为 0*/
    for(i=0;i<3;i++)                                     /*3 门课程循环 3 次*/
    {
      do
      {
        printf("score%d:",i+1);
        scanf("%d",&p->score[i]);
        if(p->score[i]<0 || p->score[i]>100)             /*确保成绩在 0~100 之间*/
          printf("Data error,please enter again.\n");
      }while(p->score[i]<0 || p->score[i]>100);
      s=s+p->score[i];                                   /*累加各门成绩*/
    }
    p->sum=s;                        /*将总分保存*/
    p->average=(float)s/3;           /*先用强制类型转换将 s 转换成 float 型,再求平均值*/
    p->order=0;                      /*未排序前此值为 0*/
```

```
      p->next=head;              /*将头结点做为新输入结点的后继结点*/
      head=p;                    /*新输入结点为新的头结点*/
    }
    return(head);
}
/*显示全部记录函数*/
void print(STUDENT *head)
{
    int i=0;                     /*统计记录条数*/
    STUDENT *p;                  /*移动指针*/
    clrscr();
    p=head;                      /*初值为头指针*/
    printf("\n************************STUDENT******************************\n");
    printf("-------------------------------------------------------------------------\n");
    printf("|  Rec |  Num |  Name |    Sc1 |    Sc2 |    Sc3 |    Sum |  Ave |  Order |\n");
    printf("-------------------------------------------------------------------------\n");
    while(p!=NULL)
    {
      i++;
      printf("|  %3d |  %4s |  %-4s |  %3d |  %3d |  %3d |  %3d |  %4.2f |  %-5d|\n",
      i, p->num,p->name,p->score[0],p->score[1],p->score[2],p->sum,p->average,p->order);
      p=p->next;
    }
    printf("-------------------------------------------------------------------------\n");
    printf("******************************END*********************************\n");
}
/*查找记录函数*/
void search(STUDENT *head)
{
    STUDENT *p;
    char s[5];                   /*存放姓名用的字符数组*/
    clrscr();
    printf("Please enter name for searching.\n");
    scanf("%s",s);
    p=head;                      /*将头指针赋给 p*/
    while(strcmp(p->name,s)&&p!= NULL)   /*当记录的姓名不是要找的或指针不为空时*/
       p=p->next;                /*移动指针，指向下一结点*/
    if(p!=NULL)                  /*如果指针不为空*/
    {
      printf("\n*****************************FOUND*****************************\n");
      printf("-------------------------------------------------------------------------\n");
      printf("|    Num |  Name |    sc1 |    sc2   |    sc3 |    Sum |    Ave   |  Order   |\n");
      printf("-------------------------------------------------------------------------\n");
      printf("|  %4s   |  %4s   | %3d   | %3d    |  %3d |  %3d |   %4.2f |  %-5d   |\n",
      p->num,p->name,p->score[0],p->score[1],p->score[2],p->sum,p->average,p->order);
      printf("-------------------------------------------------------------------------\n");
```

```
    printf("******************************END******************************\n");
   }
   else
   printf("\nThere is no num %s student on the list.\n",s);          /*显示没有该学生*/
}
/*删除记录函数*/
STUDENT *delete(STUDENT *head)
{
   int n;
   STUDENT *p1,*p2;                /*p1 为查找到要删除的结点指针，p2 为其前驱指针*/
   char c,s[6];                    /*s[6]用来存放学号，c 用来输入字母*/
   clrscr();
   printf("Please enter the deleted num: ");
   scanf("%s",s);
   p1=p2=head;                     /*给 p1 和 p2 赋初值头指针*/
   while(strcmp(p1->num,s) && p1 != NULL) /*当记录的学号不是要找的或指针非空时*/
   {
     p2=p1;                        /*将 p1 指针值赋给 p2 作为 p1 的前驱指针*/
     p1=p1->next;                  /*将 p1 指针指向下一条记录*/
   }
   if(strcmp(p1->num,s)==0)        /*找到该学号*/
   {
     printf("*****************************FOUND*****************************\n");
     printf("------------------------------------------------------------------------------------\n");
     printf("|    Num |  Name |    sc1 |    sc2    |    sc3 |    Sum |    Ave    |  Order   |\n");
     printf("------------------------------------------------------------------------------------\n");
     printf("|  %4s   |   %4s   | %3d   | %3d      |    %3d |    %3d |   %4.2f |   %-5d  |\n",
         p1->num,p1->name,p1->score[0],p1->score[1],p1->score[2],p1->sum,p1->average,p1->order);
     printf("------------------------------------------------------------------------------------\n");
     printf("******************************END******************************\n");
     printf("Are you sure to delete the student Y/N ?"); /*提示是否要删除，输入 Y 删除，N 则退出*/
      for(;;)
      {
        scanf("%c",&c);
        if(c=='n'||c=='N') break;      /*如果不删除，则跳出本循环*/
        if(c=='y'||c=='Y')
        {
          if(p1==head)                 /*若 p1==head，说明被删结点是首结点*/
             head=p1->next;            /*把第 2 个结点地址赋予 head*/
          else
             p2->next=p1->next;        /*否则将下一结点地址赋给前一结点地址*/
          n=n-1;
          printf("\nNum %s student have been deleted.\n",s);
          printf("Don't forget to save.\n");break;          /*删除后就跳出循环*/
        }
      }
```

```
    }
    else
      printf("\nThere is no num %s student on the list.\n",s);        /*找不到该结点*/
    return(head);
}
/*排序函数*/
STUDENT *sort(STUDENT *head)
{
  int i=0;                                   /*保存名次*/
  STUDENT *p1,*p2,*t,*temp;                  /*定义临时指针*/
  temp=head->next;                           /*将原表的头指针所指的下一个结点作头指针*/
  head->next=NULL;                           /*第 1 个结点为新表的头结点*/
  while(temp!=NULL)                          /*当原表不为空时，进行排序*/
  {
    t=temp;                                  /*取原表的头结点*/
    temp=temp->next;                         /*原表头结点指针后移*/
    p1=head;                                 /*设定移动指针 p1，从头指针开始*/
    p2=head;                                 /*设定移动指针 p2 做为 p1 的前驱，初值为头指针*/
    while(t->average<p1->average&&p1!=NULL)       /*作成绩平均分比较*/
    {
      p2=p1;                                 /*待排序点值小，则新表指针后移*/
      p1=p1->next;
    }
    if(p1==p2)                               /*p1==p2 说明待排序点值大，应排在首位*/
    {
      t->next=p1;                            /*待排序点的后继为 p*/
      head=t;                                /*新头结点为待排序点*/
    }
    else            /*待排序点应插入在中间某个位置 p2 和 p1 之间，如 p 为空则是尾部*/
    {
      t->next=p1;                            /*t 的后继是 p1*/
      p2->next=t;                            /*p2 的后继是 t*/
    }
  }
  p1=head;                                   /*已排好序的头指针赋给 p1，准备填写名次*/
  while(p1!=NULL)                            /*当 p1 不为空时，进行下列操作*/
  {
    i++;                                     /*结点序号*/
    p1->order=i;                             /*将结点序号赋值给名次*/
    p1=p1->next;                             /*指针后移*/
  }
  printf("Sorting is sucessful.\n");         /*排序成功*/
  return (head);
}
/*插入记录函数*/
STUDENT *insert(STUDENT *head,STUDENT *new)
```

```
{
    STUDENT *p0,*p1,*p2;
    int n,sum1,i;
    p1=head;                                            /*使 p1 指向第 1 个结点*/
    p0=new;                                             /*p0 指向要插入的结点*/
    printf("\nPlease enter a new record.\n");           /*提示输入记录信息*/
    printf("Enter the num:");
    scanf("%s",new->num);
    printf("Enter the name:");
    scanf("%s",new->name);
    printf("Please enter the %d scores.\n",3);
    sum1=0;                                             /*保存新记录的总分，初值为 0*/
    for(i=0;i<3;i++)
    {
      do
      {
        printf("score%d:",i+1);
        scanf("%d",&new->score[i]);
        if(new->score[i]>100||new->score[i]<0)
        printf("Data error,please enter again.\n");
      }while(new->score[i]>100||new->score[i]<0);
      sum1=sum1+new->score[i];                          /*累加各门成绩*/
    }
    new->sum=sum1;                                      /*将总分存入新记录中*/
    new->average=(float)sum1/3;
    new->order=0;
    if(head==NULL)                                      /*原来的链表是空表*/
    {
      head=p0;
      p0->next=NULL;
    }                                                   /*使 p0 指向的结点作为头结点*/
    else
    {
      while((p0->average<p1->average)&&(p1->next!=NULL))
      {
        p2=p1;                                          /*使 p2 指向刚才 p1 指向的结点*/
        p1=p1->next;                                    /*p1 后移一个结点*/
      }
    if(p0->average>=p1->average)
    {
      if(head==p1)
        head=p0;                                        /*插到原来第 1 个结点之前*/
      else
      p2->next=p0;                                      /*插到 p2 指向的结点之后*/
      p0->next=p1;
    }
```

```
        else
        {
            p1->next=p0;
            p0->next=NULL;
        }                                              /*插到最后的结点之后*/
    }
    n=n+1;                                             /*结点数加 1*/
    head=sort(head);                                   /*调用排序的函数，将学生成绩重新排序*/
    printf("\nStudent %s have been inserted.\n",new->name);
    printf("Don't forget to save the new file.\n");
    return(head);
}
/*保存数据到文件函数*/
void save(STUDENT *head)
{
    FILE *fp;                                          /*定义指向文件的指针*/
    STUDENT *p;                                        /*定义移动指针*/
    char outfile[10];
    printf("Enter outfile name,for example c:\\score\n");
    scanf("%s",outfile);
    if((fp=fopen(outfile,"wb"))==NULL)                 /*为输出打开一个二进制文件，为只写方式*/
    {
        printf("Cannot open the file\n");
        return;                                        /*若打不开则返回菜单*/
    }
    printf("\nSaving the file...\n");
    p=head;                                            /*移动指针从头指针开始*/
    while(p!=NULL)                                     /*如 p 不为空*/
    {
        fwrite(p,LEN,1,fp);                            /*写入一条记录*/
        p=p->next;                                     /*指针后移*/
    }
    fclose(fp);                                        /*关闭文件*/
    printf("Save the file successfully!\n");
}
/* 从文件读数据函数*/
STUDENT *load()
{
    STUDENT *p1,*p2,*head=NULL;                        /*定义记录指针变量*/
    FILE *fp;                                          /*定义指向文件的指针*/
    char infile[10];
    printf("Enter infile name,for example c:\\score\n");
    scanf("%s",infile);
    if((fp=fopen(infile,"rb"))==NULL)                  /*打开一个二进制文件，为只读方式*/
    {
        printf("Can not open the file.\n");
```

```
        return(head);
    }
    printf("\nLoading the file!\n");
    p1=(STUDENT *)malloc(LEN);                    /*开辟一个新单元*/
    if(!p1)
    {
        printf("Out of memory!\n");
        return(head);
    }
    head=p1;                                      /*申请到空间，将其作为头指针*/
    while(!feof(fp))                              /*循环读数据直到文件尾结束*/
    {
        if(fread(p1,LEN,1,fp)!=1)
            break;                                /*如果没读到数据，跳出循环*/
        p1->next=(STUDENT *)malloc(LEN);          /*为下一个结点开辟空间*/
        if(!p1->next)
        {
            printf("Out of memory!\n");
            return (head);
        }
        p2=p1;                                    /*使 p2 指向刚才 p1 指向的结点*/
        p1=p1->next;                              /*指针后移，新读入数据链到当前表尾*/
    }
    p2->next=NULL;                                /*最后一个结点的后继指针为空*/
    fclose(fp);
    printf("You have success to read data from the file!\n");
    return (head);
}
```

附录 A　常用字符与 ASCII 代码对照表

ASCII 值	字　符	ASCII 值	字　符	ASCII 值	字　符	ASCII 值	字　符
000	NUL	032	空格	064	@	096	`
001	SOH☺	033	!	065	A	097	a
002	STX☻	034	"	066	B	098	b
003	ETX♥	035	#	067	C	099	c
004	EOT♦	036	$	068	D	100	d
005	END♣	037	%	069	E	101	e
006	ACK♠	038	&	070	F	102	f
007	BEL	039	'	071	G	103	g
008	BS◙	040	(	072	H	104	h
009	HT	041	)	073	I	105	i
010	LF	042	*	074	J	106	j
011	VT	043	+	075	K	107	k
012	FF	044	,	076	L	108	l
013	CR	045	-	077	M	109	m
014	SO♫	046	.	078	N	110	n
015	SI☼	047	/	079	O	111	o
016	DLE►	048	0	080	P	112	p
017	DC1◄	049	1	081	Q	113	q
018	DC2↕	050	2	082	R	114	r
019	DC3!!	051	3	083	S	115	s
020	DC4¶	052	4	084	T	116	t
021	NAK §	053	5	085	U	117	u
022	SYN	054	6	086	V	118	v
023	ETB	055	7	087	W	119	w
024	CAN↑	056	8	088	X	120	x
025	EM↓	057	9	089	Y	121	y
026	SUB→	058	:	090	Z	122	z
027	ESC←	059	;	091	[	123	{
028	FS ∟	060	<	092	\	124	|
029	GS◆	061	=	093	]	125	}
030	RS▲	062	>	094	^	126	～
031	US	063	?	095	_	127	⌂

附录 B　C 语言中的运算符和结合性

优先级	运　算　符	名称或含义	结 合 方 向	运算对象的个数
1	()	圆括号	自左到右	
	[]	下标运算符		
	->	指向结构体成员运算符		
	.	结构体成员运算符		
2	!	逻辑非运算符	自右到左	1(单目运算符)
	~	按位取反运算符		
	++	自增运算符		
	– –	自减运算符		
	–	负号运算符		
	(类型)	强制类型转换运算符		
	*	指针运算符		
	&	取地址运算符		
	sizeof	长度运算符		
3	*	乘法运算	自左到右	2(双目运算符)
	/	除法运算		
	%	求余运算符（取模）		
4	+	加法运算符	自左到右	2(双目运算符)
	–	减法运算符		
5	<<	左移运算符	自左到右	2(双目运算符)
	>>	右移运算符		
6	> >= < <=	关系运算符	自左到右	2(双目运算符)
7	==	等于运算符	自左到右	2(双目运算符)
	!=	不等于运算符		
8	&	按位与运算符	自左到右	2(双目运算符)
9	^	按位异或运算符	自左到右	2(双目运算符)
10	|	按位或运算符	自左到右	2(双目运算符)
11	&&	逻辑与运算符	自左到右	2(双目运算符)
12	||	逻辑或运算符	自左到右	2(双目运算符)
13	? :	条件运算符	自右到左	3(三目运算符)
14	= /= *= %= += –= <<= >>= &= ^= |=	赋值运算符	自右到左	2(双目运算符)
15	,	逗号运算符	自左到右	

附录C　C语言的关键字

auto	break	case	char	const
continue	default	do	double	else
enum	extern	float	for	goto
if	int	long	register	return
short	signed	sizeof	static	struct
switch	typedef	union	unsigned	void
volatile	while			

附录D　常用的C库函数

下面按不同种类列出ANSI C标准建议提供的、常用的部分函数。

1．数学函数（ANSI C标准要求在使用数学函数时要包含头文件math.h）

函 数 名	函 数 原 型	功 能 说 明
abs	int abs(int x);	返回整数x的绝对值
acos	double acos(double x);	返回x的反余弦 $\cos^{-1}(x)$值，x在−1～1范围内
asin	double asin(double x);	返回x的反正弦 $\sin^{-1}(x)$值，x在−1～1范围内
atan	double atan(double x);	返回x的反正切 $\tan^{-1}(x)$值
atan2	double atan2(double x,double y);	返回x/y的反正切 $\tan^{-1}(x/y)$值
cos	double cos(double x);	返回x的余弦cos(x)值
cosh	double cosh(double x);	返回x的双曲余弦cosh(x)值
exp	double exp(double x);	返回指数函数 e^x 的值
fabs	double fabs(double x);	返回实数x的绝对值
floor	double floor(double x);	返回不大于x的最大整数
fmod	double fmod(double x,double y);	返回x/y的余数
log	double log(double x);	返回 $\log_e x$ 的值
log10	double log10(double x);	返回 $\log_{10} x$ 的值
pow	double pow(double x,double y);	返回 x^y 的值
sin	double sin(double x);	返回x的正弦sinx值
sinh	double sinh(double x);	返回x的双曲正弦sinh(x)值
sqrt	double sqrt(double x);	返回x的平方根值
tan	double tan(double x);	返回x的正切tan(x)值
tanh	double tanh(double x);	返回x的双曲正切tanh(x)值

2．动态存储分配函数（在使用动态存储分配函数时要包含头文件stdlib.h或malloc.h）

函 数 名	函 数 原 型	功 能 说 明
free	void free(void *p);	释放指针p所指内存空间
malloc	void *malloc(unsigned size);	分配size个字节的内存空间，返回该空间的起始地址，如内存不够，返回0

3．字符处理函数（ANSI C 标准要求在使用字符处理函数时要包含头文件 ctype.h）

函 数 名	函 数 原 型	功 能 说 明
isalnum	int isalnum(int ch);	如果 ch 是一个字母或是一个数字，函数返回非零值，否则返回 0
isalpha	int isalpha(int ch);	如果 ch 是一个字母，函数返回非零值，否则返回 0
iscntrl	int iscntrl(int ch);	如果 ch 是 0～0x1F 之间的控制字符，函数返回非零值，否则返回 0
isdigit	int isdigit(int ch);	如果 ch 是一个 0～9 之间的数字，函数返回非零值，否则返回 0
isgraph	int isgraph(int ch);	如果 ch 是除空格以外的可打印字符（其 ASCII 码在 ox21 到 ox7E 之间），函数返回非零值，否则返回 0
islower	int islower(int ch);	如果 ch 是小写英文字母，函数返回非零值，否则返回 0
isprint	int isprint(int ch);	如果 ch 是可打印字符（包括空格），其 ASCII 码在 ox20 到 ox7E 之间，函数返回非零值，否则返回 0。
ispunct	int ispunct(int ch);	如果 ch 是标点符号（不包括空格），函数返回非零值，否则返回 0
isspace	int isspace(int ch);	如果 ch 是空格、制表符或换行符，函数返回非零值，否则返回 0
isupper	int isupper(int ch);	如果 ch 是大写字母，函数返回非零值，否则返回 0
isxdigit	int isxdigit(int ch);	如果 ch 是一个十六进制数，函数返回非零值，否则返回 0

4．字符串处理函数（ANSI C 标准要求在使用字符串处理函数时要包含头文件 string.h）

函 数 名	函 数 原 型	功 能 说 明
strcat	char *strcat(char *s1, char *s2);	把字符串 s2 连接到 s1 后，取消 s1 最后的'\0'，返回 s1
strchr	char *strchr(char *s, char ch);	检索并返回字符 ch 在字符串 s 中第 1 次出现的位置，如找不到，返回空指针
strcmp	char *strcmp(char *s1, char *s2);	比较字符串 s1 和 s2，s1<s2 返回负数；s1=s2 返回 0；s1>s2 返回正数
strcpy	char *strcpy(char *s1, char *s2);	把字符串 s2 的内容复制到 s1 中，返回 s1
strlen	unsigned int strlen(char *s);	统计并返回字符串 s 中字符的个数（不含字符串结束符）
strstr	char *strstr(char *s1, char *s2);	找出字符串 s2 在字符串 s1 中第 1 次出现的位置，返回该位置的指针，如找不到，返回空指针

5．输入/输出函数（ANSI C 标准要求在使用输入/输出函数时要包含头文件 stdio.h）

函 数 名	函 数 原 型	功 能 说 明
getchar	int getchar();	从标准输入设备读取下一个字符
gets	char *gets(char *s);	从标准输入设备读取字符串（以回车换行结束），存入 s
putchar	int putchar(char ch);	把字符 ch 输出到标准输出设备
puts	int puts(char *s)	把字符串 s 输出到标准输出设备
printf	int printf(char *format,args,…);	按 format 指向的格式字符串所规定的格式，将输出表列 args 的值输出到标准输出设备
scanf	int scanf(char *format,args,…);	从标准输入设备按 format 指向的格式字符串所规定的格式，输入数据给 args 所指向的单元

6．文件操作函数（ANSI C 标准要求在使用文件操作函数时要包含头文件 stdio.h）

函 数 名	函 数 原 型	功 能 说 明
fclose	int fclose(FILE *fp);	关闭 fp 所指的文件，正确返回 0；否则返回非零值
feof	int feof(FILE *fp);	检查 fp 所指文件是否结束，遇文件结束符返回非零值，否则返回 0
fgetc	int fgetc(FILE *fp);	从 fp 所指向的文件中读取一个字符，返回所得到的字符，若读入出错，返回 EOF
fgets	char *fgets(char *string, int n, FILE *fp);	从 fp 所指向的文件读取 n–1 个字符，存入起始地址为 string 的内存空间中
fopen	FILE *fopen(char *filename,char *mode);	以 mode 指定的方式打开名为 filename 的文件，返回文件指针，否则返回 0
fprintf	int fprintf(FILE *fp, char *format, args,…);	把 args 的值以 format 指定的格式输出到 fp 所指定的文件中
fputc	int fputc(char ch, FILE *fp);	把字符 ch 输出到由 fp 所指向的文件中
fputs	int fputs(char *string, FILE *fp);	把字符串 string 输出到 fp 所指向文件中
fread	int fread(char *ptr, unsigned size, unsigned n, FILE *fp);	从 fp 所指向的文件中读取长度为 size 的 n 个数据项，存入 ptr 所指的内存区
fscanf	int fscanf(FILE *fp, char *format, args,…);	从 fp 所指向的文件中按 format 指定格式将数据读入到 args 所指向的内存单元中
fseek	int fseek(FILE *fp, long offset, int base);	将 fp 所指向的文件的位置指针移到以 base 所给出的位置为基准、以 offset 为位移量的位置
fwrite	int fwrite(char *ptr, unsigned size, unsigned n, FILE *fp);	把 ptr 所指内存空间的 n 个长度为 size 的数据，写入到由 fp 所指向的文件中
rewind	void rewind(FILE *fp);	将 fp 所指示的文件的位置指针移到文件头，并清除文件结束标志和错误标志

优秀畅销书　精品推荐

数据库技术与应用——SQL Server 2008

书号：ISBN 978-7-111-29463-4
作者：胡国胜 等　　定价：29.00 元
推荐简言：本书采用最新的 SQL Server 版本，全面介绍了 SQL Server 2008 的主要功能、相关命令和开发应用系统的一般技术。作者精心设计了两个具体的数据库管理系统实例，在教学环节中使用图书馆管理系统，在实训过程中使用宾馆管理信息系统，体现了"项目驱动、案例教学、理论实践相结合"的教学理念。本书是校企结合的范例，并免费提供电子教案。

Visual C#程序设计应用教程

书号：ISBN 978-7-111-31994-8
作者：郭力子　　定价：31.00 元
推荐简言：本书突出实际应用，注重能力培养。在内容的编排上，注意做到简明扼要、由浅入深、循序渐进，力求通俗易懂、简洁实用。立足于课堂教学和面向应用，书中配有数量丰富的案例、每一章配有实训练习题和习题。以便于读者掌握重点及提高程序设计动手能力。全面兼顾了知识介绍、编程能力培养和实践技能训练。

Java 语言程序设计

书号：ISBN 978-7-111-29567-9
作者：汪远征 等　　定价：27.00 元
推荐简言：本书采用当今各大 IT 公司的主流 Java 开发工具——Eclipse 软件作为编程环境，采用 SWT 工具包作为图形界面（UI）开发工具，并且介绍了可视化编程插件 Visual Editor 的使用方法。本书以知识带案例的形式，将知识点分解成许多单元，通过大量实用、经典的编程实例来介绍 Java 语言。各章内容均包含知识、实例、实训，通过教师讲解实例，学生上机实训，达到快速掌握并应用所学知识的目的。本书免费提供电子教案。

Java Web 应用开发技术

书号：ISBN 978-7-111-33241-1
作者：任文娟 等　　定价：28.00 元
推荐简言：本书是 Java Web 应用开发技术的基础教程，在内容章节的安排上由浅入深地介绍了 Web 应用开发技术的基本概念和 Java Web 开发环境的搭建及 Servlet、JSP、JavaBean、JDBC、MVC、Struts、Hibernate 等关键技术。书中列举的大量实例都具有较强的实用性，而且关键技术章节中列举的综合实力是读者非常熟悉的"网上书店系统"中的子模块。本书免费提供电子教案。

Windows Server 2008 操作系统应用教程

书号：ISBN 978-7-111-31052-5
作者：汪荣斌　　定价：32.00 元
推荐简言：本书的特点是详解了 Windows Server 2008 操作系统的基本知识，突出操作系统的应用与管理技能的内容，同时也为计算机类操作系统基础教育提供了一个知识平台。在内容编排上以实现具体操作任务的形式，详细介绍系统操作的实用知识。本书免费提供电子教案。

Linux 操作系统案例教程

书号：ISBN 978-7-111-29807-6
作者：彭英慧　　定价：29.00 元
推荐简言：本书以 Red Hat Linux 9 为例，对 Linux 进行全面详细的介绍。本书利用初学者的学习规律，对每个知识点以及实例的讲解都注重通俗易懂、步骤详细，并添加了相应的注释，每一个章节中都有案例，然后是对案例相关知识的讲解，中间穿插案例的分解。本书免费提供电子教案。